2025 국가공인

의료기기 규제과학 RA 전문가

4권 임상

한국의료기기안전정보원(NIDS) 편저

시험 정보

INFORMATION

기본 정보

의료기기 규제과학(RA) 전문가 2급 자격시험은 의료기기 인허가에 대한 기본 지식과 업무 능력을 평가하여 신뢰성 있는 인재를 배출하기 위한 자격시험이다.

시험 일정 및 지역

구분	원서 접수 기간	시험 시행일	합격자 발표일	시험 시행 지역
정규검정 제1회	24. 5. 27.(월) ~ 24. 6. 13.(목)	24. 7. 6.(토)	24. 7. 26.(금)	서울, 대전, 대구
정규검정 제2회	24. 10. 14.(월) ~ 24. 11. 1.(금)	24. 11. 23.(토)	24. 12. 13.(금)	서울, 대전, 대구

※ 시험 일정을 포함한 시험 정보는 변경될 수 있으므로 접수 전 반드시 한국의료기기안전정보원 홈페이지(http://edu.nids.or.kr)를 확인하시기 바랍니다.

응시 자격

다음 중 하나에 해당하는 자

- 정보원에서 인정하는 '의료기기 RA 전문가 양성 교육' 과정을 수료한 자
- 4년제 대학 관련 학과를 졸업한 자 또는 해당 시험 합격자 발표일까지 졸업이 예정된 자
- 4년제 대학을 졸업한 자로서 의료기기 RA 직무 분야에서 1년 이상 실무에 종사한 자
- 전문대학 관련 학과를 졸업한 자로서 의료기기 RA 직무 분야에서 2년 이상 실무에 종사한 자
- 전문대학을 졸업한 자로서 의료기기 RA 직무 분야에서 3년 이상 실무에 종사한 자
- 의료기기 RA 직무 분야에서 5년 이상 실무에 종사한 자

시험 구성

구분	시험 과목 수/ 전체 문제 수	과목별 문제 수		배점	문제 형식	총점
정규검정	5과목/95문제	19	18	5점/1문제	객관식 5지선다형	500점 (과목당 100점)
			1	10점/1문제	주관식 단답형	

• 합격 기준 : 전 과목 40점 이상, 평균 60점 이상

시험 과목

구분	시험 방법	과목 수	시험 과목
정규검정	필기	5과목	• 시판전인허가 • 사후관리 • 품질관리(GMP) • 임상 • 해외인허가제도

※ 관련 법령 등을 적용하여 정답을 구하는 문제는 시험시행일 기준 시행 중인 법령 등을 기준으로 출제

목차

CONTENTS

제1장 의료기기 임상시험의 이해

1. 임상시험의 개요 ········ 4
   - 1.1 | 임상시험의 개념 ········ 5
   - 1.2 | 의뢰자 주도 임상시험과 시험자 주도 임상시험 ········ 7
   - 1.3 | 의료기기 허가와 임상시험 ········ 9
2. 임상시험의 종류와 목적 ········ 10
   - 2.1 | 시판 전 연구와 시판 후 연구 ········ 12
   - 2.2 | 의료기기 개발 단계별 임상연구 ········ 12
   - 2.3 | 단일기관 임상시험과 다기관 임상시험 ········ 16
3. 임상시험 전문인력 ········ 16
   - 3.1 | 임상시험의뢰자 ········ 17
   - 3.2 | 시험자 ········ 18
   - 3.3 | 연구코디네이터 ········ 21
   - 3.4 | 임상시험용 의료기기 관리자 ········ 21
   - 3.5 | 임상시험 모니터요원 ········ 21
   - 3.6 | 점검자 ········ 22
   - 3.7 | 실태조사자 ········ 22
   - 3.8 | 임상시험심사위원회 ········ 22
4. 의료기기 임상시험의 절차 ········ 23

제 2 장 의료기기 임상시험 윤리의 이해와 IRB 심의

1. 임상연구의 역사와 윤리 원칙 30
2. 임상시험심사위원회의 이해 35
2.1 | 임상시험심사위원회의 역할 35
2.2 | 임상시험심사위원회의 구성과 권한 35
2.3 | 임상시험 연구계획 심의절차 36
2.4 | 임상시험심사위원회 심의 종류 38
2.5 | 연구 진행에 따른 임상시험심사위원회 심의 대상의 종류 40
3. 대상자 동의의 개념과 절차 42
3.1 | 동의의 개념 42
3.2 | 동의서의 구성 요건 43
3.3 | 피해보상과 절차 45
4. 취약한 환경에 있는 대상자 45
4.1 | 정의 45
4.2 | 취약한 환경에 있는 대상자 보호 대책과 방법 46
5. 이해상충의 이해와 관리 47
5.1 | 정의 47
5.2 | 이해상충의 종류와 사례 48
5.3 | 이해상충의 관리 50

목차

CONTENTS

제 3 장 의료기기 임상시험 규정의 이해

1. 의료기기 임상시험 관련 국내 규정 ········· 54
   1.1 | 의료기기법 주요 내용 ········· 55
   1.2 | 의료기기법 시행규칙 주요 내용 ········· 57
   1.3 | 체외진단의료기기 임상적 성능시험 ········· 67

2. 의료기기 임상시험 관리기준 ········· 77
   2.1 | 의료기기 임상시험 관리기준의 목적 ········· 77
   2.2 | 임상시험 기본원칙 ········· 78

제 4 장 의료기기 임상시험의 실시

1. 의료기기 임상시험 실시 전 준비사항 ········· 82
   1.1 | 실시기관 및 시험책임자 선정 ········· 83
   1.2 | 연구비 산정 ········· 84
   1.3 | 임상시험 관련 문서개발 ········· 85
   1.4 | 임상시험심사위원회 및 식품의약품안전처 승인 ········· 103
   1.5 | 임상시험 계약 ········· 105

2. 의료기기 임상시험 수행단계 업무 ········· 105
   2.1 | 개시모임 ········· 105
   2.2 | 서면동의 취득 ········· 106
   2.3 | 스크리닝 및 대상자 등록 ········· 107
   2.4 | 임상시험용 의료기기 관리 ········· 108
   2.5 | 근거문서와 증례기록서 작성 ········· 109
   2.6 | 모니터링 ········· 111
   2.7 | 이상사례 보고 ········· 114

3. 의료기기 임상시험 실시 후 업무 ··· 116
3.1 | 종료 방문 및 종료 보고 ··· 116
3.2 | 문서 보관 ··· 117
3.3 | 점검 ··· 118
3.4 | 실태조사 ··· 119
3.5 | 자료관리 ··· 120
3.6 | 통계분석 ··· 125
3.7 | 임상시험 결과보고서 작성 ··· 126

제 5 장 의료기기 임상시험계획 승인 절차

1. 임상시험계획 승인 필요문서 ··· 130
1.1 | 의료기기 기술문서 관련 서류 ··· 130
1.2 | 임상시험용 의료기기에 따른 시설과 제조 및 품질관리체계의 기준에 적합하게 제조되고 있음을 증명하는 자료 ··· 131
1.3 | 임상시험계획서 또는 임상시험변경계획서 ··· 131
1.4 | 체외진단의료기기 임상적 성능시험 계획 승인 ··· 132
2. 임상시험계획 승인 신청 ··· 133

제 6 장 의료기기 임상시험의 통계적 원칙 및 관련 문서

1. 의료기기 임상시험 계획서 ··· 138
1.1 | 의료기기 임상시험 계획서 작성 ··· 138
1.2 | 의료기기 임상시험 설계 ··· 141
1.3 | 의료기기 임상시험 계획서의 통계적 고려사항 ··· 143
2. 의료기기 임상시험 자료분석 ··· 152
2.1 | 분석군 ··· 152
2.2 | 결측자료 처리 ··· 154

목 차

CONTENTS

2.3 | 이상치의 처리 ··· 155
2.4 | 의료기기 임상시험에서 자주 사용되는 통계분석법 ··· 155

3. 의료기기 임상시험 결과보고서 ··· 158
3.1 | 의료기기 임상시험 결과보고서 구성 ··· 158
3.2 | 의료기기 임상시험 결과보고서 작성 ··· 159

참고문헌 | 185

제 1 장

의료기기 임상시험의 이해

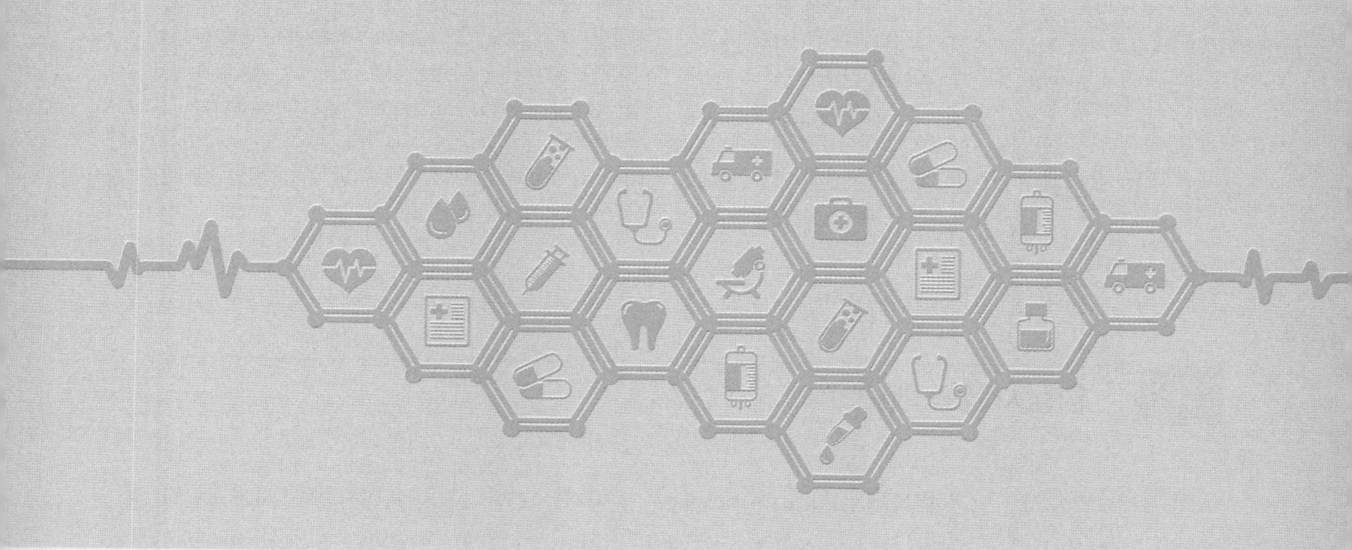

1. 임상시험의 개요
2. 임상시험의 종류와 목적
3. 임상시험 전문인력
4. 의료기기 임상시험의 절차

01 의료기기 임상시험의 이해

학습목표 — 의료기기 임상시험 개요, 종류 및 목적, 임상시험 절차에 관해 학습한다.

NCS 연계 —

목차	분류 번호	능력단위	능력단위 요소	수준
1. 임상시험의 개요	1903090203_15v1	임상시험	임상시험 계획하기	6
2. 임상시험의 종류와 목적	1903090203_15v1	임상시험	임상시험 계획하기	6
3. 임상시험 전문인력	1903090203_15v1	임상시험	임상시험 계획하기	6
4. 의료기기 임상시험의 절차	1903090203_15v1	임상시험	임상시험 계획하기	6

핵심 용어 — 임상시험, 연구활동, 윤리성, 과학성, 신뢰성, 임상시험 책임, 시험자임상시험, 탐색임상시험, 확증임상시험

1 임상시험의 개요

최근 정보기술의 발달과 더불어 wearable devices, 인공지능 기반의 진단지원시스템, 3D 프린팅 의료기기, 가상현실 및 증강현실 기술을 이용한 치료기기, 디지털 치료기기, 분자진단 등이 미래의학의 한 형태로 제안되고, 새로운 진단 및 치료기기, 인공장기 등의 사용이 점차 현실화되고 있다. 그리고 의료기기는 의약품에 비해 최종 제품의 시장진입이 비교적 단기간에 가능하고, 사용자의 요구가 제품 개발로 이어지는 경우도 있으며, 관련 기술의 발달로 기존 제품보다 성능이 뛰어난 제품을 쉽게 만들어 내는 등 제품의 라이프 사이클이 짧은 편이다. 이런 상황과 맞물려 우리나라의 의료기기 임상시험 수요는 지금까지와는 전혀 다른 양상으로 급속하게 증가될 것이며, 임상시험을 위한 인프라에도 많은 변화가 있을 것으로 예상되고 있다.

임상시험이란 인간의 질병·질환 등을 예방하거나 치료하고자 하는 목적으로 개발하는 기술을 상품화하기 이전에 해당 기술의 안전성과 유효성(효과 또는 효능) 등을 사람 대상으로 입증하는 과정이라고 할 수 있다. 임상시험은 사람을 직접적인 대상으로 하는 실험적 연구이기 때문에 윤리적·과학적·의학적으로 수행되어야 한다. 임상시험이 과학적·의학적으로 실시되고, 임상시험에 참여하는 대상자가 윤리적 측면에서 적절하게 보호될 것임을 임상시험 실시 전에 입증받아야 한다. 또한, 임상시험의 질적 수준 평가는 과학적인 방법론의 수준과 대상자에 대한 윤리기준을 어떻게 준수했는지가 가장 중요한 기준이

되고 있으며, 이러한 기준에 대한 국제적인 지침들이 헬싱키 선언을 시작으로 꾸준하게 개발되었다.

1950년까지는 과학적 논리가 바탕이 되어 임상시험 수행의 기본적 틀이 형성되었으나, 전통적인 의사-환자의 관계, 자료 부족, 연구 지원 부족 등으로 인해 발전에 한계가 있었다. 19세기부터 도입된 통계적 방법의 발전, 정교한 비교시험 등의 과학적 방법은 20세기를 거치면서 무작위 배정, 양측 눈가림법, 반복측정 평가, 환자 평가 등의 도입으로 더욱 발전했다.

1960년경 유럽에서 탈리도마이드(Thalidomide) 약화사건이 발생하여 기형아들이 태어나자 미국과 영국 정부는 의약품 관련 규제를 강화했고, 임상시험과 시장 판매 이전에 공식적인 허가가 필요해졌다. 1990년부터는 임상시험의 세계화 경향에 따라 국가 간 임상연구의 과학적 · 윤리적 기준과 의료제도의 차이를 극복하기 위한 표준화 작업으로서 의약품국제조화회의(ICH, International Conference on Harmonization)를 통해 관련 법규, 지침 등이 개정되었다.

임상시험은 비용과 시간이 많이 소요되는 과정이기에 임상연구 결과가 어떤 목적으로 사용될 것인지에 따라서 시험 형태와 규모를 최적화하는 것이 매우 중요하다. 특히, 임상시험의 의뢰자가 되는 의료기기 개발사의 입장에서는 임상연구에 소요되는 모든 비용을 지원해야 하는 책임이 있으므로 비용과 시간의 적절한 관리가 매우 중요하다. 그렇기 때문에 임상시험이 왜 필요한지, 임상시험을 통하여 어떤 자료를 수집할 것인지, 그 결과를 어떤 목적으로 사용할 것인지를 의뢰자가 스스로 명확히 정의하는 과정이 선행되어야 한다. 그 다음 해당 목적에 적용되는 관련 규정과 중요한 요구사항을 반영하여 임상시험의 형태와 규모 등의 큰 틀을 잡아 계획을 잡는 것이 중요하다.

1.1 임상시험의 개념

의료기기 임상시험은 임상시험에 사용되는 의료기기의 안전성과 유효성을 증명하기 위하여 사람을 대상으로 시험하거나 연구하는 것으로서, 의료기기를 이용하지만 의료기기 자체의 안전성 · 유효성 평가가 아닌 의료 시술법 등의 비교 · 평가를 위한 연구 등은 의료기기법상 의료기기 임상시험에 해당하지 않는다. 즉, 의료기기 임상시험은 새로운 기술이나 아이디어로 개발한 의료기기가 질병의 진단이나 치료를 위해 사용할 때에 이상사례나 부작용이 없이 안전한지 그리고 의도하는 사용목적이 유효한지를 사람에게 시험해 보는 것이다.

「의료기기법 시행규칙」[별표 3] 의료기기 임상시험 관리기준

2. 용어의 정의

가. "임상시험(Clinical Trial/Study)"이란 임상시험에 사용되는 의료기기의 안전성과 유효성을 증명하기 위하여 사람을 대상으로 시험하거나 연구하는 것을 말한다.

그렇기 때문에 규제가 많고 절차가 까다로우며, 무엇보다 과학적이고 윤리적인 방법으로 수행되어야 한다. 특히, 임상시험은 윤리적인 측면이 강조되기 때문에 질병의 치료를 위한 제품의 개발이라는 회사의 생산적 목적성에 우선하며, 사람에게 이롭고 사회의 도덕과 정의에 위배되지 않아야 한다. 그래서 임상시험은 반드시 식품의약품안전처와 임상시험심사위원회(IRB)로부터 임상시험계획에 대해 승인을 받고, 승인받은 내용 그대로 지정된 의료기기 임상시험기관에서 엄격한 통제 속에 수행되어야 하며, 그러한 임상시험 수행과정이 검증과정을 거치도록 하고 있다. 이와 대비되는 개념인 비임상시험(Non-Clinical Study)은 새로운 의약품, 의료기기 등을 사람에게 사용하기 전에 동물에게 사용하여 부작용이나 독성, 효과 등을 검증하기 위한 임상시험의 이전 과정에서 행하는 시험을 말한다.

임상시험은 의료인이 의학적 지식을 바탕으로 특정 환자의 특정 질병 상태를 호전시키기 위해 최대한의 이익이 예상되는 방법을 선택하여 치료하는 일반적인 진료 행위와는 구분된다. 임상시험은 특정 질병을 가진 환자 중 표본에 해당하는 일부에서 얻은 결과를 가지고 미래의 동일한 상태의 환자로부터 같은 결과를 얻을 것으로 기대할 근거를 확보하기 위해 연구하는 것이다. 따라서 임상시험의 결과는 동일한 증상을 가진 미래의 환자들에게 보다 나은 진단법 또는 치료법을 개발할 목적으로 실시하는 것이다.

〈표 1-1〉 진료와 연구의 구분

구분	주요 개념
진료행위	• 개별 환자의 상태를 호전시키는 것이 목적 • 개별 환자에게 최대한의 이익을 가져올 것으로 기대되는 방법을 선택
연구활동	• 연구 결과를 일반화할 목적으로 가설을 수립하고, 연구를 통하여 시험하는 것 • 연구계획서에 연구 목표와 질문, 방법을 정하여 기술하고 이에 따라 연구를 실시

* 출처 : 한국보건산업진흥원. 의료기기 임상시험 의뢰자 과정 표준교육교재, 2013.

의료기기 임상시험은 안전성과 유효성에 대한 가능성은 있으나 아직 검증되지 않은 기술을 사람에게 적용하는 것이므로, 연구 결과에 의한 잠재적 기대이익이 잠재적 위험보다 클 수 있다는 것을 임상시험 실시 전에 선행연구를 통해 입증해야 한다. 또한 이와 관련하여 과학성 · 윤리성 · 신뢰성 측면에서 기준을 충족시켜야 한다.

과학성 측면에서는 임상연구 실시 이전에 비임상시험 등의 연구를 최대한 선행하고, 이를 통해 해당 기술이 기존의 기술보다 개선될 잠재력이 있음을 입증해야 한다. 연구계획은 과학적인 방법에 따라 실시해야 한다. 윤리성 측면에서는 대상자의 자발적 서면동의와 참여, 인권 보호, 안전과 복지 대책, 사회적 가치의 구현이 보장되어야 한다. 신뢰성 측면에서는 임상시험에서 수집한 자료에 대한 객관적 신뢰성을 보증할 수 있도록 「의료기기법 시행규칙」 [별표 3] 「의료기기 임상시험 관리기준(KGCP, Korea Good Clinical Practice)」을 준수하여 모니터링 및 임상시험 자료 관리 등을 실시해야 하며, 임상시험의 단계마다 질적 관리(Quality Control)를 하여 의료기기의 품질이 보증되어야 한다.

〈표 1-2〉 임상시험의 필수 요소

구분	주요 개념
과학성	• 과학적 연구 방법 적용 • 선행 연구 자료(비임상시험 자료, 선행 연구 자료 등)를 통한 연구의 안전성, 타당성 확보 • 결과를 일반화할 수 있는 타당한 근거 및 분석 방법 제시
윤리성	• 비임상시험(전임상연구)을 통해 임상시험의 타당성 확보 • 대상자의 인권 보호, 안전, 복지 보장 • 대상자의 자발적 참여, 동의서 확보, 중도 탈락의 자유 보장 • 임상연구의 사회적 가치에 대한 정당성 확보 • 임상시험심사위원회(IRB)의 심의를 통한 객관적 윤리성 확보
신뢰성	• 의료기기 임상시험 관리기준(KGCP) 준수 • 연구의 품질관리를 통한 자료의 신뢰성 확보 • 임상시험용 의료기기의 품질 보증

* 출처 : 한국보건산업진흥원. 의료기기 임상시험 의뢰자 과정 표준교육교재, 2013.

1.2 의뢰자 주도 임상시험과 시험자 주도 임상시험

임상시험용 의료기기를 개발하는 회사와 시험자가 모두 주체가 되어 기획을 할 수 있다. 회사가 기획하여 시험자에게 의뢰하는 연구를 의뢰자 주도 임상시험(SIT, Sponsor-Initiated Trial)이라 하고, 시험자가 스스로 기획하여 실시하는 임상시험을 시험자 주도 임상시험(IIT, Investigator-Initiated Trial)이라고 한다. 이러한 분류는 의료기기법상으로 정하고 있지 않은 체계로서 임상시험에서 관련 규정에 따른 의뢰자로서의 역할과 책임에 대하여 혼동을 야기할 가능성이 있기 때문에 주의하여야 한다.

가. 의뢰자 주도 임상시험

의뢰자 주도 임상시험에서 의뢰자는 임상시험의 계획과 품질관리에 관한 전반적인 책임을 진다. 구체적으로는 임상시험계획서와 관련 문서를 개발하고, 결과 자료의 신뢰성과 정확성을 보증하기 위해 품질관리를 실시하여야 한다. 이를 위하여 모니터링, 임상자료관리, 분석 및 보고서 작성 등에 대한 책임을 가진다.

시험자는 임상시험 실시를 위하여 임상시험기관 표준작업지침서에서 정하는 바에 따라 임상시험 실시에 필요한 교육·훈련 및 경험을 갖추고 연구에 필요한 적절한 자원을 확보하며, 임상시험심사위원회(IRB, Institutional Review Board)에 계획서를 제출하여 승인을 받아야 한다. 또한, 대상자의 자발적인 동의하에 대상자를 보호하면서 승인된 임상시험계획서에 따라 임상시험을 실시해야 한다.

나. 시험자 주도 임상시험

시험자 주도 임상시험은 공식적인 의뢰자 없이 임상시험자가 주도하여 허가되지 않은 의료기기의 안전성, 유효성 또는 이미 허가(신고)된 의료기기의 허가(신고)되지 않은 새로운 성능 및 사용목적 등에 대한 안전성, 유효성을 연구하기 위하여 독자적으로 수행하는 임상시험을 말하는데, 탐색, 확증임상을 포함하여 어느 단계의 임상도 시험자 주도 임상시험으로 진행할 수 있다.

다만, 대부분의 시험자 주도 임상시험은 학문적 호기심(academic interest)에서 출발하고 의료기기사업자 등록 등 품목허가를 위한 요건을 독자적으로 갖추기는 어려운 제한들이 있어 탐색 단계의 임상에서 주로 이루어지며, 허가를 제외한 보험, 신의료기술평가, 마케팅 목적 등의 임상시험에서도 사용될 수 있다.

「의료기기 임상시험계획 승인에 관한 규정」(식약처 고시 제2023-12호)

제2조(정의) 제1항

3. "시험자 임상시험"이란 임상시험자가 허가되지 않은 의료기기의 안전성・유효성 또는 이미 허가(신고)된 의료기기의 허가(신고)되지 않은 새로운 성능 및 사용목적 등에 대한 안전성・유효성을 연구하기 위하여 의뢰자 없이 독자적으로 수행하는 임상시험을 말한다.

제4조(임상시험계획 승인 신청 시 제출 자료의 요건 및 면제범위) 제1항

다. 시험자 임상시험계획서는 탐색 또는 확증 임상시험의 목적에 따라 적합하게 작성될 것

시험자 주도 임상시험의 경우에 회사가 임상시험용 의료기기 공급 또는 재정적 지원 등을 할 수 있는데 이는 임상시험 의뢰자로서가 아니라 '공급자(Provider)'로서 지원하는 것으로, 「의료기기 임상시험 관리기준(KGCP)」에 명시된 의뢰자의 책임과 역할은 임상시험을 주도하는 시험자가 시험자의 책임과 역할과 함께 갖게 된다.

「의료기기법 시행규칙」[별표 3] 의료기기 임상시험 관리기준

8. 임상시험 의뢰자

가. 임상시험의 품질 보증 및 임상시험 자료의 품질관리

1) 의뢰자는 임상시험과 관련한 자료가 임상시험계획서, 이 기준 및 제24조에 따라 생성・기록 및 보고될 수 있도록 임상시험의 품질 보증 및 임상시험 자료의 품질관리에 관한 표준작업지침서(이하 "의뢰자 표준작업지침서"라 한다)를 마련하여야 한다.

2) 의뢰자는 임상시험 자료의 신뢰성 및 정확성을 보장하기 위하여 자료 처리의 모든 단계에서 임상시험 자료에 대한 품질관리를 실시하여야 한다.

3) 의뢰자는 머목에 따른 모니터링 및 버목에 따른 점검이 가능하도록 임상시험계획서 또는 별도의 동의서로 임상시험 현장 방문과 임상시험의 근거자료, 근거문서 및 보고서 열람에 대한 임상시험 관련자의 사전 동의를 받아야 한다.

「의료기기 임상시험 기본문서 관리에 관한 규정」(식약처 고시 제2016-115호)

제2조(용어의 정의)

7. "임상시험의뢰자(Sponsor, 이하 "의뢰자"라 한다)"라 함은 임상시험의 계획・관리・재정 등에 관련된 책임을 갖고 있는 개인, 회사, 실시기관, 단체 등을 말한다.

이렇게 회사가 시험자 주도 임상시험에서 의료기기를 비롯한 재정 및 관리 등의 적절한 지원을 할 수 있다. 이러한 경우에는 구체적인 임상시험계획을 근거로 상호 간 계약에 의해 이루어져야 하는데, 이때 회사는 이후 결과 자료에 대한 접근성 등을 필요로 하는 것 등에 관한 조건을 계약서에 명시하는 것이 필요할 수도 있다. 특히, 「의료기기법」과 「공정거래법」에 의한 한국의료기기산업협회의 「의료기기 거래에

관한 공정경쟁 규약」에서는 견본용 이외에는 의료기기를 무상으로 의료기관에 제공하는 것을 금지하고 있는 바, 이 규약을 참고하여 임상연구에 대한 계약으로 지원 범위 등을 문서화할 필요가 있다.

1.3 의료기기 허가와 임상시험

일반 가전제품이나 공산품이 아닌 사람의 질병 진단·치료가 목적인 의료기기의 경우 국내 「의료기기법」이 요구하는 사항 및 절차를 준수해야 한다. 기본적으로 의료기기는 품목의 원자재, 구조, 사용 목적, 사용 방법, 작용 원리, 사용 시 주의사항, 시험 규격 등이 포함된 의료기기의 성능 및 안전성 등 품질에 관한 기술문서 작성과 기술문서 내에 표방한 기기의 성능에 대한 평가를 수행해야 한다.

국내법은 의료기기를 단순 기술문서 대상과 안전성·유효성 심사 대상으로 구분하고 있으며, 안전성·유효성 심사 대상인 경우에는 임상시험 자료를 필수로 제출해야 한다. 품목허가 시, 임상시험 자료를 필수로 제출해야 하는 제품군은 기존에 허가받은 제품과 다른 새로운 제품이거나 인체 내 삽입 시 위해도가 크게 발생할 가능성이 큰 제품에 한한다. 임상시험의 목적은 개발 제품을 인체 내에서 사용할 때의 안전성과 유효성을 평가하는 것이다. 실제 임상 환경에서 사용되며 평가가 진행되기에 많은 시간 및 비용이 필요하다.

의료기기 임상시험이 의약품 임상시험과 다른 특징은 대부분 시술이 동반된다는 점이다. 이중눈가림, 위약 등의 방법을 적용하여 다수의 대상자에게 동시에 시행할 수 있는 의약품 임상시험과 달리 의료기기 임상시험은 시험자의 시술 숙련도나 시술의 특성이 임상시험 결과에 큰 영향을 미칠 수 있다. 또한 많은 대상자에게 동시에 적용하기 어렵기 때문에 의료기기의 안전성과 유효성을 여러 의료기관에서 과학적이고 통계적인 방법으로 입증하는 데 많은 제약이 따를 수 있다.

또한 의약품 임상시험은 동물을 이용한 전임상시험(Pre-Clinical Study)과 건강한 사람을 대상으로 하는 임상약리시험(Phase 1 Study) 등을 통해 임상시험 결과의 예측을 높일 수 있으나 의료기기 임상시험은 이러한 예비적 성격의 시험을 수행하기 어렵다. 또한, 환자를 대상으로 직접적으로 시술을 해야 하기 때문에 이중눈가림이나 모의품을 써서 비교하는 임상시험을 하는 것이 불가능한 경우가 많다.

식약처는 의료기기를 사용 목적과 사용 시 인체에 미치는 잠재적 위해성의 정도에 따라 4개의 등급으로 분류했다.

〈표 1-3〉 의료기기의 등급

등급	내용
1등급	인체에 직접 접촉하지 아니하거나, 접촉하더라도 잠재적 위험성이 거의 없고, 고장이나 이상으로 인하여 인체에 미치는 영향이 경미한 의료기기
2등급	사용 중 고장이나 이상으로 인한 인체에 대한 위험성은 있으나 생명의 위험 또는 중대한 기능장애에 직면할 가능성이 적어 잠재적 위험성이 낮은 의료기기
3등급	인체 내에 일정 기간 삽입되거나 잠재적 위험성이 높은 의료기기

등급	내용
4등급	인체 내에 영구적으로 이식되는 의료기기, 심장·중추신경계·중앙혈관계 등에 직접 접촉되어 사용되는 의료기기, 동물의 조직 또는 추출물을 이용하거나 안전성 등의 검증을 위한 정보가 불충분한 원자재를 사용한 의료기기

이때 인체와 접촉하는 기간, 침습의 정도, 약품이나 에너지를 환자에게 전달하는지 여부, 환자에게 생물학적 영향을 미치는지 여부 등을 기준으로 해당 의료기기의 위해성을 판단한다. 특히, 일정 기간 혹은 영구적으로 인체에 삽입하거나 최근 개발된 신의료기술로 위험도가 높은 경우 또는 지금까지 사용되지 않은 새로운 소재로 의료기기를 만든 경우 품목허가 과정 중 임상시험이 반드시 필요하며, 해당 임상시험 자료를 허가 시 구비서류로 제출해야 한다. 식약처 품목허가를 받아 현재 시판 중인 제품이라 하더라도 최종 허가 당시에 규정된 성능 이외의 목적으로 사용하기 위해서는 임상시험 자료 제출 대상 제품의 경우 해당 성능에 대한 임상시험이 필요하다.

의료기기 허가를 위해서 반드시 모든 새로운 제품에 대한 임상시험이 필요한 것은 아니다. 한 회사에서 새로운 제품을 개발했다고 하더라도, 그 제품이 이미 시판허가된 자사 또는 타사 제품과 유사하고, 임상시험 없이 다른 시험 자료로 그 제품의 안전성과 유효성을 입증할 수 있다면 임상시험을 하지 않을 수도 있다. 이 경우에는 공인시험기관의 국제규격에 따른 성능평가를 통해 의료기기의 안전성 및 신뢰성을 확보한다. 의료기기 영역에서 임상시험 자료가 필요한 경우는 식약처의 품목허가, 보험급여 등재, 시판 후 조사, 신의료기술평가, 신제품 마케팅 등이다.

2 임상시험의 종류와 목적

의료기기 임상시험은 개발 단계별, 목적별 등으로 다양하게 구분된다. 이 중 임상시험 단계로 구분하면 시판 전과 시판 후로 구분된다. 시판 전 단계에서 이루어지는 임상연구로는 의료기기의 개발 가능성 탐색을 위한 개념 입증 연구, 타당성 연구 등이 있다. 품목허가 신청 전에는 안전성 · 유효성 입증을 위한 임상자료를 수집하기 위해 안전성 · 유효성(성능) 확증연구(품목허가용)를 실시할 수 있다. 그리고 시판 후에는 보험등재 신청용, 재심사용, 마케팅용 등의 임상연구를 시행할 수 있다.

시판 전 단계에서 이루어지는 국내 의료기기 임상시험을 「의료기기 임상시험계획 승인에 관한 규정」(식약처 고시 제2023-12호) 제2조(정의)제1항에 따라 목적별로 구분하여 정의하면 다음과 같다.

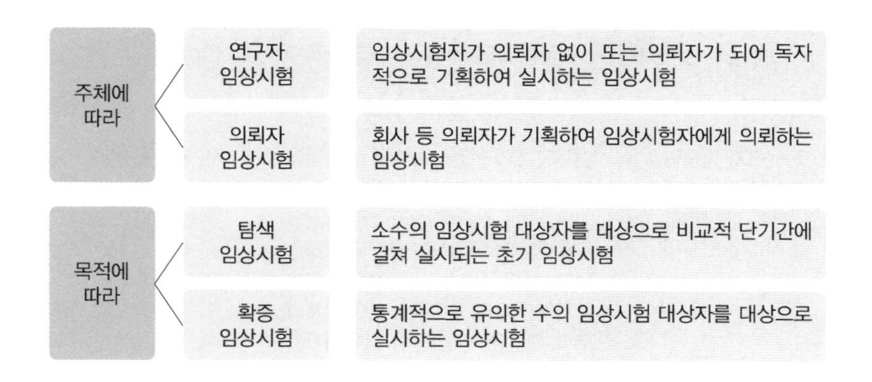

가. 시험자 임상시험

임상시험자가 허가되지 않은 의료기기의 안전성 · 유효성 또는 이미 허가(신고)된 의료기기의 허가(신고)되지 않은 새로운 성능 및 사용 목적 등에 대한 안전성 · 유효성을 연구하기 위하여 의뢰자 없이 독자적으로 수행하는 임상시험이다.

나. 탐색 임상시험

의료기기의 초기 안전성 및 유효성 정보 수집, 후속 임상시험의 시험설계, 평가항목, 평가 방법의 근거 제공 등의 목적으로 실시하는 임상시험으로, 소수의 대상자를 대상으로 비교적 단기간에 실시하는 초기 임상시험이다.

다. 확증 임상시험

임상시험용 의료기기의 구체적 사용 목적에 대한 안전성 및 유효성의 확증적 근거를 수집하기 위해 설계/실시하는 임상시험으로, 통계적으로 유의한 수의 대상자를 대상으로 실시하는 임상시험이다.

또한 임상시험용 의료기기 사용 목적에 따라 '임상시험용 의료기기의 치료 목적 사용'과 '임상시험용 의료기기의 응급사용'으로 분류되기도 한다. '임상시험용 의료기기의 치료 목적 사용'이란, 임상시험계획 승인을 받은 후 생명을 위협하는 중대한 질환 등을 가진 환자를 치료하기 위해 임상시험용 의료기기를 인도적 차원에서 사용하는 것을 말한다. '임상시험용 의료기기의 응급사용'이란 임상시험계획을 승인하기 전 응급 상황인 경우에 임상시험용 의료기기를 사용하는 것을 말한다.

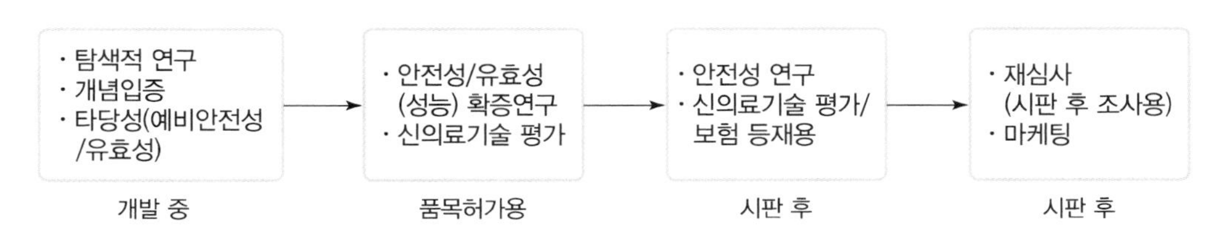

* 출처 : 한국보건산업진흥원. 의료기기 임상시험 의뢰자 과정 표준교육교재, 2013.

▌그림 1-1 ▌ 의료기기 임상시험의 종류

임상시험계획서는 **"임상시험의 목적"**에 타당하게 작성되어야 합니다.

시험자 임상시험	탐색 임상시험	확증 임상시험
특히 학술용 연구 등 시험자 탐색임상시험의 경우, 식약처의 의료기기 임상시험계획 승인 제외 대상으로 오인하는 경우가 있으니 주의하여야 합니다.	인체의 초기 안전성과 유효성에 대한 예비타당성을 평가할 목적으로 실시되며, 적은 수의 대상자에게 실시되므로 통계적 유의성이 요구되지 않습니다. 이 연구에서 나온 결과는 의료기기를 제품화하기 위한 이후 단계의 추가 개발에 반영되며, 품목허가용 임상시험의 근거 자료로 활용됩니다.	이 자료를 통해 제조 허가를 얻게 되므로 연구의 과학적 타당성, 신뢰성, 윤리성 등의 모든 측면에서 가장 높은 수준의 근거와 논리가 요구되며, 예상되는 안전성·유효성에 대한 근거를 바탕으로 대상자의 통계적 산술 근거도 확립해야 합니다.

❙ 그림 1-2 ❙ 의료기기 임상시험의 종류에 따른 고려사항

2.1 시판 전 연구와 시판 후 연구

시판 전 연구는 탐색임상과 확증임상의 단계로 구분되는데 이들은 아직 허가 전 개발 단계에서 실시된다. 개발 중인 의료기기는 해당 기술의 안전성 · 유효성을 알기 위해 의료기기가 인체에 미치는 영향을 구분하여 확인할 필요가 있다. 이를 위해 시판 전 연구는 비교적 제한된 수의 대상자를 대상으로 하며 제한된 기간 내에 실제 임상현장에서가 아닌, 임상결과에 영향을 미칠 만한 요인을 배제 및 통제하는 제한된 환경에서 임상시험을 수행하게 된다.

반면, 시판 후의 연구는 조건이 제한적인 시판 전 임상시험과 달리 의료기기가 사용되는 환경을 인위적으로 배제하지 않고 실제 임상현장에서 사용되는 의료기기의 효과를 다양한 환자의 조건과 사용 환경에서 장기간 평가하는 것이다. 이 경우 비교 대상이 되는 제품은 현존하는 최신 기술이나 임상현장에서 직접 경쟁이 되는 제품을 선정하여 우월성을 입증하는 연구로 설계함으로써 시장에서의 경쟁력을 보여주는 자료로 활용할 수 있다. 연구에서 성능을 비교할 때는 다른 제품뿐만 아니라 시술 방법, 치료 순서 등 다양한 측면으로 연구를 시도할 수 있다.

시판 전 혹은 시판 후 연구수행 전에는 반드시 의료기기의 기본적인 안전성을 확보해야 한다. 이를 위해 사람 대상 시험이 아닌 기기 자체 시험규격 및 성능에 대한 평가를 공인시험기관에서 선행하여 시행해야 한다.

2.2 의료기기 개발 단계별 임상연구

의료기기 임상시험의 단계는 의약품 임상시험 단계와 비교하여 설명할 수 있다. 의료기기에서의 개념입증연구 또는 예비시험은 의약품에서의 1상 시험에 대응한다. 그러나 이는 두 분야에서 개발이 진전되면서 수행될 수 있는 연구의 순서에 해당하는 것으로, 각 단계의 연구가 서로 취지는 유사하더라도 그 내용이 다르다는 것을 알아야 한다.

〈표 1-4〉 의료기기와 의약품 임상시험의 단계

의료기기 임상시험	의약품 임상시험
탐색 임상시험(안전성 및 유효성 정보 수집) (Feasibility Study)	1상 시험(phase Ⅰ trials)
	2상 시험(phase Ⅱ trials)
확증 임상시험(유효성 확증 또는 품목허가용) (Pivotal Study)	3상 시험(phase Ⅲ trials)(Ⅲa & Ⅲb)
시판 후 조사(Post-marketing Study)	4상 시험(phase Ⅳ trials), 시판 후 조사(Post-marketing Study)

* 출처 : 한국보건산업진흥원. 의료기기 임상시험 의뢰자 과정 표준교육교재, 2013.

가. 개념입증연구(Proof-Of-Concept Study)

이 연구는 완전히 새로운 개념의 의료기기 개발 시 그 개념이 의료기기로서 사람에게 적용될 수 있는지를 탐색적으로 살펴보기 위하여 사람에게 최초로 적용하는 임상연구이다. 인체에 대한 초기 안전성 확인과 유효성에 관한 예비 타당성을 평가하기 위해 실시한다. 아직 제품화의 개발 단계에 미치지 못한 원형제품 수준의 의료기기가 사용된다.

연구개발자가 회사가 아닌 경우에는 시험자 주도 임상시험으로 이루어질 수도 있다. 적은 수의 대상자(통상적으로 1개 기관, 5인 내외)에서 실시되므로 대상자 수 산출이나 결과 분석 등에서 통계적 유의성이 요구되지 않는다. 무엇보다도 대상자의 안전 보호가 가장 주요한 고려사항이다. 이 연구의 결과는 의료기기를 제품화하기 위한 다음 단계의 개발 과정에 반영되며, 품목허가용 임상시험의 근거자료로 활용된다.

나. 시범연구(Pilot Study) 또는 탐색시험(Feasibility Study)

이 연구는 어느 정도 제품화할 타당성이 있다고 판단된 의료기기를 대량 생산에서의 다양한 측면을 고려하여 상업용 제품의 형태로 상당한 수준까지 개발을 진전한 상태에서 실시한다. 그러나 최종 품목허가 전까지는 여전히 제품의 변경 가능성이 있다. 해당 연구에서 나온 안전성·유효성 결과를 제품의 추가 개발에 반영하고, 품목허가용 임상시험 설계에 반영할 확률적 근거를 찾을 목적으로 실시한다. 이에 따라 해당 연구 결과는 후속 확증 시험 시 임상시험 설계, 평가 항목, 평가 방법의 근거 제공에 사용된다. 통상적으로 20인 이하의 대상자에게 실시되며, 실시기관도 1~3개 수준이다. 그러나 대상자 수는 제품에 따라 더 많거나 적을 수도 있다.

다. 확증시험(Pivotal Study)

이 연구는 개발제품의 안전성 및 유효성에 대한 입증자료를 얻은 후 국내의 식약처 또는 외국의 허가기관으로부터 품목허가를 얻기 위해 실시한다. 임상시험용 의료기기의 구체적 사용 목적에 대한 안전성 및 유효성의 확증적 근거를 수집하기 위해 설계 및 실시하는 임상시험으로, 해당 의료기기는 이 자료를 통하여 시판허가를 받는다. 확증시험은 연구의 과학적 신뢰성, 윤리성 등의 모든 측면에서 가장 높은 수준의 근거와 논리적 타당성이 요구된다. 선행 연구 결과를 근거로 안전성이 확보되었다는 증거가 제시되어야 하며, 예상되는 유효율에 대한 근거를 바탕으로 대상자의 수에 대한 통계적 산출 근거도 반드시 확립되어야 한다. 일반적으로 탐색시험보다 많은 대상자 수를 등록하여 임상시험을 수행한다. 해당 임상시험용 의료기기에 따라 대상자 수 및 임상시험기관의 수는 많아지거나 적어질 수 있다.

라. 시판 후 조사연구(Post-Market Surveillance Study)

이 연구는 식약처의 품목 허가를 조건으로 부여하는 경우에 해당된다. 시판 전까지 실시된 연구 결과에서 안전성·유효성의 확보 수준이 미흡하거나, 적절하다 하더라도 실제 임상현장에서 추가로 안전성 및 유효성을 수집할 목적으로 실시한다. 관련 규정에 따르면 「의료기기법」 제8조제1항제1호의 신개발의료기기로서 같은 법 「시행규칙」 제2조의 규정에 따른 3등급 또는 4등급 의료기기는 4년, 「의료기기법」 제8조제1항제2호의 희소의료기기는 6년의 재심사 기간을 설정하여야 하며, 시판 후 조사에 필요한 증례 수는 해당 의료기기의 적응증 등 특성을 고려하여 정한다. 다만, 「의료기기법」 제8조제1항제1호에 의한 신개발의료기기 중 법 제29조에 따른 추적관리대상 의료기기와 「의료기기법」 제8조제1항제2호에 의한 희소의료기기기의 조사증례 수는 전수로 한다. 식약처장은 의료기기의 재심사를 적정히 하기 위하여 필요하다고 인정될 경우 의료기기위원회의 심의를 거쳐 품목류 및 품목의 허가일로부터 4년 이상 7년 이하의 범위에서 재심사 기간을 조정할 수 있다.[1)]

마. 신의료기술평가를 고려한 임상시험

「의료법」에서는 신의료기술에 대하여 국민건강보험하에서 급여 또는 비급여 결정을 하기 전에 신의료기술평가를 거치도록 규정하고 있다. 기존의 건강보험에서 인정하는 행위코드 중 새로운 원리나 개념의 기술을 가진 의료기기에 적용할 항목이 뚜렷하지 않거나, 기존 기술이라 하더라도 사용 목적, 방법, 적용 부위가 기존과 다른 경우가 신의료기술평가 대상에 해당된다.

신의료기술평가를 위해 반드시 별도의 임상연구를 할 필요는 없다. 국내외 의학 저널에 발표된 임상 논문의 내용이 신의료기술평가에 적절한 수준이면 활용이 가능하다. 그러나 관련 자료들이 적절하지 않으면 신의료기술평가를 고려하여 임상시험을 실시할 필요가 있다. 이때 임상연구 설계는 동일한 상태의 환자가 현재 적용받고 있는 가장 일반적인 진단법 또는 치료법과 비교하여 그 결과가 새로운 기술에 비해 안전성 및 유효성 측면에서 더 좋거나(우월성) 적어도 나쁘지 않다(비열등성)는 것을 보여줄 수 있어야 한다.

식약처는 임상시험을 설계하는 초기 단계부터 제품의 신의료기술평가에 관한 사항을 고려하여 추후 의료기기 업체의 임상시험 결과가 신의료기술평가에서 인정받을 수 있도록 하기 위해 규정을 신설했다. 해당 규정은 「의료기기 임상시험계획 승인에 관한 규정」으로, 제9조(자문 등)에 대한 사항을 신설하였으며 고시 내용은 다음과 같다.

---

1) 「의료기기 시판 후 조사에 관한 규정」(식품의약품안전처 고시 제2023-53호, 2023. 8. 11.)

"식품의약품안전처장은 임상시험계획 승인 시 필요한 경우 「의료법」 제55조에 따라 보건복지부 장관이 신의료기술평가에 수반되는 업무를 위탁한 기관의 장에게 신의료기술평가 관점에서의 해당 임상시험계획에 대한 의견을 들을 수 있다."
(식약처 고시 제2023-12호, 2023. 2. 14.)

바. 국민건강보험의 치료재료 등재를 고려한 임상시험

현행 「국민건강보험법」은 치료재료의 등재 대상인 의료기기는 식약처 품목허가 후 30일 이내에 치료재료결정신청서를 보건복지부에 제출하도록 하고 있다. 치료재료 보험등재를 위하여 반드시 별도의 임상연구를 할 필요는 없다. 국내외 의학저널에 이미 발표된 임상 논문의 내용이 평가에 적절한 수준이면 된다. 그러나 발표된 논문이 부족할 경우 치료재료의 등재를 특별히 고려하여 임상시험을 실시하는 것을 생각해볼 수 있다. 이 경우, 비교 대상 제품의 선정에 주의해야 한다. 이미 등재되어 있는 제품 중 해당 제품의 치료재료 평가 시 비교될 후보 제품과 그 가격을 조사할 필요가 있다. 만약 비교대상 후보 제품보다 높은 가격을 목표로 한다면 비교 대상 제품과 비교하여 임상적 측면에서 또는 경제성(비용 효과) 측면에서 우월성을 보여줄 수 있도록 임상연구가 설계되어야 한다.

치료재료 평가 과정에서는 경제성이 특히 중요하게 다루어지므로 비교 대상이 될 만한 후보 제품을 적용하는 치료 과정에서의 비용(다른 재료 또는 약재 포함)과 해당 제품의 목표 가격을 기준으로 한 비용을 비교하도록 설계할 필요가 있다. 결과적으로 해당 제품을 적용하였을 때의 비용이 비교 대상 후보 제품을 적용하였을 때의 비용과 비교하여 같거나(재정 중립적) 절감되는 경우가 가장 좋다. 그렇지 못하더라도 총 비용이 높아져도 임상결과가 더 향상되는 경우 그 향상된 임상효과의 가치가 증가한 비용과 비교하여 합리적이라는 내용을 설명할 수 있어야 한다. 이 부분은 임상결과를 바탕으로 별도의 경제성 평가가 필요할 수도 있다.

사. 관찰연구(Observational Study)와 집단연구(Cohort Study)

이 연구는 의료기기를 적용받은 사람을 대상으로 사용 후의 장기간 임상적 영향을 평가하기 위해 실시된다. 해당 환자를 추적하여 일정 기간 동안에 정해진 검사 결과에 대한 자료를 수집한다. 이 연구는 주로 의뢰자 또는 시험자가 기획하여 실제 진료 현장에서 치료받은 환자 중 일정한 기준에 따라 환자를 선별하여 실시하는 경우가 일반적이다. 임상시험에서와 같은 제한 조건이나 침습적인 방법의 적용을 요구하지 않고, 계획대로 일정 범위의 정보만을 수집한다.

2.3 단일기관 임상시험과 다기관 임상시험

한 개의 기관에서 임상시험을 수행하는 경우를 단일기관 임상시험이라고 한다. 다기관 임상시험은 '두 개 이상의 의료기관이 공통되는 연구계획에 의하여 공동으로 연구를 수행하는 임상시험'으로 정의된다. 각 기관에서 선정된 임상시험 대상자들은 중앙에서 무작위 배정한다. 각 기관의 자료들은 하나의 데이터베이스에 수집되고 전체가 통합된 하나의 연구로 진행된다.

다기관 임상시험에서는 보다 객관적이고 정확한 임상시험 운영을 위해 중앙검사실, 중앙판독기관, 질 관리센터, 물품구매 및 배분기관 등이 참여할 수 있다.

각 임상시험기관의 시험책임자 중에서 다기관 임상시험에 참여하는 시험자들 사이의 의견을 조정할 권한과 의무를 가진 임상시험조정자(CI, Coordinating Investigator)를 선정해서 공동연구를 총괄한다. 임상시험조정자는 다기관의 의견을 조정하여 임상시험이 완료될 때까지 원활한 운영의 책임을 져야 하므로 전체 임상시험기관(참여기관)의 의견을 수렴하여 선정해야 한다.

다기관 임상시험은 여러 기관에서 공동으로 대상자를 선정하기 때문에 신속하게 예정된 수의 대상자를 모집할 수 있어 연구기간을 단축할 수 있고, 다양한 환자집단이 연구에 참여하므로 연구 대상의 대표성을 보정할 수 있다는 장점이 있다. 그러나 여러 기관이 동시에 연구를 일관되게 수행하려면 표준화를 해야 한다. 한 기관에서는 임상시험 수행 시 조직적으로 운영하여 질 높은 좋은 결과가 나온 반면 다른 기관에서는 전반적인 임상시험 수행 운영이 원활하지 않아 타기관 대비 결과가 좋지 않을 경우 최종 통합된 임상시험 결과에 좋지 않은 영향을 미칠 수 있다. 그러므로 다기관 임상시험에서는 여러 기관의 임상시험이 원활하게 수행되도록 관리를 잘해야 한다. 이러한 효율적인 조직 구성 및 행정적인 관리 절차로 인해 단일기관 연구에 비해 관리에 따른 비용 부담이 크기 때문에 다기관 임상시험을 계획할 때는 연구비에 대한 사항을 고려해야 한다.

3 임상시험 전문인력

임상시험이나 임상연구에는 다양한 전문 인력들이 관여하는데, 신제품을 개발하고 임상시험을 계획하고 의뢰하는 임상시험의뢰자(Sponsor), 기관에서 임상시험을 담당하는 시험자(Investigator), 연구코디네이터(CRC, Clinical Research Coordinator), 의료기기 관리자(Device Manager), 임상시험이 수행되는 과정을 관리하는 임상시험 모니터 요원(CRA, Clinical Research Associate), 점검자(Auditor), 실태조사자(Inspector), 임상시험심사위원회(IRB, Institutional Review Board) 등이 있다.

3.1 임상시험의뢰자(Sponsor)

임상시험의뢰자는 다음 항목 및 내용에 대한 책임과 의무가 있다.

〈표 1-5〉 임상시험의뢰자의 역할과 내용

번호	항목	내용
1	임상시험의 품질 보증 및 임상시험 자료의 품질관리	• 임상시험의 품질 보증 및 임상시험 자료의 품질관리에 관한 표준작업 지침서를 마련해야 함 • 임상시험 자료의 신뢰성 및 정확성을 보장하기 위해 자료 처리 모든 단계에서 임상시험 자료에 대한 품질관리를 실시해야 함
2	임상시험 수탁기관 관리	임상시험과 관련한 의뢰자의 업무 전부 또는 일부를 임상시험 수탁기관에 위탁할 수 있으나, 임상시험 자료의 품질과 정확성에 대한 관리 책임을 짐
3	임상시험의 관리	• 임상시험에 대한 지식과 경험을 갖춘 자로 하여금 임상시험 수행의 전반을 감독하고, 자료의 처리 및 검증, 통계적 분석, 결과보고서 작성의 업무를 담당하게 해야 함 • 안전성 관련 자료와 중요한 유효성 결과변수를 포함한 임상시험의 진행 정도를 주기적으로 평가 및 모니터링해야 함 • 임상시험용 의료기기의 임상개발이 중단된 경우 시험자, 임상시험기관 및 식품의약품안전처장에 이를 보고해야 함
4	자료의 처리 및 기록 보존	• 임상시험 자료는 기존 수집, 저장 및 입력된 자료에서 수정 및 삭제하지 않아야 하며 수정이 필요한 경우 수정 과정을 기록해야 함 • 자료 처리 과정에서 자료의 형태를 변경하는 경우, 원래 자료와 변경한 자료를 항상 비교할 수 있도록 해야 함 • 기본문서 및 그 밖의 자료는 관계법령에 따라 보관해야 함
5	시험책임자 선정	• 임상시험에 필요한 교육 및 경험을 갖고 있으며 임상시험을 수행할 수 있는 시설 및 인력을 보유한 시험책임자를 선정해야 하며, 다기관임상 시험의 경우 조정위원회를 설치하고 시험조정자를 선정할 수 있음 • 시험책임자에게 임상시험계획서와 최신의 임상시험자 자료집을 제공해야 하며 충분한 검토 시간을 주어야 함
6	관련 인력의 임무 배정	임상시험 실시 전 모든 임상시험과 관련된 임무 및 역할을 정하고 이를 적절히 배정해야 함
7	대상자에 대한 보상 등	임상시험과 관련하여 발생한 손상에 대한 보상절차를 마련해야 함
8	식품의약품안전처 임상시험계획승인	계획한 임상시험이 식품의약품안전처의 임상시험계획승인 대상의 경우 승인을 받아야 함
9	심사위원회 심사 사항 확인	시험책임자로부터 심사위원회의 심사 사항을 확인해야 함(심사위원회위원의 명단과 자격, 심사위원회 심사통보서 등)
10	임상시험용 의료기기 정보 제공	• 임상시험용 의료기기의 기존 임상시험 결과 자료 또는 비임상시험 자료 등 해당 임상시험의 안전성과 유효성을 입증할 수 있는 정보를 확보 및 제공함 • 해당 의료기기의 임상시험 시 예상되는 위험 또는 이상사례 정보 제공 • 안전성과 유효성에 관한 중요한 정보를 새로 얻은 경우 임상시험자 자료집을 수정해야 함
11	임상시험용 의료기기의 제조, 포장, 표시기재 등	• 관련 법령의 시설과 제조 및 품질관리기준에 따라 임상시험용 의료기기를 제조해야 함 • 임상시험용 의료기기의 적절한 사용 방법, 적용기간, 유효기간 등을 정하여 임상시험과 관련된 모든 자에게 알려야 함 • 임상시험용 의료기기가 운송, 보관, 저장 과정에서 손상, 오염 또는 변질되지 않도록 포장해야 함

번호	항목	내용
12	임상시험용 의료기기의 공급 및 취급	• 임상시험용 의료기기는 임상시험기관의 의료기기 관리자에게 공급되어야 함 • 임상시험용 의료기기는 해당 임상시험의 계획서가 식품의약품안전처 혹은 임상시험심사위원회(IRB)의 승인을 받기 전에 임상시험용 의료기기 관리자에게 공급되어서는 안 됨 • 임상시험용 의료기기의 인수·취급·보관 및 미사용 의료기기 반납에 관한 지침을 마련함 • 임상시험용 의료기기를 적시에 공급해야 하며, 임상시험용 의료기기의 공급, 인수, 반납 및 폐기에 관한 기록을 작성·보관해야 함
13	의료기기 이상반응 보고	임상시험 수행 시 발생한 중대하고 예상하지 못한 모든 의료기기 이상 반응을 시험자, 식품의약품안전처에 보고함
14	모니터링	대상자의 권리와 복지 보호를 위해 임상시험 관련 자료와 근거 문서의 정확성, 완전성을 확인함
15	점검	임상시험, 자료의 수집, 기록 및 문서 작성, 보고 등에 관한 모든 사항이 임상시험관리기준과 관계법령을 준수하였는지 여부를 사전에 계획된 바에 따라 체계적으로 확인 점검 후 기록을 보관함
16	위반사항 조치	• 시험자, 의뢰자, 모니터요원 또는 점검자가 임상시험 수행 시 법령을 위반한 것을 안 경우 즉시 이에 대해 시정 조치해야 함 • 모니터링이나 점검을 통해 시험자의 지속적인 위반 또는 중대한 위반이 확인된 경우 해당 임상시험의 참여를 중지시키고 식품의약품안전처에 보고해야 함
17	임상시험의 조기종료 등	• 임상시험이 조기에 종료되거나 중지된 경우 시험책임자 및 식품의약품 안전처에 해당 사실과 사유를 신속히 문서로 보고해야 함 • 다기관임상시험의 경우, 다른 임상시험기관의 시험책임자에게도 해당 사실과 사유를 문서로 통지해야 함
18	다기관임상시험 시 확인사항	• 각 기관의 모든 시험책임자가 의뢰자와 합의하고 임상시험심사위원회(IRB) 및 식품의약품안전처장이 승인한 임상시험계획서에 따른 임상시험 실시 여부를 확인함 • 임상시험계획서에서 수집하려는 자료를 각 임상시험기관에서 정확하고 일관성 있게 수집할 수 있도록 증례기록서 설계 여부를 확인함 • 시험자의 임무 문서화 여부 등을 확인함

* 출처 : 한국보건산업진흥원. 의료기기 임상시험 의뢰자 과정 표준교육교재, 2013.

3.2 시험자(Investigator)

시험자는 적정한 임상시험 실시를 위하여 임상시험기관 표준작업지침서(SOP)에서 정하는 바에 따른 임상시험 실시에 필요한 교육 · 훈련 및 경험을 갖추어야 한다. 또한, 임상시험계획서 · 임상시험자 자료집 등 그 밖의 의뢰자가 제공한 의료기기 관련 정보에 적힌 임상시험용 의료기기의 적절한 사용법을 자세히 숙지하여 연구를 수행해야 하며 다음 항목 및 내용에 대해 책임과 의무가 있다.

〈표 1-6〉 시험자의 역할과 내용

번호	항목	내용
1	임상시험 실시에 필요한 자원 확보	• 시험책임자는 의뢰자와 합의한 대상자 등록 기간 내에 해당 임상시험에 필요한 대상자의 등록이 가능함을 입증할 수 있어야 함 • 해당 임상시험이 적절하고 안전하게 실시되기 위해 필요한 인원수의 시험담당자와 장비 및 시설을 확보해야 함 • 임상시험계획서, 임상시험용 의료기기에 관한 정보, 임상시험과 관련된 의무 및 업무 등에 각 담당자를 배정함
2	시험자의 대상자 보호 의무	• 대상자에 대한 임상시험과 관련된 모든 의학적 결정은 시험책임자가 함 • 임상시험 중 또는 임상시험 이후에도 시험책임자는 임상시험에서 발생한 모든 이상사례(임상적으로 의미 있는 실험실 실험 결과의 이상을 포함한다)에 대해 대상자가 적절한 의학적 처치를 받을 수 있도록 하여야 하며, 시험책임자가 알게 된 대상자의 질환이 의학적 처치를 필요로 하는 경우에는 이를 대상자에게 알려야 함 • 대상자에게 주치의가 있는 경우 시험책임자는 대상자의 동의를 받아 해당 주치의에게 대상자의 임상시험 참여 사실을 알려야 함 • 대상자가 임상시험 완료 이전에 임상시험 참여를 그만둘 경우 대상자는 그 이유를 밝히지 않아도 되지만, 시험책임자는 대상자의 권리를 침해하지 않는 범위에서 그 이유를 확인하기 위하여 노력해야 함
3	심사위원회와의 정보 교환	• 임상시험을 실시하기 전 임상시험계획서, 동의서, 대상자 확보 방법 및 대상자설명서 등 기타 대상자에게 문서 형태로 제공되는 각종 정보에 대하여 심사위원회의 심사를 받아야 함 • 해당 임상시험의 실시가 승인된 경우(시정승인 또는 보완 후 승인된 경우를 포함한다) 심사통보서의 내용을 임상시험기관의 장에게 보고하고, 임상시험기관의 장의 확인서를 받아 의뢰자에게 제공해야 함 • 심사위원회에 최신의 임상시험자 자료집 사본을 제출해야 하며, 임상시험자 자료집이 해당 임상시험 도중 개정될 경우 개정된 임상시험자 자료집 사본을 심사위원위회에 제출해야 함
4	임상시험계획서 준수	• 의뢰자와 서면합의하고 심사위원회 및 식품의약품안전처장의 승인을 받은 임상시험계획서를 준수하여 임상시험을 실시해야 함 • 의뢰자와의 사전 합의와 심사위원회 및 식품의약품안전처장의 변경 승인을 받기 전에는 임상시험계획서와 다르게 임상시험을 실시해서는 아니 됨. 다만 대상자에게 발생한 즉각적 위험 요소의 제거가 필요한 경우 또는 의료기기 임상시험 관리기준(KGCP) 제6호가목10)라)에 따른 임상시험계획서의 사소한 변경의 경우는 제외함 • 시험책임자 또는 시험담당자는 승인된 임상시험계획서와 다르게 실시된 모든 사항 및 그 사유를 기록해야 함 • 시험책임자는 단서에 따라 대상자에게 발생한 즉각적 위험 요소의 제거를 위하여 시험책임자가 변경계획서에 대한 사전 승인 이전에 시행한 변경 사항에 대하여 가능한 빨리 해당 사실 및 실시 사유를 기록한 문서와 변경계획서를 의뢰자, 심사위원회 및 식품의약품안전 처장에게 제출하여 각각 합의 및 승인을 받아야 함
5	임상시험용 의료기기 관리	• 임상시험용 의료기기 관리자의 임상시험용 의료기기 인수, 재고 관리, 대상자별 투약, 반납 등의 업무 수행 및 관련 사항 기록 등에 대한 업무를 점검함 • 임상시험계획서에 따른 임상시험용 의료기기 사용 여부 확인
6	무작위배정 및 눈가림 해제	• 임상시험계획서에 따라 무작위배정 절차를 준수해야 하며 계획서에 명시된 절차에 의해서만 눈가림을 해제해야 함 • 우발적 또는 중대한 이상사례로 인해 임상시험 완료 이전 눈가림이 해제된 경우 이 사실을 기록하고 신속히 의뢰자에게 알려야 함

번호	항목	내용
7	대상자 동의	• 헬싱키선언에 근거한 윤리적 원칙 및 기준을 따라야 하며, 임상시험을 시작하기 전에 시험책임자는 동의서 서식, 대상자설명서 및 그 밖에 대상자에게 제공하는 문서화된 정보에 대해 심사위원회의 승인을 받아야 함 • 대상자의 동의에 영향을 줄 수 있는 새로운 임상시험 관련 정보를 취득한 경우에는 동의서 서식, 대상자설명서 및 그 밖의 문서화된 정보를 이에 따라 수정하고, 대상자에게 이를 제공하기 전에 심사위원회의 승인을 받아야 함. 이 경우 시험책임자는 적시에 대상자 또는 대상자의 대리인에게 이를 알리고, 고지 대상자, 고지 일시 및 고지 내용을 기록해야 함 • 대상자의 임상시험 참여를 강요하거나 부당한 영향을 미쳐서는 아니 됨 • 대상자 동의 시 심사위원회의 승인을 받은 서면 정보와 그 밖의 임상시험 모든 측면에 대한 정보를 대상자에게 충분히 알려야 함. 대상자 동의를 얻을 수 없는 경우 대상자의 대리인에게 이를 알려야 함 • "대상자의 대리인"이란 대상자의 친권자·배우자 또는 후견인으로서, 대상자를 대신하여 대상자의 임상시험 참여 유무에 대한 결정을 내릴 수 있는 사람을 말함 • 대상자 또는 대상자의 대리인이 임상시험의 참여 여부를 결정할 수 있도록 충분한 시간과 기회를 주어야 하며 임상시험과 관련한 모든 질문에 대해서는 성실히 답변해야 함 • 대상자의 임상시험 참여 전에 대상자 또는 대상자의 대리인과 동의를 받은 시험책임자 또는 시험책임자의 위임을 받은 의사, 치과의사, 한의사는 동의서에 서명하고, 해당 날짜를 자필로 적어야 함
8	기록 및 보고	의뢰자에게 보고하는 증례기록서나 그 밖의 모든 보고서에 포함된 자료는 정확하고 완결해야 하며 근거문서와 일치해야 함
9	진행 상황 보고	• 1년에 1회 이상 임상시험의 진행 상황을 요약하여 서면으로 심사위원회에 제출하여야 하며, 심사위원회의 요청이 있는 경우에도 진행 상황을 요약하여 서면으로 제출해야 함 • 대상자에 대한 위험이 증가하거나 임상시험의 실시 여부에 중대한 영향을 미치는 변화 또는 변경이 발생한 때, 의뢰자와 심사위원회에 신속히 문서로 보고해야 함
10	임상시험 안전성 관련 보고	• 시험책임자는 모든 중대한 이상사례(임상시험계획서나 임상시험자 자료집에서 즉시 보고하지 않아도 된다고 정한 것은 제외한다)를 임상시험계획서에 정한 기간 내에 보고해야 함 • 시험책임자는 임상시험계획서에서 안전성 평가와 관련하여 별도로 정한 이상사례나 실험실 검사 결과의 이상 등을 임상시험계획서에서 정한 기간 내에 임상시험계획서에서 정한 보고 방법에 따라 의뢰자에게 보고해야 함 • 사망 사례를 보고하는 경우 시험책임자는 의뢰자와 심사위원회에 부검 소견서(부검을 실시한 경우만 해당한다)와 사망진단서 등의 추가적인 정보를 제출해야 함
11	임상시험의 조기종료 등	• 시험책임자가 의뢰자와 사전 합의 없이 임상시험을 조기종료하거나 중지하였을 경우 시험책임자는 이 사실을 의뢰자 및 심사위원회에 즉시 알리고, 조기종료 및 중지에 대한 상세한 사유서를 제출하여야 함 • 의뢰자가 임상시험을 조기종료하거나 중지시켰을 경우 시험책임자는 이 사실을 심사위원회에 즉시 알리고, 조기종료 및 중지에 대한 상세한 사유서를 제출하여야 함 • 심사위원회가 임상시험을 조기종료하거나 또는 중지시켰을 경우 시험책임자는 이 사실을 의뢰자에게 즉시 알리고, 조기종료 및 중지에 대한 상세한 사유서를 제출하여야 함 • 위 3가지 규정에 따라 해당 임상시험이 조기종료 또는 중지된 경우 시험책임자는 대상자에게 이 사실을 즉시 알리고 적절한 조치와 추적조사가 이루어질 수 있도록 하여야 함
12	임상시험 완료 보고	임상시험을 완료(조기종료를 포함한다)한 경우 시험책임자는 임상시험결과를 요약한 자료를 첨부하여 심사위원회에 임상시험 완료 사실을 보고하여야 함

* 출처 : 한국보건산업진흥원. 의료기기 임상시험 의뢰자 과정 표준교육교재, 2013.

3.3 연구코디네이터(CRC, Clinical Research Coordinator)

임상시험 수행 및 시험 대상자 보호와 관련된 경험과 지식을 갖추고 시험책임자의 책임하에 관련 법령에 맞게 시험책임자가 위임한 업무를 수행하는 사람을 말한다.

연구코디네이터는 「의료기기 임상시험 관리기준(KGCP)」의 원칙에 따라 기관 내에서 시험책임자를 도와 임상시험을 지원하고 운영하는 사람이다. 실질적으로 임상시험의 전 과정에서 대상자를 직접 보살피고 그들과 상호작용하며 가장 직접적이면서도 많은 시간을 할애하여야 한다. 연구코디네이터는 의학, 약학 및 임상시험에 대한 지식을 갖추어야 하기 때문에 현재 다수가 간호사이므로 흔히 CRC와 연구간호사(CRN, Clinical Research Nurse)라는 용어가 혼용되고 있다.

단, 시험대상자 동의 취득 절차는 「의료기기 임상시험 관리기준(KGCP)」의 원칙에 따라 시험책임자 또는 시험책임자의 위임을 받은 의사, 치과의사, 한의사가 수행하도록 한다.

3.4 임상시험용 의료기기 관리자(Investigational Device Manager)

의료기기 임상시험계획승인 완료 후 임상시험용 의료기기가 실시기관에 입고될 때 각 기관마다의 표준작업지침서(SOP, Standard Operating Procedure)에 따라 입고 절차를 거친다. 이때 임상시험용 의료기기의 적정한 관리를 위해 해당 임상시험기관의 장이 지정한 자를 의료기기 관리자라 한다. 임상시험용 의료기기 관리자는 임상시험기관의 직원 중에서 지정한다. 다만, 임상시험의 특성에 따라 시험책임자의 요청이 있는 경우 심사위원회의 의견을 들어 시험책임자 또는 시험담당자로 하여금 임상시험용 의료기기를 관리하게 할 수 있다.

또한 의료기기 관리자는 임상시험용 의료기기의 인수, 재고 관리, 대상자별 투약, 반납 등의 업무를 수행하고 관련 사항을 기록하며, 해당 사항을 주기적으로 시험책임자에게 알려야 한다.

3.5 임상시험 모니터요원(CRA, Clinical Research Associate)

의료기기 임상시험의 모니터링을 담당하기 위해 의뢰자가 지정한 자로, 의뢰자는 적절한 자격을 갖춘 모니터요원으로 하여금 임상시험 수행을 전반적으로 감독하고 해당 임상시험이 시험계획서, 표준작업지침서(SOP), 「의료기기 임상시험 관리기준(KGCP)」 및 관련 규정에 따라 실시되고 기록되는지의 여부를 검토하고 확인하게 한다. 모니터링은 임상시험과 관련된 데이터의 신뢰성을 보증하기 위한 필수적인 활동으로 그 책임은 의뢰자에게 있으며, 모니터링의 범위와 강도는 임상시험의 목적, 디자인, 규모 등을 기준으로 결정된다.

3.6 점검자(Auditor)

임상시험에서 수집된 자료의 신뢰성을 확보하기 위하여 해당 임상시험이 계획서, 의뢰자의 표준작업지침서(SOP) 및 관련 규정 등에 따라 수행되는지에 대해 의뢰자 등이 체계적・독립적으로 조사를 실시하는 경우의 조사자를 말한다.

의뢰자의 점검은 일상적인 모니터링이나 품질관리와는 별도로 실시되어야 한다. 또한, 의뢰자는 점검결과를 기록하여 보존하여야 한다. 의뢰자는 해당 임상시험과 이해관계가 없는 자를 점검자로 선정하여야 한다. 점검자는 해당 임상시험의 점검에 필요한 지식을 가져야 하며, 점검에 필요한 훈련을 받아야 하고, 의뢰자는 점검자의 명단과 자격에 관한 문서를 갖추어 두어야 한다.

식품의약품안전처장은 점검이 독립적이며 자율적으로 이루어질 수 있도록 임상시험이 제24조 및 이 기준을 심각하게 위반하였다는 증거가 있거나 임상시험과 관련한 법적 분쟁이 발생한 경우에만 의뢰자에게 점검보고서의 제출을 요구하여야 한다. 단, 식품의약품안전처장은 의뢰자에게 점검확인서의 제출을 요구할 수 있다.

3.7 실태조사자(Inspector)

식약처장이 「의료기기법 시행규칙」 [별표 3] 의료기기 임상시험 관리기준 및 관련 규정에 따라 임상시험이 실시되었는지를 확인할 목적으로 시험기관, 의뢰자 또는 임상시험수탁기관 등의 모든 시설, 문서, 기록 등을 현장에서 공식적으로 조사하는 자이다. 실태조사자는 실태조사 완료 후 실태 조사서를 작성한다. 그 위반사항에 따라 그에 해당하는 행정조치가 취해질 수 있다.

3.8 임상시험심사위원회(IRB, Institutional Review Board)

시험책임자 혹은 의뢰자가 계획한 임상시험이 대상자의 권리・안전・복지를 보호하고, 취약한 환경에 있는 대상자의 임상시험 참여 이유가 타당한지를 검토하는 기관으로, 임상시험기관 내에 독립적으로 설치된 상설위원회를 말한다. 임상시험을 계획한 시험책임자 및 의뢰자는 연구를 수행하고자 하는 해당 임상시험기관 내 임상시험심사위원회(IRB)(임상시험기관 내 IRB가 없는 경우 공용기관생명윤리위원회[2] 협약을 통해 심의)를 통해 임상시험계획서를 포함한 임상시험과 관련한 모든 문서(시험대상자 설명문 및 동의서, 증례기록서 등)를 심의받는다.

임상시험심사위원회는 임상시험과 관련하여 제출한 문서를 임상시험기관 표준 작업지침서(SOP)에서 정한 기한 내에 심사하여야 하며, 임상시험의 명칭, 검토한 문서, 심사일자 및 최종 심사의견을 구분(승인

2) 공용기관생명윤리위원회는 「생명윤리 및 안전에 관한 법률」 제12조제1항에 따라 보건복지부장관이 기관 또는 시험자가 공동으로 이용할 수 있도록 지정한 위원회를 말한다(http://irb.or.kr/).

또는 시정승인/보완/반려/임상시험의 중지 또는 보류)하여 최종 심사 결과를 시험책임자에게 통보하여야 한다. 또한, 심사위원회는 시험책임자의 이력 및 그 밖의 경력을 근거로 시험책임자가 해당 임상시험을 수행하기에 적합한 경험과 자격을 갖추었는지 여부를 검토한다.

심사위원회는 실시 중인 임상시험에 대해 1년에 1회 이상 검토를 수행해야 하며, 이 경우 검토 주기는 대상자에게 미칠 수 있는 위험의 정도에 따라 심사위원회가 정한다.

심사위원회는 임상시험이 심사위원회의 요구나 결정 사항과 다르게 실시되거나 대상자에게 예상하지 못한 중대한 위험이 발생한 경우에는 해당 임상시험을 중지하도록 임상시험기관의 장 또는 시험책임자에게 요구할 수 있다. 심사위원회가 임상시험을 조기종료 또는 일시중지시켰을 경우, 시험기관의 장은 이 사실을 식품의약품안전처장에게 즉시 알리고, 조기종료 및 일시중지에 대한 상세한 사유서를 제출하여야 한다. 또한, 대상자의 권리 · 안전 · 복지를 보호하기 위하여 필요하다고 판단하는 경우 심사위원회는 추가 정보를 대상자에게 제공하도록 의뢰자에게 요구할 수 있다.

심사위원회의 가장 큰 목적은 계획 중이거나 실시 중인 임상시험이 윤리적으로 충분히 대상자의 안전과 복지를 보호하는지 여부를 판단하고 관리하는 것이다.

4 의료기기 임상시험의 절차

임상시험은 사람을 대상으로 하는 연구로 임상시험에 참여하는 대상자의 안전과 복지를 우선 고려해야 하며, 연구 계획 시에는 윤리적 측면을 최대한 고려해야 한다. 이와 더불어 임상시험을 진행하기 위해서는 임상시험계획서 개발이 우선적으로 필요하며, 개발 시 핵심적인 요소는 임상시험을 통해 확인하고자 하는 목적을 설정하는 것이다. 분명한 목적에 따라 임상시험 수행의 세부 진행 사항을 포함한 임상시험계획서가 개발되면, 임상시험이 진행될 각 기관(병원)의 임상시험심사위원회(IRB)가 검토 및 승인한다. 임상시험심사위원회(IRB)는 임상시험에 참여하는 대상자의 권리 · 안전 · 복지를 보호하기 위해 기관 내에 독립적으로 설치된 상설위원회로서, 임상시험계획서의 신규 접수 및 계획 변경 시 그 내용의 적절성을 검토한다. 또한, 진행 상황에 대한 중간보고, 종료 및 결과 시에도 승인된 연구계획에 따라 적절하게 이행되었는지 검토한다.

임상시험심사위원회(IRB)의 승인과 더불어 식약처의 검토와 승인도 받아야 한다. 임상시험심사위원회(IRB)가 임상연구의 윤리성 확보에 보다 큰 목적을 둔다면 식약처는 품목의 안전성과 유효성 입증을 위한 설계의 타당성 및 제품의 성능 입증 등에 보다 큰 목적을 둔다. 식약처는 임상시험계획서에 기술된 1차 및 2차 목적을 위해 설정된 대상자의 수 및 시험기간의 타당성과 임상시험 이전에 수행했던 비임상시험 자료 등을 검토하여 사람을 대상으로 하는 임상시험 전에 충분한 안전성을 확보했는지도 검토하게 된다.

임상시험심사위원회(IRB)와 식약처장으로부터 임상시험계획의 승인을 받아야 비로소 임상시험을 수행할 수 있다. 다만 식약처의 임상시험 승인 대상에서 제외되는 경우를 「의료기기법 시행규칙」 제20조에서 규정하고 있다.

임상시험계획의 IRB 및 식약처 승인 이외에도 「의료기기법 시행규칙」 [별표 3] 의료기기 임상시험 관리기준에서 요구하고 있는 임상시험결과의 신뢰성을 보증하기 위한 임상시험 표준작업지침서(SOP) 수립, 임상시험 기본문서 작성, 모니터링 및 점검 활동 등을 수행하여야 한다.

임상시험이 종료되면 결과보고서를 작성하여 품목허가에 필요한 구비서류와 함께 식약처에 제출하면 최종 검토 후 품목허가를 얻어 시판을 할 수 있다.

식품의약품안전처가 2020년 11월 마련한 "의료기기 임상시험 안내서"에서 의료기기 임상시험을 위한 기본적 절차를 [그림 1-3]과 같이 설명하고 있다.

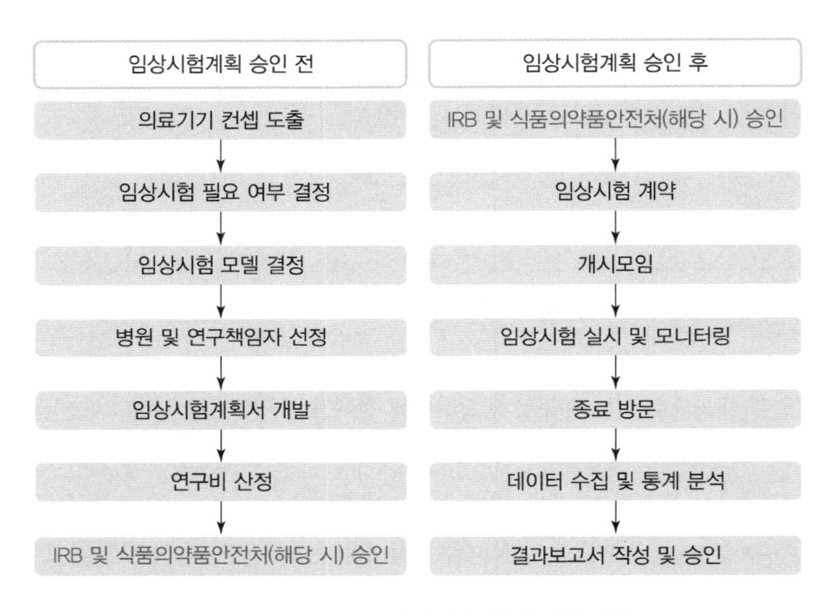

▌그림 1-3▐ 의료기기 임상시험의 전체 절차

임상시험계획 승인 전과 승인 이후의 단계별 절차 및 그에 대한 설명은 보건복지부와 한국보건산업진흥원에서 시행한 보건의료연구개발사업(2단계 2차 연도)의 결과물인 '의료기기 임상시험 가이드라인'을 식품의약품안전처에서 요약 · 정리하여 [그림 1-4]와 같이 설명하고 있다.

「의료기기법 시행규칙」 제20조(임상시험계획의 승인 등)

③ 다음 각 호의 어느 하나에 해당하는 경우에는 법 제10조제1항 단서에 따라 같은 항 본문에 따른 식품의약품안전처장의 승인대상에서 제외한다.

1. 시판 중인 의료기기를 사용하는 다음 각 목의 어느 하나에 해당하는 임상시험

가. 시판 중인 의료기기의 허가 사항에 대한 임상적 효과 관찰 및 이상사례 조사를 위하여 하는 임상시험

나. 시판 중인 의료기기의 허가된 성능 및 사용목적 등에 대한 안전성·유효성 자료의 수집을 목적으로 하는 임상시험
다. 그 밖에 시판 중인 의료기기를 사용하는 시험으로서 안전성과 직접적으로 관련되지 아니하거나 윤리적인 문제가 발생할 우려가 없다고 식품의약품안전처장이 정하는 임상시험

2. 임상시험 대상자에게 위해를 끼칠 우려가 적은 다음 각 목의 어느 하나에 해당하는 임상시험
가. 법 제19조에 따른 기준규격에서 정한 임상시험 방법에 따라 실시하는 임상시험
나. 체외 또는 체표면에서 생체신호 등을 측정하여 표시하는 의료기기를 대상으로 하는 임상시험
다. 의뢰자 없이 연구자가 독자적으로 수행하는 임상시험 중 대상자에게 위해를 끼칠 우려가 적다고 식품의약품안전처장이 인정하는 임상시험

[단계별 절차(임상시험계획 승인 전)]

의료기기 컨셉 도출	의료기기의 어떤 효능 및 효과를 볼 것인지 사용 목적에 맞도록 결정
▼	
임상시험 필요 여부 결정	임상시험의 필요 여부 검토
▼	
임상시험 모델 결정	연구 목적(학술 연구) 또는 허가 목적(품목 허가용)
▼	
병원 및 시험책임자 선정	임상시험을 진행할 임상시험기관과 시험책임자 결정
▼	
임상시험계획서 개발	사전 고려 사항 • 연구 가설 : 임상시험에서 원하는 결과가 무엇인지, 대조군은 어떤 의료기기로 결정할 것인지에 대해 설정 • 연구 성격 : 임상시험의 목적 • 적절한 연구 기간 • 의료기기 정보 : 해당 의료기기에 대한 정보 파악, 시험군으로 사용될 의료기기 외에 대조군으로 사용하는 의료기기에 대한 정보 • 대상자 선정·제외 기준 • 작성 주체, 공동시험자, 통계 자문 등
▼	
연구비 산정	• 연구비 산정의 기준 및 원칙 – 임상시험과 관련된 모든 비용을 의뢰자가 부담하는 것이 원칙 – 임상시험 등록 전 외래에서 시행한 검사나 임상시험에 참여하지 않았어도 받아야 하는 치료 등에 대해서는 대상자가 비용을 부담하는 것이 일반적 • 연구비 산정 시 고려 사항 – 인건비 : 시험책임자, 시험담당자, 연구간호사 등 참여 인력 수, 연구 참여 기간, 연구 참여율 등을 고려하여 산정 – 직접비용 : 연구 참여 시 받게 되는 실험적 검사, 방사선 검사. CT/MRI 등을 포함하는 각종 검사비와 추적 관찰 방문을 하는 경우 매 방문 시 지급되는 교통비나 사례비 등 – 간접비용 : 병원관리비, 인쇄비, 기술정보활동비, 회의비, 의료기기관리비 등
▼	
IRB 및 식약처 승인	해당 임상시험기관의 IRB와 식약처(해당 시)의 승인을 받아야 함

[단계별 절차(임상시험계획 승인 후)]

임상시험 계약	의뢰자와 임상시험기관의 장이 문서로 체결 • 연구 기본 정보 : 제목, 목적, 기간, 당사자 등 • 연구비 : 규모, 지불 방법, 지불 시기 등 • 기밀 유지 : 범위, 기간, 계약 종료 후 비밀정보 계속사용 가능 여부, 위반에 대한 조치(계약해지, 손해배상 등), 지적재산권(특허, 상표, 디자인 등)의 귀속 여부 등 • 임상시험의 재정에 관한 사항(조기종료 및 시험 중단 시 미사용 연구비의 반납 등) • 업무의 위임 및 분장에 관한 사항 • 대상자 보상 책임 명시 : 보상 및 면책범위 등 • 의뢰자와 임상시험기관의 의무사항
▼	
임상시험의 시작 전 개시회의	• 실시 전에 시험담당자에게 임상시험계획서 및 절차에 대한 교육 시행, 논의와 질의사항 확인, 시험담당자들의 역할에 따른 책임에 대하여 인지, 임상시험계획서에 따른 임상시험 대상자 등록 준비 확인 • 승인 완료 후 모든 연구진들(책임시험자, 공동시험자, 연구간호사, 의료기기 관리자 등)과 의뢰자. 임상시험의 일부 또는 전체 업무를 수탁하는 임상시험 수탁기관(CRO, Contract Research Organization)이 참여 • 반드시 임상시험 대상자 참여 이전에 시행되어야 함
▼	
임상시험 실시 및 모니터링	• 임상시험의 진행 과정을 감독하고 임상시험계획서, 표준작업지침서, 임상시험관리기준 등의 규정에 따라 실시, 기록되는지를 검토하고 확인하는 활동 • 모니터 요원은 과학적·임상적 지식이 있어야 하며 임상시험용 의료기기, 임상시험계획서, 임상시험 대상자 동의서 양식, 설명서, 의뢰자의 표준작업지침서, 임상시험 관리기준 및 관련 규정 등에 충분한 지식이 있어야 함 • 모니터링의 범위와 유형은 임상시험의 목적, 실시 계획, 복잡성, 눈가림법, 임상시험 대상자 수 및 결과 변수 등을 고려하여 결정
▼	
종료 방문	• 모니터 요원이 임상시험기관에 종료 방문을 함으로써 임상시험 업무가 공식적으로 종료됨(자료가 완전히 정리된 이후) • 방문 확인 사항 - 증례기록서 등 발견되었던 문제점의 해결 - 관련 기록들의 완전성 확인 - 시험자 유의사항 교육 - 시험자 임상시험 기본 문서 파일 최종 보관 상태 확인 - 임상시험용 물품 및 약물 등 회수
▼	
데이터 수집 및 통계 분석	임상시험에 이용되는 통계 분석 방법은 임상시험계획서에 명확하고 자세히 기술(평균, 중앙값, 표준오차, 최솟값, 최댓값, 신뢰구간, 기술통계량과 검정의 유의수준, 통계분석법 등을 기술)
▼	
결과보고서 작성 및 승인	• 임상시험에서 얻어진 결과를 임상적·통계적 측면에서 하나의 문서로 통합 기술한 것으로, 임상시험의 계획, 수행, 자료 분석, 결론 도출 등에 대해 충분하고 재현성 있는 자료들을 간단명료하게 제시하여야 함 • 동 가이드라인 3.4 참고

▎그림 1-4 ▎ 의료기기 임상시험의 단계별 절차

제 2 장

의료기기 임상시험 윤리의 이해와 IRB 심의

1. 임상연구의 역사와 윤리 원칙
2. 임상시험심사위원회(IRB)의 이해
3. 대상자 동의의 개념과 절차
4. 취약한 환경에 있는 대상자
5. 이해상충의 이해와 관리

02 의료기기 임상시험 윤리의 이해와 IRB 심의

학습목표 — 임상연구의 역사와 윤리원칙 학습을 통해 임상시험심사위원회(IRB)의 역할 및 대상자 동의의 중요성과 절차에 대해 이해한다.

NCS 연계 —

목차	분류 번호	능력단위	능력단위 요소	수준
1. 임상연구의 역사와 윤리 원칙	1903090203_15v1	임상시험	임상시험 계획하기	6
2. 임상시험심사위원회(IRB)의 이해	1903090203_15v1	임상시험	임상시험 계획하기	6
3. 대상자 동의의 개념과 절차	1903090203_15v1	임상시험	임상시험 계획하기	6
4. 취약한 환경의 대상자	1903090203_15v1	임상시험	임상시험 계획하기	6
5. 이해 상충의 이해와 관리	1903090203_15v1	임상시험	임상시험 계획하기	6

핵심 용어 — 뉘렘버그 강령, 헬싱키 선언, 터스키기 매독 사건, 벨몬트 원칙, 임상시험심사위원회(IRB) 구성, 임상시험심사위원회(IRB) 위원, 대상자 동의, 취약한 환경의 대상자

1 임상연구의 역사와 윤리 원칙

가. 임상연구 관련 역사적 사건과 임상시험심사위원회(IRB) 탄생 배경

1947	1962	1964	1972	1974	1979	1982	1995	1996	2001	2005	2011	2013
뉘렘버그 강령	탈리도마이드 사건	헬싱키 선언	터스키기 매독연구 논란	National Research Act 제정	벨몬트 보고서	CIOMS 가이드라인	KGCP 시행	ICH-GCP 가이드라인	KGCP 개정	생명윤리법 시행	KGCP 상향 입법	생명윤리법 전면개정

1) 뉘렘버그 강령

2차 세계대전 종전 이후, 강제수용소에서 수감자들을 대상으로 시험을 자행한 23명의 나치 의사와 과학자가 살인 혐의로 전범재판에 기소됐다. 뉘렘버그에서 열린 재판에서 23명의 시험자 중 15명이 유죄 판결을 받았다. 이들 가운데 7명에게는 교수형이, 8명에게는 각기 종신형에서 10년에 이르는 징역형이 선고되었고, 나머지 8명은 사면받았다. 재판을 통해 내려진 법적 선고와 판결문에는 사람을 대상으로

하는 연구 수행에서 지켜져야 할 사항이 10가지 항목으로 기술되었다. 이 10가지 항목이 이후 뉘렘버그 강령으로 알려지게 된다. 뉘렘버그 강령을 요약하면 다음과 같다.

- 시험 대상이 되는 사람의 자발적인 동의는 절대 필수적이다.
- 동물시험의 결과 등에 근거를 두어야 하며 시험 결과가 시험 수행을 정당화할 수 있어야 한다.
- 시험은 사회의 선을 위하여 다른 방법이나 수단으로 얻을 수 없는 가치 있는 결과를 얻는 것이어야 한다.
- 시험을 할 때는 모든 불필요한 신체적, 정신적 고통과 침해를 피해야 한다.
- 사망 또는 불구의 장해가 발생할 수 있으리라고 추측할 만한 이유가 있는 경우에는 시험을 행할 수 없다(단, 시험을 하는 의료진도 그 대상이 되는 시험의 경우는 예외).
- 시험으로 인한 위험의 정도가 해결되는 문제의 인도주의적 중요성 정도를 초과하여서는 안 된다.
- 시험 대상자를 보호하기 위하여 적절한 준비와 적당한 시설을 갖추어야 한다.
- 시험은 과학적으로 자격을 갖춘 자에 의해서만 행해져야 한다.
- 시험이 진행되는 동안 시험 대상자는 시험의 지속이 불가능하다고 보이는 신체적, 정신적 상태에 이르게 된 경우 시험을 자유로이 종료시킬 수 있어야 한다.
- 시험 중 시험 대상자에게 사망이나 장애를 초래할 사유가 있는 경우에는 시험을 중단하여야 한다.

뉘렘버그 강령은 미국의 시험자들 사이에서 거의 무시되었는데, 이들은 강령의 원칙이 이미 자신들의 연구에 포함되어 있으며, 강령은 단지 나치 의사들의 유죄를 증명하고 나치의 참사를 비난하기 위한 서류에 불과하다고 생각했다. 한편, 강령 자체에도 많은 문제점들이 있었는데, 일례로 강령은 법적 강제력이 없어 비치료적 임상연구에만 적용될 수 있었다.

2) 탈리도마이드 사건

1950년대 후반, 탈리도마이드(Thalidomide)가 유럽 전역과 미국의 몇 곳에서 시험 중이었다. 이것은 수면제로서 시험군에는 임산부도 있었다. 불행히도 이 약은 임신 초기 3개월 동안에 복용할 경우 태아에게 심각한 부작용을 야기하였으며, 이렇게 태어난 대다수의 어린이들은 사지가 짧아져 팔이 지느러미처럼 보이는 해표지증(Phocomelia)으로 고통을 받았다. 탈리도마이드 비극으로, 의약품의 더 강력한 규제에 대한 대중의 지지 덕분에 케파우버-해리스 수정안(Kefauver-Harris Amendments Drug Amendments of 1962)이 통과되었으며 이것은 현재의 IND(Investigational New Drug) 신청 규정의 기초가 되었다. 최초로 의약품에 대해 안전성뿐 아니라 유효성에 대한 입증이 요구되었다. 또한 처음으로 단지 검토와 60일간 기다린 후 실시하는 것이 아닌 실질적인 사전 FDA 승인이 요구되었다. 게다가 이상반응에 대한 의무적인 보고와 고지를 통해 위험성에 대한 발표를 요구하게 되었다.

3) 헬싱키 선언

1964년 세계 의사협회는 헬싱키 선언으로 알려진 연구 윤리에 관한 일련의 기준을 제시하였다. 헬싱키 선언은 뉘렘버그 강령을 재해석하면서 치료 목적의 의학 연구에 초점을 맞추었으며 뉘렘버그 강령의 10개 조항에 담긴 원칙들을 발전시킨 총 35항으로 구성되어 있다. 이후 논문 편집자들은 헬싱키 선언에 따라 연구를 수행할 것을 요구하고 있다. 헬싱키 선언의 가장 큰 의의는 각 연구 기관에 임상시험심사위원회(IRB) 설치 및 그 수행을 준비하는 기반을 마련한 것에 있다.

4) 터스키기 매독 연구 사건(1932~1972)

미국 보건부가 시작한 이 연구는 아프리카계 미국인들이 감염된 매독의 자연 경과를 기록하기 위한 목적으로 고안되었다. 처음 연구를 시작했을 때는 매독 치료법에 대해 알려진 바가 없었다. 매독에 감염된 수백 명의 환자와 건강한 수백 명의 자원자가 연구에 참여하였는데, 대상자인 남성들은 충분한 정보를 제공하는 동의서 없이 모집되었다.

시험자들은 또한 의도적으로 일부 절차의 필요성에 대해 그 목적을 숨기기도 했는데, 일례로 척수천자를 필수적이고 특별한 "무료 치료법"이라고 설명하였다. 심지어 1940년대에 페니실린이 효과적이고도 안전한 매독 치료법으로 밝혀진 뒤에도, 대상자들은 이 항생제를 투여받지 못했다. 1972년, 처음으로 전국적으로 언론에 보도되기까지 대상자들에 대한 추적 조사가 지속되었다. 이 매독 연구로 28명이 사망하였고, 100건의 장애, 그리고 19건의 선천성 매독이 초래되었다.

이 사건이 유발한 윤리적 문제는 정보에 근거한 동의서의 부재, 기만, 정보 제공의 보류, 이용 가능한 치료의 보류, 대상자와 그 가족들을 매독 감염의 위험에 방치한 것, 연구 참여로부터 이득을 얻지 못하는 취약한 대상자 집단에 대한 착취 등이다.

5) 「국가 연구에 관한 법률」(1974)과 임상시험심사위원회(IRB)의 탄생

앞서 언급한 터스키기 사건으로 인해 미국 내 생명과학연구의 비윤리성과 과학연구 관리 부재에 대한 비난이 커졌다. 이에 미국 의회는 「국가 연구에 관한 법률(National Research Act)」을 제정했다. 이 법률은 인간을 대상으로 하는 모든 연구에 임상시험 심사위원회(IRB) 제도를 도입하고 사전심의 의무화를 규정하였다.

6) ICH-GCP 제정

의약품국제조화회의(ICH, The International Conference on Harmonization of Technical Requirements for Registration of Pharmaceuticals for Human Use)는 미국, 유럽, 일본의 의약품 허가당국 및 각 제약협회가 의약품 허가심사 시 요구되는 자료를 과학화하고 표준화하기 위하여 1990년 4월에 설립되었다. 의약품 품질, 안전성 및 유효성 등에 관한 각 국가 간의 규제조화를 추진하고 아울러 ICH 비회원국들에게 해당 내용을 전파하여 국제적으로 허가심사 자료를 상호 인정함으로써, 신약 개발 기간을 단축하고 전 세계적으로 우수한 의약품을 환자에게 신속하게 공급하는 것이 설립 목적이다. 미국, 일본, 유럽이 주축을 이루고 있는 ICH에서는 의약품을 보다 안전하게 사용하고 평가하기 위한 과학적인 노력을 계속해 오고 있으며, 의약품의 시판 전 임상시험, 안전성 및 유효성과 품질관리를 위한 가이드라인을 지속적으로 발간하고 있다.

또한, ICH E6 GCP 가이드라인은 1996년에 제정되어 현재까지 임상시험의 설계, 수행, 기록, 보고를 위한 윤리적이고 과학적인 국제 표준으로 사용되고 있다. 우리나라는 이를 고시화하여 2001년부터 시행하였으며, 2011년 이후 「의약품 등의 안전에 관한 규칙(총리령)」 [별표 4] 의약품 임상시험 관리기준,

「의료기기법 시행규칙(총리령)」 [별표 3] 의료기기 임상시험 관리기준으로 정하여 임상시험을 엄격히 관리하고 있다.

나. 임상연구와 윤리적 원칙 – 벨몬트 원칙

1) 1970년대 이후의 연구 윤리

미국 보건부의 매독 연구는 대상자를 대상으로 하는 연구에 대한 대중의 인식을 높이는 데 가장 큰 영향을 미친 연구 중 하나다. 언론이 보건부의 매독 연구에 대해 보도한 뒤, 의회는 특별위원회(AD Hoc Panel)를 설치하였다. 위원회는 매독 연구를 즉각 중지할 것을 지시하였고, 대상자 연구에 대한 규제가 부적절했음을 인정하였다. 또한, 위원회는 향후 임상시험 대상자들을 보호하기 위해 연방정부 차원의 규제를 마련하고, 실행해야 한다고 권고하였다. 이어 국가 연구에 관한 법률과 미국 보건부 규정(45 Code of Federal Regulations 46) 그리고 미국 식품의약국(FDA) 규정(21 Code of Federal Regulations 50) 등을 비롯한 연방 규제 법안이 입법되었다.

2) 국가위원회(National Commission)

1974년, 미국 의회는 국가위원회(National Commission)라고 알려진, 생명의학 및 행동학 연구에서의 대상자 보호를 위한 국가위원회(National Commission for the Protection of Human Subjects in Biomedical and Behavioral Research)를 승인하였다. 의회는 국가위원회가 임상연구의 바탕이 되는 기본적 윤리 원칙을 정의하도록 촉구하였으며, 지금까지의 모든 기록과 논의들을 검토하고, "대상자를 대상으로 하는 연구에서 윤리를 판단하는 데 사용될 수 있는 기본적 윤리 원칙들은 무엇인가?"에 대한 답을 구하도록 하였다. 또한 국회는 대상자를 대상으로 하는 연구가 원칙들에 의거하여 수행되고 있음을 보장할 수 있는 지침서를 만들도록 국가위원회에 요구하였다.

3) 벨몬트 보고서(Belmont Report)

1979년 열린 국가위원회는 벨몬트 보고서를 발간하였다. 벨몬트 보고서는 대상자를 대상으로 하는 연구를 수행하는 사람이라면 모두 읽어야 하는 필수 지침서이다. 벨몬트 보고서는 모든 임상연구의 기초가 되는 세 가지 기본 윤리 원칙들을 제시하고 있다. 이 원칙들은 보통 벨몬트 원칙이라고 불리는데, 인간 존중, 선행 그리고 정의를 포함하고 있다.

가) 인간 존중의 원칙(Respect For Persons)

이 원칙은 철학자 칸트(Immanuel Kant)의 글에서 인용한 것이다. 인간 존중이란 개인이 자율성을 갖춘 존재로 대우받아야 하며, 그들을 어떤 목적을 위한 수단으로 사용해서는 안 됨을 의미한다. 사람은 반드시 스스로 선택할 수 있는 권리를 가질 수 있어야 하며, 자율성이 제한된 사람들은 추가적인 보호를 받아야 한다. 자율성의 구성요소는 다음과 같다.

자율성의 구성요소
- 정보를 이해하고 처리할 수 있는 능력
- 자발성, 다른 사람의 영향이나 통제로부터의 자유

즉, 대상자가 정보를 이해하고 처리할 수 있는 능력을 갖고 있으며, 다른 사람으로부터 강요나 부당한 영향 없이 연구 참여를 결정할 수 있는 자유를 가지고 있을 때 완전한 자율성을 가진다고 할 수 있다.

이 원칙으로부터 파생된 규정들은 다음과 같다.

파생된 규정
- 정보에 기초한 동의서를 요구한다.
- 대상자의 사생활을 존중한다.

나) 선행(Beneficence)의 원칙

선행은 위험을 최소화하고 이득을 최대화함을 원칙으로 한다. 이 원칙으로부터 파생된 규정들은 다음과 같다.

파생된 규정
- 위험은 최소화하고 이득은 최대화하기 위해 가능한 최선의 연구 계획을 요구한다.
- 시험자가 연구를 수행하는 과정에서 위험을 충분히 관리할 수 있는지 여부를 확인한다.
- 위험 대 이득의 비율이 적절하지 않은 연구는 금지한다.

다) 정의(Justice)의 원칙

정의의 원칙은 연구에서 파생되는 부담과 이득이 동등하게 분배될 수 있도록 연구를 설계하고, 사람들을 공정하게 대할 것을 요구한다. 이 원칙으로부터 파생된 규정들은 다음과 같다.

파생된 규정
- 대상자 선정에서의 공정성을 유지한다.
- 취약한 환경의 대상자군이나 이용하기 쉬운 대상자군을 착취하지 않는다.

세 가지 원칙이 균형을 이루고 각각 동등한 도덕적 영향력을 갖는 것이 위원회가 의도했던 바였다. 이는 어떤 상황에서는 세 가지 원칙이 서로 상충할 수 있다는 것을 의미한다. 예를 들어, 인간 존중의 원칙에 따라 어린이들은 스스로 선택할 능력이 없기 때문에 어린이들의 연구 참여에 제한을 두자고 주장할 수 있다. 그러나 정의의 원칙에 따르면, 어린이들도 연구에 참여하여 연구로부터 이득을 얻을 수 있는 기회를 가질 수 있어야 한다. 벨몬트 보고서는 한 원칙이 항상 다른 원칙을 우선하는 것은 아니라고 기술하고 있다. 오히려 각각의 상황들을 개별적으로 숙고해야 하며, 동시에 모든 원칙들의 장점들을 참작하여 검토해야 한다.

2 임상시험심사위원회(IRB)의 이해

2.1 임상시험심사위원회(IRB)의 역할

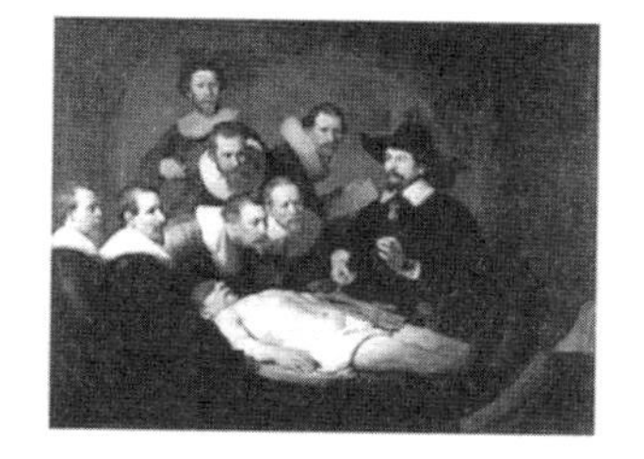

기관윤리심의위원회 또는 임상시험심사위원회(IRB)는 임상연구 수행 시 대상자의 권리와 복지를 보호하기 위해 설립된 심의위원회이다.

대상자를 대상으로 하는 모든 연구는 연구시행 이전에 임상시험심사위원회(IRB)의 심사와 사전승인을 받아야 한다. 대부분의 연구 기관, 전문 기구, 그리고 대상자를 대상으로 하는 연구에 대해서 동일한 기준을 적용하고 있다.

2.2 임상시험심사위원회(IRB)의 구성과 권한

가. 임상시험심사위원회(IRB)의 구성

임상시험기관의 장은 임상시험의 윤리적·과학적·의학적 면을 검토·평가할 수 있도록 자격을 갖춘 5인 이상으로 심사위원회를 구성하여야 한다. 다만, 의학·치의학·한의학·약학·간호학·의공학을 전공하지 않은 자로서 변호사나 종교인(교역자) 등 1인 이상과 해당 임상시험기관과 관련이 없는 자 1인 이상을 심사위원회 중에서 포함해야 한다.

심사위원회의 위원장은 위원 중에서 호선하며, 시험자 및 의뢰자와 관련이 있는 자는 해당 임상시험과 관련한 결정 과정에 참여하게 하거나 의견을 제시하게 하여서는 아니 된다.

심사위원회는 원활한 심의를 위해 심사위원회의 위원이 아니면서 해당 분야의 전문성을 가진 자에게서 조언을 구할 수 있다.

「생명윤리 및 안전에 관한 법률」 제11조(기관위원회의 구성 및 운영 등)

① 기관위원회는 위원장 1명을 포함하여 5명 이상의 위원으로 구성하되, 하나의 성(性)으로만 구성할 수 없으며, 사회적·윤리적 타당성을 평가할 수 있는 경험과 지식을 갖춘 사람 1명 이상과 그 기관에 종사하지 아니하는 사람 1명 이상이 포함되어야 한다.

② 기관위원회의 위원은 제10조제1항 각 호의 기관의 장이 위촉하며, 위원장은 위원 중에서 호선한다.

③ 기관위원회의 심의대상인 연구·개발 또는 이용에 관여하는 위원은 해당 연구·개발 또는 이용과 관련된 심의에 참여하여서는 아니 된다.

④ 제10조제1항 각 호의 기관의 장은 해당 기관에서 수행하는 연구 등에서 생명윤리 또는 안전에 중대한 위해가 발생하거나 발생할 우려가 있는 경우에는 지체 없이 기관위원회를 소집하여 이를 심의하도록 하고, 그 결과를 보건복지부 장관에게 보고하여야 한다.

⑤ 제10조제1항 각 호의 기관의 장은 기관위원회가 독립성을 유지할 수 있도록 하여야 하며, 행정적·재정적 지원을 하여야 한다.

⑥ 제10조제1항에 따라 둘 이상의 기관위원회를 설치한 기관은 보건복지부령으로 정하는 바에 따라 해당 기관위원회를 통합하여 운영할 수 있다.
⑦ 제1항부터 제6항까지에서 규정한 사항 외에 기관위원회의 구성 및 운영에 필요한 사항은 보건복지부령으로 정한다.

나. 임상시험심사위원회(IRB)의 권한

① 연구 승인
② 연구 불승인
③ 연구계획의 수정
④ 지속 심사
⑤ 변경에 대한 확인 및 관리
⑥ 승인 보류 또는 중지
⑦ 대상자로부터 동의를 받는 절차와 연구 과정에 대한 감독

2.3 임상시험 연구계획 심의절차

임상시험심사위원회(IRB) 위원들은 최소한 다음과 같은 정보를 확보하고 평가할 수 있어야 한다.

가. 예상되는 위험과 이득에 대한 분석

① 예상되는 위험과 이득에 대한 확인과 평가
② 예상되는 위험의 최소화에 대한 확인
③ 예상되는 위험과 이득의 관계가 타당한지에 대한 확인

나. 동의서 심의

① 대상자에게 충분한 정보를 제공한 후에 밟는 동의 절차와 전 과정의 문서화
② 소아 동의 : 어린이나 의사결정 능력이 부족한 개인이 연구에 참여할 경우, 시험자는 법정대리인이나 부모의 대리 동의 획득 외에도 아동의 지적 · 정신적 발달 정도에 따라 적절하게 아동의 연구 참여 의사를 확인해야 한다. 현재 소아를 대상으로 한 연구에서 소아 승낙에 관한 별도 법적 규정은 갖고 있지 않으나, 대체로 다음과 같은 승낙 절차를 취하고 있다. 자세한 기준과 운영은 각 기관위원회(IRB)마다 다를 수 있다.
③ 동의 절차 및 이에 대한 문서화

* 출처 : 보건복지부 지정 공용기관생명윤리위원회. 취약한 연구대상자 보호지침, 2019.

다. 대상자 선정 기준

① 성, 인종, 민족 구성에서의 공정성

② 사회 구성원들에 대한 이득의 동등한 분배

③ 연구 참여를 강요당할 수 있는 취약한 대상자들에 대한 추가적인 보호수단의 제공 여부

라. 대상자 보호방법

대상자 모집은 개인의 사생활을 침해하지 않아야 하고, 연구 과정에서 수집된 정보의 기밀을 보장할 수 있어야 하며, 이를 모니터링해야 한다. 또한, 대상자 보호를 위해 대상자 손상 발생 시의 보상 계획(피해자 보상규약, 보험 등)을 마련하여야 한다.

마. 자료의 수집, 분석, 보관에 관한 연구 계획

KGCP 제8호더목2)에 따른 안전성 정보 보고는 임상시험용 의료기기의 안전성에 대한 평가를 지속적으로 실시하고 다음 예시와 같은 대상자의 안전을 위협하거나, 임상시험의 실시 여부에 영향을 미치거나, 임상시험의 진행과 관련하여 심사위원회의 결정사항을 변경하게 할 만한 임상시험용 의료기기의 안전성에 관한 정보를 취득한 경우 보고하여야 한다.

보고 대상(예시)

- 임상시험 진행 중 의뢰자의 지속적인 안전성 평가 결과에 따라 긴급 안전 조치(USM, Urgent safety measure) 또는 안전성 이슈 관련 시험자 서한(DIL, Dear investigator letter) 등이 발행되는 경우
- 자료안전성모니터링위원회(DSMB, Data Safety Monitoring Board)/독립적인 자료모니터링 위원회(IDMC, Independent Data Monitoring Committee)/안전성 검토위원회(SRC, Safety Review Committee)를 통해 해당 임상시험의 추가적인 안전성 정보를 입수한 경우 또는 진행 중인 임상시험 중간분석 결과 중요한 안전성 정보 도출 시 이를 반영한 임상시험 진행 결정사항이 있는 경우
  ㉠ 위원회에서 임상시험 대상자의 안전성과 관련하여 잠재적 안전성 이슈 도출 및 안전 조치(㉠ 임상시험 중지 등)를 권고 경우
- 예상 가능한 중대한 이상반응 발현 빈도가 임상적으로 중요하다고 판단될 정도로 증가한 경우

- 환자 집단에게 중대한 위해성을 끼칠 가능성이 있는 경우(예 생명에 위협적인 질병에 대한 의약품이 효과가 없는 경우 등)
- 진행 중이거나 종료된 임상연구, 다수 연구의 통합분석, 역학조사, 출판 및 미출판된 과학 논문, 시판 후 자발보고 자료 등으로부터 발견된 중대한 위해성을 시사할 수 있는 정보
- 새로 진행한 동물시험에서 안전성 관련 중대한 결과(예 발암성 등)가 나온 경우
- 다른 임상시험에서 사용된 임상시험용의약품의 안전상의 이유로 일시중단된 경우
- 임상시험용 첨단의료제품(ATMP, Advanced Therapy Medicinal Products)의 기증자 등에 관한 안전성 정보를 입수할 경우 등

바. 연구 설계 및 방법

연구 방법은 적절하고 과학적으로 유효하여 연구의 위험에 대상자가 노출되는 것을 정당화할 수 있어야 한다.

사. 추가 정보

만약 연구가 특정 집단을 포함한다면, 개인 식별, 대상자 모집, 보호 방안에 대한 추가적인 정보가 필요하다.

아. 기타 임상시험심사위원회(IRB)의 검토사항

① 시험책임자와 연구 구성원들의 자격
② 제출된 연구에 대한 전체적인 서술
③ 대상자의 권리와 복지를 보호하기 위한 적절한 방책 마련 여부

2.4 임상시험심사위원회(IRB) 심의 종류

임상시험심사위원회(IRB) 심의 신청을 위한 가이드라인은 해당 임상시험심사위원회(IRB) 사무국에 문의해야 한다. 임상시험심사위원회(IRB)는 관련 법률과 기관의 규정에 부합하는 심의 신청 절차와 방법을 시험자나 의뢰기관에게 알려주어야 한다.

임상시험심사위원회(IRB) 심의의 종류는 다음의 2가지가 있다.

가. 정규심의

정규심의는 법에서 규정하는 가장 표준적인 심의 형태이다. 정규심의는 신속심의나 심의면제 대상이 되는 과제가 아닌 모든 연구 과제의 초기심의에 적용된다. 정규심의에 필요한 조건과 과정은 다음과 같다.

① 심의는 임상시험심사위원회(IRB) 소집된 실제 대면회의를 통해 이루어지며, 과반수의 임상시험심사위원회(IRB) 위원(개회 정족수)이 심의에 참여해야 한다.
② 회의에는 최소 한 명 이상의 과학 전공자가 아닌 사람이 참여해야 한다(의결정족수).
③ 참석한 위원의 과반수가 연구 과제를 승인해야 한다.

④ 심의 대상 연구과제와 이해상충 관계에 있는 임상시험심사위원회(IRB) 위원은 임상시험심사위원회(IRB) 심사에 정보를 제공할 수는 있으나 심사에 참여할 수는 없다. 이해 당사자에 해당하는 위원은 의결정족수에 포함시키지 않는다.

⑤ 임상시험심사위원회(IRB)는 기관과 시험자에게 연구 승인, 변경 및 불승인 결정을 임상시험기관의 표준작업지침서(SOP)에 명시된 기한 내 서면으로 통보해야 한다.

⑥ 임상시험심사위원회(IRB)는 대상자, 평가에 대한 의결 과정, 연구에 대한 결정의 근거, 그리고 이해가 상충되는 논의가 있었을 경우, 그 해결책에 대한 임상시험심사위원회(IRB) 회의록 등에 세부사항을 문서로 보관해야 한다.

법 규정에는 특별히 정해져 있지 않으나, 임상시험심사위원회(IRB)는 '책임심사위원제(Primary Review System)'를 도입할 수 있다. 이 심사시스템에서 모든 임상시험심사위원회(IRB) 위원은 승인하고자 하는 연구에 대한 기본 정보를 받지만, 연구 분야에 숙련된 경험과 전문성을 갖고 있는 책임심사위원이 임상시험심사위원회(IRB) 심사와 이에 관련된 서류 전체(㉔ 시험자 자료집, 신청서)를 심의하도록 권한을 부여받는다. 그런 연후에 책임심사위원은 모든 위원이 소집된 정규심의에서 논의하고자 하는 자신의 의견을 보고한다. 책임심의위원은 회의 전에 시험책임자에게 질문이나 제안 사항을 문의할 수 있다. 임상시험심사위원회(IRB)는 시험자에게 심의 회의에 참석할 것을 요구할 수도 있으며, 회의 중 발생한 질문에 대해 전화상으로 답변을 요구할 수도 있다.

나. 신속심의

연구 과제가 대상자에게 예상되는 위험이 최소위험 이하이며 임상시험기관 표준작업지침서(SOP) 또는 정규심의에서 지정된 범주에 해당하는 경우, 임상시험 심사위원회(IRB) 위원장이나 1~2명의 경험 있는 위원들이 심의위원회의 심의 권한 일부가 위임되어 신속하게 심의하는 것을 말한다. 그 밖에 요구되는 모든 자료는 정규심의 승인 절차와 같다. 또한, 신속심의에서는 승인 또는 시정승인의 심의 결과를 결정할 수 있으나, 보완, 반려, 임상시험의 중지 또는 보류의 결정이 필요한 경우에는 정규심의로 안건을 회부할 수 있다. 일부 기관/임상시험심사위원회(IRB)에서는 추가적인 요구사항이 있을 수 있다.

2.5 연구 진행에 따른 임상시험심사위원회(IRB) 심의 대상의 종류

연구 수행 전	연구 수행 중	연구 수행 후
신규심의 심의결과 대한 답변 계획취소	계획변경 이상사례, 예상치 못한 문제보고 지속심의(중간보고) 기타보고	종료보고 결과보고

가. 신규심의

연구 과제의 승인을 획득하기 위해 최초로 심의 신청을 하는 것을 신규심의(초기심의)라 한다. 모든 신규과제는 정규심의에서 논의하는 것을 원칙으로 한다. 단, 연구 과제가 대상자에게 예상되는 위험이 최소위험 이하이며 표준작업지침서(SOP, Standard Operating Procedures) 등에 지정된 범주에 해당하는 경우 신속심의로 진행할 수 있다.

신규심의 결과는 '승인, 시정승인, 보완, 반려, 보류, 중지, 강제종료' 등이 있을 수 있다. 다만 각 기관마다 심의 결과의 용어는 다를 수 있으므로 사전에 해당 기관의 절차 및 세부 내용을 확인할 필요가 있다.

나. 심의 결과에 대한 답변

시험자는 신규심의에서 '승인' 이외의 심의 결과를 받은 경우(시정승인, 보완 등)에는 연구 진행이 불가하며, 심의 의견에 대한 답변서와 그에 따른 변경 및 수정된 자료를 첨부하여 제출해야 한다. 답변서 제출 기한은 각 기관의 표준작업지침서(SOP)에 따른다.

다. 계획 취소

신규심의를 받은 후 시험 대상자 모집이 이루어지지 않고, 연구계획을 취소하는 경우에 시험자는 임상시험심사위원회(IRB)에 계획 취소에 대한 사실을 보고하여야 한다.

라. 계획 변경

임상시험심사위원회(IRB)의 사전심의 및 승인 없이는 이미 승인된 연구계획에 대해서는 어떠한 변경도 허용되지 않는다. 변경 수준 및 위험/이득 비율에 영향을 미칠 수 있는 변화와 그 정도에 따라 심의 형태는 정규심의 또는 신속심의가 될 수 있다.

원칙적으로 모든 변경사항은 IRB 승인이 결정된 이후에 실시하여야 하나, 대상자에게 발생한 즉각적 위험 요소의 제거가 필요한 경우 또는 의료기기 임상시험 관리기준(KGCP) 제6호가목10)라)에 따른 임상시험계획서의 사소한 변경의 경우는 제외한다. 다만 이와 같은 경우에도 임상시험기관 표준작업지침서(SOP)에 정해진 기한 내에 사후보고를 반드시 진행하여야 한다.

마. 이상사례, 예상치 못한 문제보고

임상시험용의료기기를 사용한 대상자에서 발생한 바람직하지 않고 의도하지 않은 징후, 증상, 질병 발생 시 시험자는 임상시험기관 표준작업지침서(SOP)에 정해진 기한 내 보고하여야 한다.

중대한 이상반응(SAE, SUSAR)이란 사망에 이르게 하거나 생명을 위협할 수 있는 이상 약물반응이나 이상 의료기기 반응, 또는 입원이나 입원 기간의 연장, 또는 지속적인 불구/기능장애, 선천적 기형, 결핍의 초래 등을 의미한다.

예상치 못한 문제란 대상자의 권리, 안전, 복지에 영향을 미칠 수 있는 예상치 못한 사건을 의미한다. 약물의 부작용 및 의료기기의 이상사례와 같은 신체적 위해 문제일 수도 있고, 대상자의 기밀 누설이나 대상자의 명성에 해가 될 수 있는 종류의 위해나 위험일 수도 있다.

2018년 KAIRB에서 안전성 보고 기준 및 기한에 대해 표준화하여 발표한 바 있다.

바. 지속심의(중간보고)

임상시험심사위원회(IRB)는 실제적으로 지속심의를 수행해야 하며 신규심의 때와 동일한 문제들에 대해 검토해야 한다. 구체적으로 살펴보면 다음과 같다.

① 지속심의 수행 시 임상시험심사위원회(IRB)는 신속심의 기준에 부합되는 과제를 제외하고는 모두 정규심의로 진행한다.

② 연구를 승인하기 위해서 임상시험심사위원회(IRB)는 신규 심의에서 검토되었던 모든 기준이 만족스럽게 유지되고 있는지를 반드시 확인해야 한다.

③ 임상시험심사위원회(IRB)는 최소한 연구 계획서 및 모든 변경 사항, 그리고 다음 사항을 포함하는 중간보고서를 검토해야 한다.

㉮ 등록된 대상자 수

㉯ 연구 과정에서 발생한 이상사례, 예상치 못한 문제, 대상자의 중도탈락, 그리고 대상자의 불만사항 및 새로운 관련 정보에 대한 요약

㉰ 현재 사용되고 있는 정보를 제공한 뒤에 받은 동의서 사본

시험자는 임상시험심사위원회(IRB) 승인이 만료되는 시점을 숙지하고 있어야 한다. 그러나 거의 대부분의 기관/임상시험심사위원회(IRB)에서는 승인 만료일 도래 시, 해당 사실에 대해 안내하고 있다. 승인을 받은 후 1년 이내의 어느 시점이 되면 임상시험심사위원회(IRB)는 시험자에게 지속심의를 위해 중간보고를 하도록 요구할 수 있다. 시험자는 임상시험심사위원회(IRB) 승인기간이 만료되기 전에 심의 일정에 맞춰 중간보고를 할 책임이 있다.

만약 임상시험심사위원회(IRB)가 지속심의를 완료하기 전에 연구계획서 승인이 만료되면, 시험자는 해당 대상자의 건강과 안전을 위한 것이 아닌 한 모든 연구 절차를 중단해야 한다.

사. 기타보고(연구 절차상의 예외/이탈)

시험책임자는 연구수행 과정 중에 법률이나 규정, 지침 또는 기승인된 연구계획서 등을 위반(violation) 또는 이탈(deviation)한 경우 임사시험심사위원회(IRB)에 위반 · 이탈 사항을 보고하여야 한다. 이와 같은 미준수 사항을 보고하기 위해 시험책임자가 제출하여야 하는 내용에는 다음 각 호의 사항이 포함되어야 한다.

① 위반 · 이탈 사항에 대한 기술
② 위반 · 이탈이 발생한 이유에 대한 설명
③ 유사한 사건의 재발을 방지하기 위해 취해진 일련의 조치

시험자는 임상시험기관 표준작업지침서(SOP)에 정해진 기한 내 보고하여야 한다.

아. 종료보고/결과보고

시험책임자는 자료 수집이 완료되고 더 이상 대상자와 접촉하지 않을 경우 임상시험심사위원회(IRB)에 종료 사실을 보고하여야 한다. 또한, 연구 종료 후 자료 분석 및 보고서 작성이 완료되면 임상시험심사위원회(IRB)에 결과보고를 진행하여야 한다. 각 보고에 대한 제출 기한은 각 기관의 표준작업지침서(SOP)에 따른다.

3 대상자 동의의 개념과 절차

3.1 동의의 개념

연구 참여와 관련하여 '충분한 정보를 근거로 한 동의(Informed consent)'의 의미는 두 가지로 볼 수 있다. 동의의 첫 번째 의미는 '자율적 행위'라는 것으로 환자 또는 대상자의 자율적인 권한의 행사로 보는 것이다. 두 번째 의미는 일반 대중 또는 정부나 민간의 기관 차원에서 규칙이나 일정한 기준으로서 분석이 가능하다는 것이다. 이때 기준이나 규칙 관점에서 동의를 이해할 때는 동의하는 사람의 '행위능력'에 대한 유의가 필요하다. 따라서 자율적 행위와 자율적 인간은 구분되는 의미이다. 행위능력의 유무에 관한 판단은 동의를 얻고자 하는 사람의 자율적 행위가 자율적 행위를 할 수 있는 능력을 갖춘 자율적인 인간인가에 따라 달라질 수 있기 때문이다.

동의에 대한 개념적 분석을 할 때 동의를 구성하는 기본 요소는 다음 다섯 가지를 들 수 있다.

① 공개(Disclosure)
② 이해(Comprehension)

③ 자발성(Voluntariness)

④ 행위능력(Competence)

⑤ 동의(Consent)

이 다섯 가지 구성 요소를 실제 동의라는 행동으로 적용 또는 변환하면 다음과 같이 각 구성요소가 작용함을 알 수 있다(동의 예정자가 하는 행위 : X, 동의하는 사람 : P, 동의의 대상이 되는 연구 행위 : I 라고 가정할 때).

① P는 I에 대해 충분한 정보의 공개를 받는다.

② P는 공개된 정보에 대해 충분히 이해를 하고 있다.

③ P는 X를 수행함에 있어 자발적으로 행동한다.

④ P는 X를 수행할 수 있는 행위능력을 갖추고 있다.

⑤ P는 I에 동의한다.

3.2 동의서의 구성 요건

임상시험에서 대상자에 대한 동의를 구하는 것은 단순히 '동의서의 작성'이 아니라 연구 진행의 한 과정이며, 또한 이러한 과정은 법적인 행위이기도 하기 때문에 주의 깊게 진행해야 하는 절차이다. 따라서 KGCP 제7호아목10)을 준수하여 동의서를 작성하여야 한다.

임상시험에서 동의를 구하는 과정은 '충분한 설명을 근거로 하는 동의'를 의미한다. 따라서 동의를 구하고자 하는 대상자는 시험자가 제공하고자 하는 충분한 설명을 이해할 수 있는 능력을 갖추어야 한다. 이러한 이유로 인하여 동의서는 일반인이 읽고 이해하기 쉬운 평이한 용어를 사용하여야 하며, 어려운 전문 의학용어는 쉽게 설명하도록 규정하고 있다.

동의서를 작성하고 이를 대상자에게 설명하는 주요한 사항들을 살펴보면 다음과 같다.

첫째, 동의서의 기본적인 기능은 법률적인 서류절차가 아니라 대상자에 대한 교육과 이해를 위한 도구로 작용이 가능하도록 작성한다.

임상시험에서 연구하고자 하는 대상 질환이나 시험하고자 하는 의료기기명 등이 포함된 임상시험 제목(계획서번호 등 의뢰자가 관리하는 고유번호 등을 포함할 수 있다), 임상시험을 계획하고 실시하려는 개인 또는 회사 등의 의뢰자정보, 임상시험기관에서 해당 임상시험을 책임지고 수행할 시험책임자에 대한 정보 등을 제공하여야 한다.

〈표 2-1〉 의료기기 임상시험 관리기준(KGCP) 대상자 동의

제목		내용
제7호 시험자	아. 대상자 의 동의	10) 동의를 얻는 과정에서 대상자 또는 대상자의 대리인에게 제공되는 정보, 동의서 서식, 대상자 설명서 및 그 밖의 문서화된 정보에는 다음의 사항을 적어야 한다. 가) 임상시험은 연구 목적으로 수행된다는 사실 나) 임상시험의 목적 다) 임상시험용 의료기기에 관한 정보 및 시험군 또는 대조군에 무작위배정될 확률 라) 침습적 시술(侵襲的 施術, invasive procedure)을 포함하여 임상시험에서 대상자가 받게 될 각종 검사나 절차 마) 대상자가 준수하여 할 사항 바) 검증되지 않은 임상시험이라는 사실 사) 대상자(임부를 대상으로 하는 경우에는 태아를 포함하며, 수유부를 대상으로 하는 경우에는 영유아를 포함한다)에게 미칠 것으로 예상되는 위험이나 불편 아) 기대되는 이익이 있거나 대상자에게 기대되는 이익이 없을 경우에는 그 사실 자) 대상자가 선택할 수 있는 다른 치료 방법이나 종류 및 그 치료 방법의 잠재적 위험과 이익 차) 임상시험과 관련한 손상이 발생하였을 경우 대상자에게 주어질 보상이나 치료 방법 카) 대상자가 임상시험에 참여함으로써 받게 될 금전적 보상이 있는 경우 예상 금액 및 이 금액이 임상시험 참여의 정도나 기간에 따라 조정될 것이라고 하는 것 타) 임상시험에 참여함으로써 대상자에게 예상되는 비용 파) 대상자의 임상시험 참여 여부 결정은 자발적이어야 하며, 대상자가 원래 받을 수 있는 이익에 대한 손실 없이 임상시험의 참여를 거부하거나 임상시험 도중 언제라도 참여를 포기할 수 있다는 사실 하) 제8호머목에 따른 모니터요원, 제8호버목에 따른 점검을 실시하는 자, 심사위원회 및 식품의약품안전처장이 관계 법령에 따라 임상시험의 실시 절차와 자료의 품질을 검증하기 위하여 대상자의 신상에 관한 비밀이 보호되는 범위에서 대상자의 의무기록을 열람할 수 있다는 사실과 대상자 또는 대상자의 대리인의 동의서 서명이 이러한 자료의 열람을 허용하게 된다는 사실 거) 대상자의 신상을 파악할 수 있는 기록은 비밀로 보호될 것이며, 임상시험의 결과가 출판될 경우 대상자의 신상은 비밀로 보호될 것이라는 사실 너) 대상자의 임상시험 계속 참여 여부에 영향을 줄 수 있는 새로운 정보를 취득하면 적시에 대상자 또는 대상자의 대리인에게 알릴 것이라는 사실 더) 임상시험과 대상자의 권익에 관하여 추가적인 정보를 얻고자 하거나 임상시험과 관련이 있는 손상이 발생한 경우에 연락해야 하는 사람 러) 임상시험 도중 대상자의 임상시험 참여가 중지되는 경우 및 그 사유 머) 대상자의 임상시험 예상 참여 기간 버) 임상시험에 참여하는 대략의 대상자 수

*출처 : 의료기기법 시행규칙 [별표3] 의료기기 임상시험 관리기준(제24조제1항 관련). 2024. 1. 16.

둘째, 대상자가 연구에 참여함으로써 겪게 될 일련의 과정을 경험적으로 기술한다. 대상자가 참여하게 되는 연구의 개요나 목적, 그리고 예상 가능한 이득과 위해요소 등에 대해 설명한다.

셋째, 대상자가 연구에 참여하지 않았을 경우에 선택할 수 있는 진료의 절차나 방법들에 대하여 설명하여 대상자로 하여금 충분한 정보를 가지고 선택할 수 있도록 한다.

넷째, 연구와 관련하여 취득하게 되는 대상자의 개인정보의 보호에 대하여 비밀로서 관리, 유지된다는 사실을 설명한다.

다섯째, 임상시험에 참여하면서 발생하는 신체적 피해에 대한 보상과 그 절차에 대하여 설명한다.

여섯째, 연구가 진행되면서 궁금한 사항이나 의학적 도움이 필요할 때 연락이 가능한 사람의 연락처를 명기해 둔다.

마지막으로, 연구는 대상자의 자발적 동의에 의해 참여하고, 언제든지 참여 동의를 철회할 수 있으며, 대상자가 이로 인한 어떠한 불이익도 받지 않는다는 사실에 관해 설명한다.

3.3 피해보상과 절차

식약처「의료기기 임상시험 관리기준(KGCP)」제8호차목에서는 대상자에 대한 보상기준 등에 관한 기준을 다음과 같이 제시하고 있다.

① 의뢰자는 임상시험과 관련하여 발생한 손상에 대한 보상절차를 마련해야 한다.

② 대상자에 대한 보상은 제7호아목10)차)에서 정한 보상의 내용·방법 및 관련 법령에 따라 적절히 이루어져야 한다.

따라서 의료기기의 임상시험을 계획하는 단계부터 대상자 보상에 대한 대책을 적절히 수립하여 대응할 수 있어야 한다. 그 방법 중 하나로 임상시험의 피해보상에 관한 보험에 가입하는 것이 있다. 또한 이러한 비용도 임상시험을 위한 예산 수립 시 충분히 반영하고 감안해야 한다.

임상시험심사위원회(IRB)는 임상시험 실시 전에 시험책임자가 제출한 대상자에게 제공되는 배상 또는 보상에 관한 정보(건강상 피해의 배상·보상을 위한 보험가입 서류를 포함한다)를 검토하여야 한다.

수립된 피해보상 절차에 관하여 임상시험심사위원회(IRB)는 임상시험 실시 전에 시험책임자가 제출한 대상자에게 제공되는 배상 또는 보상에 관한 정보(건강상 피해의 배상·보상을 위한 보험가입 서류를 포함한다)를 검토하여야 한다.

4 취약한 환경에 있는 대상자

4.1 정의

취약한 환경의 대상자는 스스로의 행위능력이나 자율성에 제한을 받고 있거나 그러한 환경에 처할 가능성이 있는 사람을 의미하며, 대상자가 받게 되는 이익의 정당성과 상관없이 연구 참여로 인하여 상급자로부터 받게 되는 기대이익 또는 연구 불참으로 받게 될 불이익으로 인해 연구 참여 의사결정에 부당한 영향을 받을 수 있는 사람을 말한다.

예를 들면 의과대학 · 간호대학 · 약학대학 · 치과대학의 학생들, 병원 또는 구소 직원, 제약회사 근로자, 군인, 수감자가 있다. 또한 불치병에 걸린 자, 요양원 환자, 실업자, 빈곤층 시민, 응급상황에 처한 환자, 소수인종, 노숙자, 부랑자, 난민, 미성년자 등 동의행위능력이 불가능한 자를 말한다.

식약처 「의료기기법 시행규칙」 [별표 3] 의료기기 임상시험 관리기준에서는 "'취약한 환경에 있는 대상자(Vulnerable Subjects)'는 임상시험 참여와 연관된 이익에 대한 기대 또는 참여를 거부하는 경우 조직 위계의 상급자로부터 받게 될 불이익을 우려하여 자발적인 참여 결정에 영향을 받을 가능성이 있는 대상자(예 의과대학 · 약학대학 · 치과대학 · 간호대학의 학생, 병원 또는 연구소 근무자, 제약회사 직원, 군인, 수감자)나, 불치병에 걸린 사람, 「의료기기법 시행규칙」 제22조에 따른 집단시설에 수용 중인 자, 실업자, 빈곤자, 응급상황에 처한 환자, 소수 인종, 부랑자, 난민, 미성년자, 자유의지에 의해 동의를 할 수 없는 대상자를 말한다."라고 정의하고 있다.

반면, 미국의 연방규정에서는 "소아, 수감자, 임산부, 정신지체자, 경제적 또는 교육적 혜택을 받지 못한 자 등과 같이 강압적 환경에 처해 있거나 부당한 영향을 받을 수 있는 환경에 처한 대상자가 있을 경우 이러한 대상자의 권리와 복지를 보호할 수 있도록 해당 연구계획에 부가적인 보호수단을 포함하여야 한다."라고 포괄적 적용을 규정하고 있어 양국의 기준에 다소 차이가 있다.

우선 '취약한 환경에 있는 대상자'는 연구에 포함하는 것이 가능하다. 단지 부가적인 안전장치를 시험자가 강구하도록 정하고 있다. 국내 규정은 '대상이 어떤 대상자이다.'라는 정의만 내리고 있는 반면 미국의 연방규정은 대상의 정의와 부가적 보호수단을 요구하고 있다.

4.2 취약한 환경에 있는 대상자 보호 대책과 방법

취약성은 해당 연구 집단 안에서도 동일하게 적용되지 않는다. 취약성의 변수들은 다음과 같다.

① 취약한 환경에 있는 대상자 집단에서도 각 개인마다 취약성의 정도는 다를 수 있다.

② 개인의 취약성 정도는 자발성에 영향을 미치는 지적 능력이나 조건의 변화에 따라 다르다. 예를 들면, 통증 억제 약물로 인해 판단 능력이 저하된 대상자라 하더라도 정신이 명료해지는 시기가 있다. 따라서 시험자는 연구 시작 전뿐만 아니라 진행 중에도 지속적으로 환자의 동의 능력을 평가해야 할 책임이 있다.

③ 임상시험심사위원회(IRB)는 가상적인 대상자들을 고려하는 반면, 시험자들은 실제 대상자들을 상대한다. 따라서 시험자들은 대상자들의 실제적 취약성을 참작해야 하며, 연구 수행 및 동의 과정에서 적절하게 조치를 해야 한다.

부가적 보호수단의 수준은 임상시험심사위원회(IRB)에서 정할 문제이지만, 예를 들면 지도교수가 시험책임자인 연구과제에 지도학생이 대상자로 참여할 경우 대상자인 본인의 동의서 외에 학생의 부모 또는 법정 대리인의 동의서를 추가로 징구하도록 요구하는 것과 같은 방법이 있으며, 소아의 경우 비록 법적인 행위능력은 없지만 소아 본인의 동의 여부와 법적 대리인의 동의, 학생일 경우 담당교사의 추가 동의서를 요구하는 예가 있다.

또한, 질병관리본부 기관생명윤리위원회 심의사례 요약집에서 다음과 같이 취약한 환경의 연구대상자 등의 보호 주요사항을 제시한 바 있다.

취약한 환경의 연구대상자등의 주요 사항

- 연구대상자로 포함할 충분한 타당성 검토
- 예상되는 위험 관련 보호대책 마련
- 동의능력을 판단할 수 있는 기준 및 동의 관련 보완대책 마련
- (법정)대리인 외 연구 대상자에게 추가 동의 및 승낙의 필요성
- 동의 획득 과정에 법정 대리인, 공정한 입회자, 참관인 등의 참석이 필요할 경우 이들의 참석을 확인할 수 있는 방법 마련

* 출처 : 질병관리본부 기관생명윤리위원회 심의사례 요약집. 2019.

5 이해상충의 이해와 관리

5.1 정의

'이해상충(Conflict Of Interest)'이란 이익과 의무가 충돌하는 상황을 의미한다. 이와 관련된 대부분의 문제는 과학적 객관성에 관한 의무가 개인적 이해상충에 의해 상대적으로 무시될 수 있기 때문에 일어난다.

과학자들도 사람이고, 다른 어떤 집단과도 다르지 않다. 더구나 과학자들은 종종 다양한 역할을 하고 있다. 그들은 대학에서 가르치고 연구하며 사적인 업무나 자문을 하고 있으며, 대학이나 산업계에 고용되어 있는 회사의 소유주이거나 소유권을 가진 경우도 있다. 그 결과, 과학자들은 책무에서의 상충뿐 아니라 경제적 이해와 상충되는 상황에도 처할 수 있다.

우리는 이해상충에 직면하게 된 사람이 과연 본래의 의무를 잘 수행할 수 있을지 의문을 갖게 된다. 이것이 이해상충 문제에서의 핵심이다. 이해상충이 진실을 위협할 수 있기 때문에 윤리적 문제가 발생하는 것이다. 이러한 이해상충 문제는 개인이 의무를 수행할 수 있는 능력을 여러 측면에서 손상시킬 수 있다.

첫째, 이해상충 상황은 개인의 판단과 이성적 추론에 영향을 미칠 수 있다. 이는 제대로 작동하지 못하는 계측기기와 유사한데, 개인의 판단과 결정에 왜곡된 영향을 미쳐 당사자로 하여금 편파적 결정을 내리게 할 수도 있다. 특정 이익에 도움이 될 수 있는 한정적인 방향이나 형식을 선택할 수 있는 가능성이 상존한다.

둘째, 이해상충 관계에 직면하면 개인의 동기유발이나 행동에 영향을 미칠 수 있다. 이런 상황에 처한 사람이 공정하고 건전한 사고능력을 갖추었다 하더라도, 주어진 상황으로부터 기대되거나 이미 발생한 개인적 이해관계에 대한 유혹이 개인의 동기유발이나 행동에 영향을 미칠 수 있어, 결국 올바른 판단을 하거나 이성적 논거를 확보하는 데 실패할 수도 있다.

이해상충 문제는 과학의 객관성에 커다란 영향을 줄 수 있으며, 연구 부정행위와 긴밀한 연관이 있다. 연구비 확보에 대한 압박감 때문에 과학자들은 연구 제안 지원서나 논문에 포함된 실험 결과를 위조하거나 거짓으로 발표하려는 유혹을 이겨내지 못할 수 있다. 혹은 제약 관련 시험자들은 연구 결과를 조작하여 통계적 또는 의학적으로 유효하게 보이도록 만들기도 한다. 실제로 경제적 문제가 대부분의 연구 부정행위에서 중요한 원인이 되기도 한다.

그러나 대부분의 과학자들은 자신의 개인적 · 경제적 또는 정치적 이권을 위한 연구 부정행위를 저지르지 않으므로, 이해상충과 연구 부정행위를 명백하게 구별할 필요가 있다. 이해상충 관계가 존재하는 것만으로 그 자체가 연구 부정행위가 될 수는 없다.

이해상충 관계는 과학자들이 자신의 전문 분야에서 책무를 수행하는 데 방해가 되는 중요한 윤리적 문제이다. 대립되는 이해관계에 있는 시험자들은 연구, 발표, 동료 시험자의 연구계획에 대한 심의 과정에서 객관적인 판단이나 결정을 내리는 데 오류를 범할 수 있다. 또한 시험자들은 환자, 의뢰 기관, 학생 및 동료, 또는 시험자가 속한 사회에 대한 의무 준수에도 부정적 영향을 줄 수 있다. 그러므로 이해상충 문제는 연구 과정 전체의 진실성을 훼손할 수 있는 요소로 작용할 수 있다.

5.2 이해상충의 종류와 사례

가. 개인 차원의 이해상충

어느 한 개인이 자신의 전문 분야에서 윤리적 · 법적 책무 수행 능력을 손상시킬 수 있는 개인적 · 경제적 혹은 정치적 이해관계가 있을 때 개인적 차원의 이해상충 상황에 있다고 한다.

시험자는 자신이 속해 있는 전문 분야의 다른 연구원, 고객, 환자, 학생, 지역사회 및 국가에 대해 전문가로서의 원칙을 준수할 뿐만 아니라 연구 수행 과정에서 윤리적 또는 법적 규범을 준수해야 하는 책임도 갖는다. 과학자도 이러한 의무 수행에 방해가 되는 개인적 · 경제적 또는 정치적 이해관계가 있을 수 있다. 개인적 이해관계는 명성, 직위, 연구비, 승진 등과 같은 직업적 성공과 관련 있다.

이러한 이유 때문에 이해상충 문제에서 관련된 이익이 과학적 사고, 이성적 추론, 동기부여, 행동에 영향을 미칠 수 있는 것이다. 예를 들어, 특정 제약회사의 약품에 관한 연구를 수행하고 있는 과학자에게는 편파적이지 않게 객관적으로 연구를 수행할 책임이 있다고 보아야 할 것이다. 그러나 그 회사의 스톡옵션을 보유하고 있다면, 그 경제적 이익이 연구에 대한 책임을 올바르게 수행하는 것을 방해하거나 방해하는 것처럼 보일 수 있다. 회사에 유리한 방향으로 연구를 이끄는 것처럼 보일 수 있는 것이다.

금전적 이익이나 야망 역시 대상자의 복지와 권리를 지키고 증진시켜야 하는 시험자의 전문가적 역량 발휘를 방해할 수 있다. 임상시험을 위해 대상자를 모집할 때 경제적 또는 개인적 이해가 강하게 작용하면 환자들에게 실험을 억지로 강요하거나 실험에 대한 동의서를 받아내기 위해 다른 방법을 선택할 수 있다. 학생들이 기업으로부터 받는 기금에 의해 후원되었을 때, 이해상충은 연구 분야, 환자들, 학생들 자신에 대한 의무에 영향을 미칠 수 있다.

이해상충 문제에 가장 취약한 부분은 연구 목표, 실험 계획, 방법, 분석 등이며, 출간, 동료의 재검토, 임상시험, 대상자의 선택 및 채용, 기금 등도 포함된다. 이해상충과 관련하여 사회적 신뢰와 연구 과정의 진실성을 확보하기 위한 방법에는 여러 가지가 있다. 많은 기관에서 채택하는 전략 중 하나는 이해의 상충 상황 자체를 공개하는 것이다.

시험자가 이해상충 상황을 이해 당사자 또는 관련되는 당사자에게 공개함으로써 관련 당사자는 해당 연구에 대해 관심을 가지고 지켜보게 되고, 나아가 연구에 쓰인 실험 방법들과 결과 및 그 해석을 좀 더 주의 깊게 보게 됨으로써 감시자 역할을 하게 된다.

이러한 연구의 투명성은 연구에 대한 사회적 신뢰를 공고히 하게 한다. 일반적으로 대중은 해당 연구의 이해상충 관계를 뒤늦게 알게 되는데, 은폐된 사실이 있는 경우 더욱 의심하게 되고 불신도 더욱 커지기 때문이다.

많은 정부기관과 저명 학술지, 국제학회 등에서는 연구 결과를 발표하기 전에 이해상충에 관한 공개를 의무화하고 있다. 대부분의 연구 기관들은 이해 상충 공개에 관해 정책적으로 일정한 형식을 요구하고 있으며, 이에 대응하는 방법들을 보유하고 있다.

예를 들어, 미국 정부의 윤리 지침은 공무원이 받을 수 있는 선물이나 강연료 금액에 한도를 지정해두고 있다. 미국 국립보건원(NIH)은 과학자들이 동일한 기관에 있는 동료들의 연구비 신청 연구계획서의 심사를 금지하는 이해상충에 관한 규칙을 두고 있다.

나. 기관 차원의 이해상충

기관이 본연의 전문적 · 법적 · 윤리적 또는 사회적 책임을 수행하는 과정에서 그 능력이 경제적 · 정치적 또는 다른 이해관계에 의해 위협받았을 때 이해상충 상황에 처하게 된다. 이 경우에 해당하는 예를 들어보자.

- 특정 회사에 우호적이지 않은 내용의 기사를 방송으로 내보내거나 신문 기사화하면 그 회사 제품의 광고를 해약하겠다고 광고주로부터 위협을 받은 어느 언론사는 해당 기사의 방송 또는 기사화를 하지 않기로 결정하였다.
- 의학계는 관련 의학학회에 많은 액수를 기부하는 회사가 생산하는 의약품을 추천하였다.
- 대학의 윤리심의위원회는 학교당국의 요구 때문에 수십억의 외부 연구비 획득을 위하여 심사위원의 반대에도 불구하고 연구과제를 승인하였다.
- 대학은 진행되고 있는 연구가 윤리에 위배된다고 자신의 의견을 강의에서 발설했던 교수에게 침묵하도록 강요하였다.

단체도 개인처럼 종종 전문직 종사자, 고객, 학생, 환자 그리고 대중에 대해 포괄적인 의무를 갖고 있다. 따라서 기관들도 개인처럼 사회적 책임을 수행하는 기관의 능력에 반하여 영향을 미치거나 미치는 것처럼 보이는 경제적·정치적 또는 다른 이해관계를 가질 수 있다.

비록 기관이 '생각'을 할 수는 없지만, 판단, 결정, 그리고 구성원들의 행동의 근간이 되는 포괄적인 의사결정을 할 수 있으며, 이를 실행에 옮길 수도 있다. 이러한 결정과 행동들은 교수진, 학회, 자문위원회, 학장, 부학장 등 기관의 대응 시스템에 있는 다양한 요소에서 발생할 수 있다.

기관 차원의 이해상충 역시 개인처럼 연구의 진실성과 신뢰에 대한 가치에 부정적 영향 내지는 위협을 미칠 수 있는데, 많은 대중과 시험자들이 영향을 받을 수 있기 때문에 파장이 더 커질 수도 있다.

5.3 이해상충의 관리

이해상충은 그 자체가 문제가 되거나 비윤리적인 것은 아니다. 다만 이해상충 상황에 처하게 되거나 잠재적 가능성이 있다고 판단이 되는 경우 이를 공개하고 객관적인 검증과 평가의 절차를 거치게 함으로써 연구의 과정이나 결과가 투명하게 만드는 과정인 것이다. 재정적 이해상충에 관한 국내 법률 규정은 별도로 정하는 바가 없기 때문에 미국의 규정을 중심으로 설명하고자 한다.

가. 미국 FDA의 이해상충에 관한 시험자 신고의무 규정

생명과학자들의 연구는 의약품 형태든 의료기기 형태든 제품으로 시판되는 경우를 목표로 하거나 이 목표의 한 부분으로서 시행되는 경우가 많다. 미국 FDA는 시판허가 목적의 의료기기 또는 의약품에 관한 연구를 수행하는 경우 이해상충에 관한 시험자 신고의무에 관한 연방 규정을 두고 그 내용과 준수사항을 자세히 규정하고 있다.

나. 이해상충 신고의무의 배경과 목적

신고대상은 의약품, 생물학적 제재 및 의료기기에 대한 FDA의 시판 허가용 임상연구로 하며, 연구의 설계와 수행, 보고 및 결과 분석에서 왜곡이 최소한으로 발생하는 것을 목적으로 한다.

다. 이해상충의 신고대상

미국 FDA에 시판허가를 신청하는 의뢰자는 해당 제품의 참여 시험자 명단을 제출하여야 하며, 시험자가 의뢰자와 고용관계에 있지 않는 경우 그 시험자의 명단과 함께 다음의 조건에 해당하면 신고하여야 한다.

① 해당 임상연구 과제의 의뢰자가 시험자 또는 시험자가 소속된 기관에 연구기간 중 또는 연구 종료 후 1년 이내에 다음의 재정적 이득을 제공하는 경우

재정적 이득

- 연구 결과에 대한 성공 조건부 또는 제품 판매에 따른 인센티브, 로열티 등의 보상
- 특허, 상표, 저작권, 라이센싱 등을 포함한 연구 대상 제품과 관련된 지분
- 직접연구비를 제외한 시가 25,000달러 이상의 금품
- 스톡옵션, 회사의 소유 지분 등 현재 시가 판정이 어려운 재정적 이해관계
- 법인의 합병 등으로 인해 발생하는 시가 50,000달러 이상의 자산

라. 이해상충의 신고절차

허가받고자 하는 제품의 연구 의뢰자는 신고대상이 되는 시험자와 그 내용에 대해 FDA 양식(제3454호 및 제3455호)을 작성하여 제출해야 한다. 신고양식 제출 시에는 제출일자와 제출자의 서명란에 의뢰자 또는 의뢰기관의 재무책임자 또는 기관의 대표자가 서명해야 한다.

NIDS National Institute of Medical Device Safety Information

제 3 장

의료기기 임상시험 규정의 이해

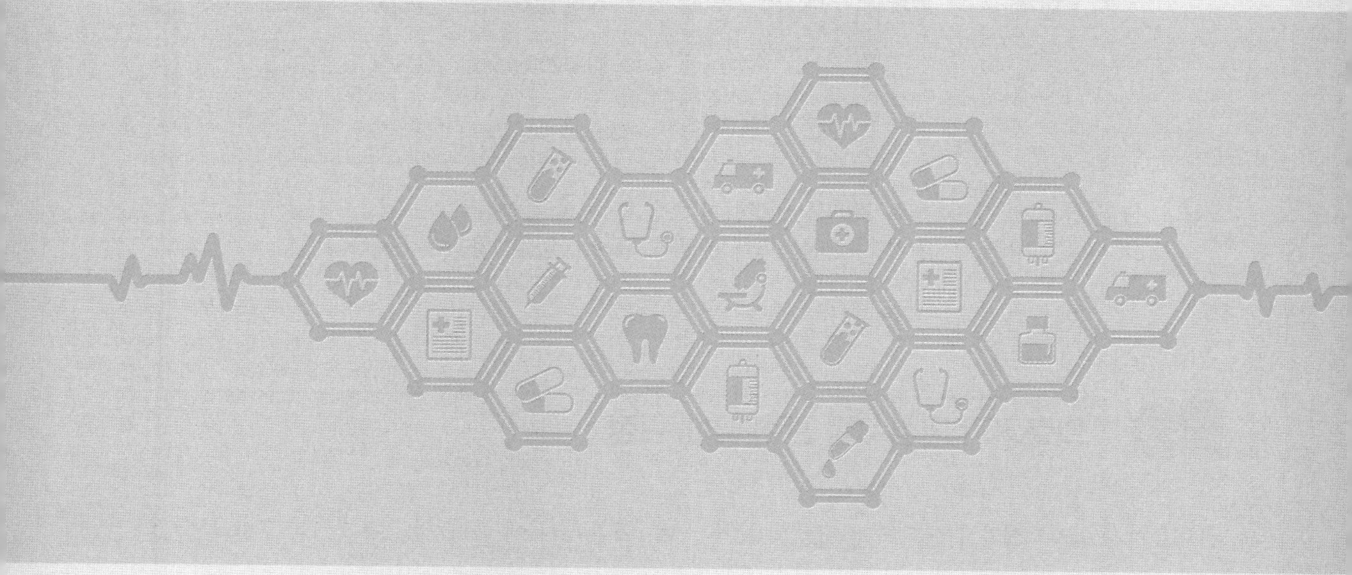

1. 의료기기 임상시험 관련 국내 규정
2. 의료기기 임상시험 관리기준(KGCP)

03 의료기기 임상시험 규정의 이해

학습목표 — 의료기기 임상시험 관리기준, 의료기기 임상시험 실시기준 등 국내 규정을 통한 임상시험계획승인 및 임상시험 기본원칙에 대해 학습한다.

NCS 연계 —

목차	분류 번호	능력단위	능력단위 요소	수준
1. 의료기기 임상시험 관련 국내 규정	1903090203_15v1	임상시험	임상시험계획서 작성하기	6
2. 의료기기 임상시험 관리기준 (KGCP)	1903090203_15v1	임상시험	임상시험계획서 작성하기	6

핵심 용어 — 의료기기 임상시험계획의 승인, 임상시험 승인 제외대상, 임상시험 실시기준, 임상시험 관리기준, 임상시험 기본원칙, 의료기기 임상시험 관리기준(KGCP)

1 의료기기 임상시험 관련 국내 규정

의료기기 임상시험과 관련된 국내 규정의 체계는 법, 법령, 고시에 따라 세부 규정으로 구성되어 있다.

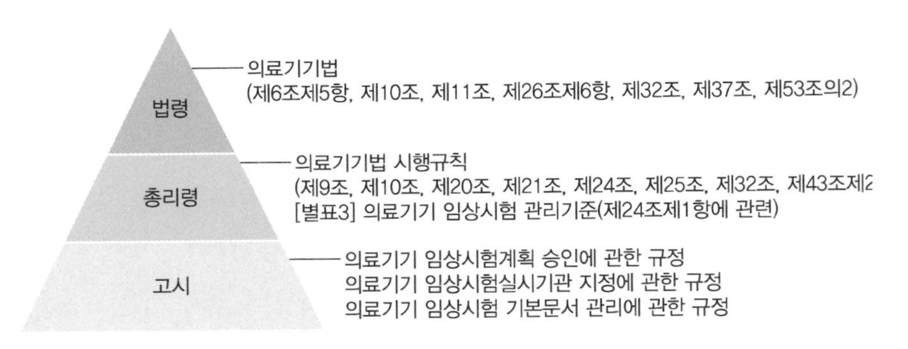

❙ 그림 3-1 ❙ 의료기기 임상시험 관련 규정

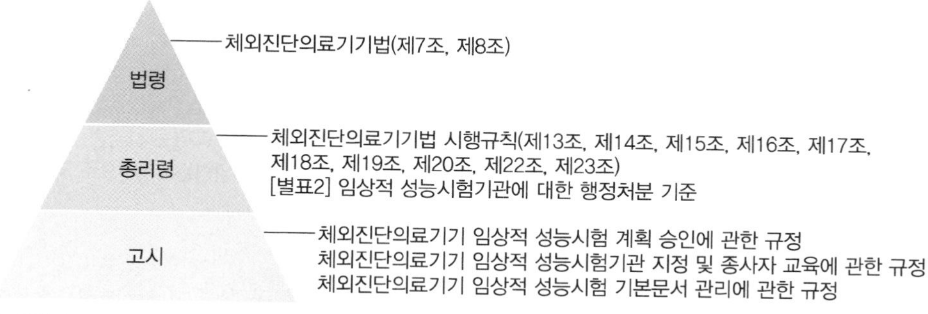

※ 체외진단의료기기의 임상적 성능시험은 체외진단의료기기법에 따름

▌그림 3-2▐ 체외진단의료기기 임상시험 관련 규정

1.1 의료기기법 주요 내용

가. 의료기기 임상시험계획의 승인

「의료기기법」 제10조(임상시험계획의 승인 등)는 임상시험계획 승인을 위한 사항을 정하고 있다. 관련 내용은 다음과 같다.

① 의료기기로 임상시험을 하려는 자는 임상시험계획서를 작성하여 식약처장의 승인을 받아야 하며, 임상시험계획서를 변경할 때에도 또한 같다. 다만, 시판 중인 의료기기의 허가사항에 대한 임상적 효과를 관찰하거나 임상시험 대상자에게 위해를 끼칠 우려가 적은 경우 등 총리령으로 정하는 임상시험의 경우에는 그러하지 아니하다.

② 의료기기 임상시험계획의 승인을 받은 임상시험용 의료기기를 제조·수입하려는 자는 「의료기기법」에서 요구하는 기준을 갖춘 제조시설에서 제조하거나 제조된 의료기기를 수입하여야 한다.

③ 식약처장은 의료기관 중 임상시험에 필요한 시설·인력 및 기구를 갖춘 의료 기관을 임상시험기관으로 지정할 수 있으며, 임상시험을 수행하려는 자는 해당 기관이 의료기기 임상시험기관으로 지정되어 있는지 확인해야 한다.

④ 임상시험을 하려는 자는 다음 사항을 지켜야 한다.

㉮ 식품의약품안전처장이 지정하는 임상시험기관에서 임상시험을 할 것 다만, 임상시험의 특성상 임상시험기관이 아닌 기관의 참여가 필요한 임상시험으로서 「의료기기법 시행규칙」 제21조 2에서 정하는 임상시험은 임상시험기관의 관리하에 임상시험기관이 아닌 기관에서도 할 수 있다.

「의료기기법 시행규칙」 제21조의2

1. 건축물 또는 시설물에 고정식으로 설치되어 이동이 불가능한 의료기기를 대상으로 하는 임상시험
2. 다음 각 목의 어느 하나에 해당하는 기관에서만 대상자를 모집할 수 있는 임상시험
   가. 「감염병의 예방 및 관리에 관한 법률」 제36조제1항 및 제2항에 따라 지정된 감염병관리기관
   나. 「감염병의 예방 및 관리에 관한 법률」 제37조제1항 각 호에 따라 감염병관리기관으로 지정되거나 설치・운영되는 의료기관 또는 격리소・요양소・진료소

㉯ 사회복지시설 등 집단시설에 수용 중인 자(이하 "수용자"라 한다)를 임상시험의 대상자로 선정하지 아니할 것. 다만, 임상시험의 특성상 불가피하게 수용자를 그 대상자로 할 수밖에 없는 경우 해당 연구에 임상시험 대상자로 선정해야 하는 타당한 근거를 제시해야 함

㉰ 임상시험의 내용과 임상시험 중 시험대상자에게 발생할 수 있는 건강상의 피해와 그에 대한 보상 내용 및 절차 등을 임상시험의 대상자에게 설명하고 그 대상자의 동의(「전자서명법」에 따른 전자서명이 기재된 전자문서를 통한 동의를 포함한다)를 받을 것

⑤ 식품의약품안전처장이 지정하는 임상시험기관은 임상시험을 한 때에는 임상시험결과보고서를 작성・발급하고 그 임상시험에 관한 기록을 보관하는 등 의료기기 관리기준 등을 지켜야 한다.

⑥ 식약처장은 임상시험이 국민보건위생상 큰 위해를 미치거나 미칠 우려가 있다고 인정되어 다음 사항 중 어느 하나에 해당하는 경우에는 임상시험의 변경・취소 또는 그 밖에 필요한 조치를 할 수 있다. 다만, 임상시험 대상자의 안전・권리・복지 또는 시험의 유효성에 부정적인 영향을 미치지 아니하거나 반복적 또는 고의적으로 위반하지 아니한 경우에는 그러하지 아니할 수 있다.

㉮ 임상시험 대상자가 예상하지 못한 중대한 질병 또는 손상에 노출될 것이 우려되는 경우

㉯ 임상시험용 의료기기를 임상시험 목적 외의 상업적인 목적으로 제공한 경우

㉰ 임상시험용 의료기기의 효과가 없다고 판명된 경우

㉱ 제1항에 따른 승인 또는 변경승인을 받은 사항을 위반한 경우

㉲ 그 밖에 「의료기기 임상시험 관리기준(KGCP)」을 위반한 경우

나. 제조 허가·신고 등의 사전 검토

「의료기기법」 제11조(제조 허가신고 등의 사전검토)에 의하면 임상시험을 하려는 자는 허가・인증・신고・승인 등에 필요한 자료에 대하여 미리 식약처장에게 검토를 요청할 수 있다.

다. 임상시험 승인을 받은 의료기기의 사용

「의료기기법」 제26조제6항에 의하면 임상시험기관을 지정받은 의료기관 개설자는 식약처장으로부터 임상시험에 관한 승인을 받지 않은 의료기기를 임상시험에 사용하여서는 안 된다.

1.2 의료기기법 시행규칙 주요 내용

가. 의료기기 임상시험계획의 승인

1) 의료기기의 경우 제출 자료

의료기기 임상시험계획의 승인을 받으려는 자는 「의료기기법 시행규칙」 제20조에서 정하고 있는 세 가지 서류를 구비하여 식약처에 제출해야 한다.

① 임상시험계획서 또는 임상시험변경계획서

② 임상시험용 의료기기가 제조소의 시설기준에 적합한 시설에서 제조되고 있음을 입증하는 자료

③ 그 외의 자료

㉮ 사용 목적에 관한 자료

㉯ 작용 원리에 관한 자료

㉰ 제품의 성능 및 안전을 확인하기 위한 다음 각 항의 자료로서 시험규격 및 그 설정근거와 실측치에 관한 자료. 다만, 국내 또는 국외에 시험규격이 없는 경우에는 기술문서 등의 심사를 받으려는 자가 제품의 성능 및 안전을 확인하기 위하여 설정한 시험규격 및 그 근거와 실측치에 관한 자료

㉱ 기원 또는 발견 및 개발경위에 관한 자료

- 전기 · 기계적 안전에 관한 자료
- 생물학적 안전에 관한 자료
- 방사선에 관한 안전성 자료
- 전자파 안전에 관한 자료
- 성능에 관한 자료
- 물리 · 화학적 특성에 관한 자료
- 안전성에 관한 자료

2) 체외진단용 의료기기의 경우 제출 자료

체외진단기기에 대한 임상시험계획 승인은 「체외진단의료기기 임상적 성능시험 계획 승인에 관한 규정」 (식품의약품안전처고시 제2020-120호, 2020. 12. 9. 일부개정, 2020. 12. 9. 시행)에서 별도로 정의하고 있으며 제4조에서 제출자료 요건을 명시하고 있다.

3) 식약처 의료기기 임상시험계획(변경)승인 신청 시 제출 서류

제출서류		내용	관련조항 및 서식
1	임상시험계획(변경)승인신청서	전자문서로 된 신청서 포함(동 가이드라인 2.2 참조)	「의료기기법 시행규칙」 [별지 제19호, 제20호 서식]
2	임상시험(변경) 계획서		「의료기기법 시행규칙」 제20조제1항제1호 및 제2항의 각호
3	임상시험용 의료기기 GMP 관련자료 (적합하게 제조되었음을 입증)	• 임상시험용 의료기기 제조 및 품질관리기준적합 인정서 • 임상시험용 의료기기와 동일한 GMP 품목군의 의료기기에 대한 제조 및 품질관리기준 적합인정서) • 국제기준(ISO 13485 등) 에 적합하게 제조되었음을 생산국의 정부 또는 위임기관에서 증명하는 발행문서(수입 의료기기에 한함)	「의료기기법 시행규칙」 제20호제1항제2호 및 「의료기기법 임상시험계획 승인에 관한 규정」 제4조
4	기술문서에 관한 자료	• 사용목적에 관한 자료 • 작용원리에 관한 자료 • 제품의 성능 및 안전을 확인하기 위한 시험규격 및 실측치에 관한 자료 - 전기·기계적 안전에 관한 자료 - 생물학적 안전에 관한 자료 - 방사선에 관한 안전성 자료 - 전자파 안전에 관한 자료 - 성능에 관한 자료 - 물리·화학적 특성에 관한 자료 - 안전성에 관한 자료 • 기원 또는 발견 및 개발 경우에 관한 자료	「의료기기법 시행규칙」 제9조제2항제2호부터 제5호, 제20조제1항제3호 및 「의료기기 허가·신고·심사 등에 관한 규정」 제29조

「의료기기법 시행규칙」 제20조(임상시험계획의 승인 등)

① 법 제10조제1항에 따라 임상시험계획의 승인을 받으려는 자는 별지 제19호 서식의 임상시험계획승인신청서(전자문서로 된 신청서를 포함한다)에, 승인을 받은 임상시험계획을 변경하려는 자는 별지 제20호 서식의 임상시험계획 변경승인신청서(전자문서로 된 신청서를 포함한다)에 임상시험계획승인서와 다음 각 호의 서류(전자문서를 포함한다) 및 자료(전자문서로 된 자료를 포함한다)를 첨부하여 식품의약품안전처장에게 제출하여야 한다.

1. 임상시험계획서 또는 임상시험변경계획서
2. 임상시험용 의료기기가 별표 2에 따른 시설과 제조 및 품질관리체계의 기준에 적합하게 제조되고 있음을 증명하는 자료
3. 제9조제2항제2호부터 제5호까지의 자료

「의료기기법 시행규칙」 제24조(임상시험 실시기준 등) 제1항

7. 임상시험은 임상시험계획의 승인 또는 변경승인을 받은 날부터 2년 이내에 개시할 것

※ 그 외 참고 관련 규정

「의료기기법 시행규칙」 제9조제2항(기술문서 등의 심사)
「의료기기법 임상시험계획 승인에 관한 규정」 제4조(임상 시험계획 승인 신청 시 제출 자료의 요건 및 면제 범위)
「의료기기법 허가・신고・심사 등에 관한 규정」 제29조(첨부자료의 요건)

* 출처 : 식품의약품안전처. 의료기기 임상시험 안내서, 2020. 11.

4) 의료기기 임상시험계획승인 신청 시 제출 자료의 요건 및 면제 범위

	제출 자료 면제 범위에 해당하는 경우	제출 면제 자료
1	임상시험용 의료기기와 본질적으로 동등한 의료기기가 국내·외에서 이미 사용되고 있으며 안전성·유효성에 특별한 문제가 없다고 식품의약품안전처장이 인정하는 경우	기원 또는 발견 및 개발경위에 관한 자료
2	이미 허가(신고)된 의료기기의 허가(신고)되지 않은 새로운 성능 및 사용목적 등에 대한 안전성·유효성을 연구하기 위하여 의뢰자 없이 독자적으로 수행하는 시험자 임상시험계획 승인을 신청하는 경우로서 해당 임상시험이 안전성과 직접적으로 관련되거나 윤리적인 문제가 발생할 우려가 없음을 심사위원회에서 승인하고 식품의약품안전처장이 인정하는 경우	임상시험용 의료기기 GMP 관련자료, 기술문서에 관한 자료
3	인체에 접촉하지 않거나 에너지를 가하지 않는 의료기기에 대한 탐색 임상시험계획 승인을 신청하는 경우(시험자 임상시험에 한함)	임상시험용 의료기기 GMP 관련자료

「의료기기 임상시험계획 승인에 관한 규정」 제4조(임상시험계획 승인 신청시 제출 자료의 요건 및 면제 범위)

② 제1항에도 불구하고 다음 각 호에 해당하는 경우에는 제1항의 일부 자료를 제출하지 아니할 수 있다.

1. 임상시험용 의료기기와 본질적으로 동등한 의료기기가 국내외에서 이미 사용되고 있으며 안전성 · 유효성에 특별한 문제가 없다고 식품의약품안전처장이 인정하는 경우 : 시행규칙 제9조제2항제5호의 자료
2. 이미 허가(신고)된 의료기기의 허가(신고)되지 않은 새로운 성능 및 사용목적 등에 대한 의뢰자 · 유효성을 연구하기 위하여 의뢰자 없이 독자적으로 수행하는 시험자 임상시험계획 승인을 신청하는 경우로서 해당 임상시험이 안전성과 직접적으로 관련되거나 윤리적인 문제가 발생할 우려가 없음을 심사위원회에서 승인하고 식품의약품안전처장이 인정하는 경우 : 제1항제2호 및 제3호의 자료
3. 인체에 접촉하지 않거나 에너지를 가하지 않는 의료기기에 대한 탐색 임상시험계획 승인을 신청하는 경우(시험자 임상시험에 한함) : 제1항제2호의 자료

* 출처 : 식품의약품안전처. 의료기기 임상시험 안내서, 2020. 11.

5) 의료기기 임상시험계획변경승인 신청 시 제출 면제 자료

의료기기 임상시험계획변경승인 대상이 GMP, 기술문서와 해당사항이 없을 경우 제출하지 않을 수 있다.

	변경하고자 하는 사항	변경승인 신청 시 제출 면제 자료
1	• 임상시험용 의료기기의 구조·원리 등 기술적 특성의 변경으로 인해 새로운 안전성·유효성의 문제를 야기할 우려가 있는 경우 • 사용목적의 변경 또는 추가를 위한 개발계획	임상시험용 의료기기 GMP 관련 자료
2	사용하고자 하는 임상시험용 의료기기의 제조소	기술문서에 관한 자료
3	• 임상시험기관 • 임상시험에 참여하는 대상자의 수, 대상자의 선정·제외기준 등 • 임상시험용 의료기기의 안전성·유효성 평가 또는 대상자의 안전과 직접적으로 관련이 있는 관찰항목, 관찰기간 등 • 기타 식품의약품안전처장이 필요하다고 인정한 경우	임상시험용 의료기기 GMP 관련 자료, 기술문서에 관한 자료

「의료기기법 시행규칙」 제20조(임상시험계획의 승인 등)

① 다만, 임상시험계획 변경의 승인을 신청하는 경우에는 식품의약품안전처장이 정하여 고시하는 바에 따라 제2호 및 제3호의 자료를 제출하지 아니할 수 있다.

1. 임상시험계획서 또는 임상시험변경계획서
2. 임상시험용 의료기기가 별표 2에 따른 시설과 제조 및 품질관리체계의 기준에 적합하게 제조되고 있음을 증명하는 자료
3. 제9조제2항제2호부터 제5호까지의 자료

「의료기기법 임상시험계획 승인에 관한 규정」 제5조(임상시험계획의 승인 등)

② 시행규칙 제20조제1항의 단서규정에 따라 임상시험계획 변경승인 신청 시 제출하지 아니할 수 있는 자료는 다음 각 호와 같다.

1. 제1항제1호 및 제2호의 사항을 변경하고자 하는 경우에는 시행규칙 제20조제1항제1의 자료
2. 제1항제3호의 사항을 변경하고자 하는 경우에는 시행규칙 제20조제1항제3호의 자료
3. 제1항제4호, 제5호, 제6호 및 제7호의 사항을 변경하고자 하는 경우에는 시행규칙 제20조제1항제2호 및 제3호의 자료

* 출처 : 식품의약품안전처. 의료기기 임상시험 안내서, 2020. 11.

〈표 3-1〉 의료기기 임상시험 관련 식약처 제출 서류

항목	제출 서류
임상시험계획 승인신청서	• 임상시험계획승인신청서 : [서식 제19호] • 임상시험계획서 • 임상시험용 의료기기 GMP 관련 자료 • 기술문서에 관한 자료 - 시행규칙 제9조제2항제2호에서 제5호 자료 - 시행규칙 제9조제3항 각 호 자료(체외진단분석기용 시약) ※ 다만, 체외진단용 의료기기의 경우에는 제9조제3항 각 호의 자료(임상적 성능시험에 관한 자료는 제외한다) ※ 임상시험심사위원회(IRB) 승인서는 제출하지 않음(2010. 12. 13.) • [서식 제21호] 임상시험 계획 승인서 교부 • '승인 받은 날~2년 이내' 개시
임상시험계획 변경승인 신청	• 임상시험계획변경승인신청서 : [서식 제20호] • 임상시험변경계획서(변경대비표 포함) • 임상시험용 의료기기 GMP 관련 자료 • 기술문서에 관한 자료 - 시행규칙 제9조제2항제2호에서 제5호 자료 - 시행규칙 제9조제3항 각 호 자료(체외진단용 의료기기) ※ 다만, 체외진단용 의료기기의 경우에는 제9조제3항 각 호의 자료(임상적 성능시험에 관한 자료는 제외한다) • '임상시험 계획승인서 변경 및 처분사항'란에 변경사항 기재 • '변경승인받은 날~2년 이내' 개시
임상시험실시 상황보고	임상시험실시상황보고서(~매년 2월 말) : [서식 제25호]
임상시험 종료보고	• 임상시험 종료 보고(임상시험심사위원회(IRB) 최종 완료보고~20일 이내) : [서식 제26호] • 임상시험 완료보고(조기 종료 포함) : 임상시험심사위원회(IRB) 제출서류

항목	제출 서류
임상시험계획서와 임상시험 실시에 관한 기록 및 자료 (전자문서를 포함) 관리	임상시험계획서와 임상시험실시에 관한 기록 및 자료 보관 • 제조허가·수입허가 또는 그 변경허가를 위한 임상시험 관련 자료 : 허가일로부터 3년 • 그 밖의 임상시험 관련 자료 : 임상시험이 끝난 날부터 3년 • 의료기기 임상시험 기본문서 관리에 관한 규정

* 출처 : 한국보건산업진흥원. 의료기기 임상시험 의뢰자 과정 표준교육교재, 2013.

〈표 3-2〉 의료기기 임상시험계획승인신청서

■ **「의료기기법 시행규칙」[별지 제19호서식]**

의료기기전자민원시스템(https://emedi.mfds.go.kr/msismext/emd/min/mainView.do)에서도 신청할 수 있습니다.

의료기기 임상시험계획승인신청서

접수번호		접수일	처리기간 30일
신청인 (대표자)	성명		생년월일
	주소		
제조(수입) 업소	명칭(상호)		업허가번호
	소재지		
제조원 (수입 또는 제조공정 전부 위탁의 경우)	명칭(상호)		제조국
	소재지		
명칭(제품명, 품목명, 모델명)			분류번호(등급)
모양 및 구조			원재료 또는 성분 및 분량
제조방법			저장방법 및 사용기간
임상시험 개요	임상시험의 제목		
임상시험기관	명칭 및 소재지		
	시험자의 성명		전화번호

「의료기기법」 제10조 및 같은 법 시행규칙 제20조제1항에 따라 위와 같이 의료기기 임상시험계획의 승인을 신청합니다.

년 월 일

신청인 (서명 또는 인)

담당자 성명

담당자 전화번호

식품의약품안전처장 귀하

첨부자료		수수료 (수입인지)
첨부자료	1. 임상시험계획서 또는 임상시험변경계획서 2. 임상시험용 의료기기가 별표 2에 따른 시설과 제조 및 품질관리체계의 기준에 적합하게 제조되고 있음을 입증하는 자료 3. 「의료기기법 시행규칙」 제9조제2항제2호부터 제5호까지의 자료 ※ 비고 : 제1호부터 제3호까지에도 불구하고 「의료기기법」 제11조에 따라 제조허가 · 신고 등의 사전 검토를 받은 자가 「의료기기법 시행규칙」 제25조제3항에 따른 사전 검토 결과 통지서를 제출하는 경우에는 제1호부터 제3호까지의 자료 중 사전 검토 결과 적합판정을 받은 사항에 대한 자료는 제출하지 않을 수 있습니다.	없음

처리절차

신청서 작성 (신청인) → 접수 (식품의약품안전처) → 검토 (식품의약품안전처) → 결재 (식품의약품안전처) → 승인서 작성 (식품의약품안전처) → 통보 (신청인)

〈표 3-3〉 의료기기 임상시험계획변경승인신청서

■ 「의료기기법 시행규칙」 [별지 제20호서식]

의료기기전자민원시스템(https://emedi.mfds.go.kr/msismext/emd/min/mainView.do)에서도 신청할 수 있습니다.

의료기기 임상시험계획변경승인신청서

<table>
<tr><td colspan="2">접수번호</td><td>접수일</td><td>처리기간 30일</td></tr>
<tr><td rowspan="2">신청인
(대표자)</td><td>성명</td><td colspan="2">생년월일</td></tr>
<tr><td colspan="3">주소</td></tr>
<tr><td rowspan="2">제조(수입)
업소</td><td>명칭(상호)</td><td colspan="2">업허가번호</td></tr>
<tr><td colspan="3">소재지</td></tr>
<tr><td colspan="2">임상시험계획승인번호</td><td colspan="2">임상시험의 제목</td></tr>
<tr><td colspan="2">명칭(제품명, 품목명, 모델명)</td><td colspan="2">분류번호(등급)</td></tr>
<tr><td>제조원 및 소재지
(수입 또는 제조공정 전부 위탁의 경우)</td><td colspan="3"></td></tr>
<tr><td>변경항목</td><td>승인받은 사항</td><td colspan="2">변경하려는 사항</td></tr>
<tr><td></td><td></td><td colspan="2"></td></tr>
<tr><td></td><td></td><td colspan="2"></td></tr>
</table>

「의료기기법」 제10조 및 같은 법 시행규칙 제20조제1항에 따라 위와 같이 의료기기 임상시험계획의 승인을 신청합니다.

년 월 일

신청인 (서명 또는 인)

담당자 성명

담당자 전화번호

식품의약품안전처장 귀하

<table>
<tr><td rowspan="2">첨부자료</td><td rowspan="2">1. 임상시험계획서 또는 임상시험변경계획서
2. 임상시험용 의료기기가 별표 2에 따른 시설과 제조 및 품질관리체계의 기준에 적합하게 제조되고 있음을 입증하는 자료
3. 「의료기기법 시행규칙」 제9조제2항제2호부터 제5호까지의 자료
※ 비고 : 제1호부터 제3호까지에도 불구하고 「의료기기법 시행규칙」 제20조제1항 단서에 따라 임상시험 계획 변경의 승인을 신청하는 경우에는 식품의약품안전처장이 정하여 고시하는 바에 따라 제2호 및 제3호의 자료는 제출하지 않을 수 있습니다.</td><td>수수료
(수입인지)</td></tr>
<tr><td>없음</td></tr>
</table>

처리절차

신청서 작성	→	접수	→	검토	→	결재	→	승인서 작성	→	통보
신청인		식품의약품안전처		식품의약품안전처		식품의약품안전처		식품의약품안전처		신청인

〈표 3-4〉 의료기기 임상시험 실시상황 보고서

■ 「의료기기법 시행규칙」 [별지 제25호서식]

<table>
<tr><td colspan="5">의료기기 임상시험 실시상황 보고서</td></tr>
<tr><td rowspan="3">보고인</td><td>명칭</td><td colspan="3"></td></tr>
<tr><td>성명</td><td colspan="3"></td></tr>
<tr><td>소재지</td><td colspan="3"></td></tr>
<tr><td colspan="2">임상시험계획의 제목</td><td colspan="3"></td></tr>
<tr><td colspan="2">임상시험계획 승인번호</td><td></td><td>승인일자</td><td></td></tr>
<tr><td>임상시험용
의료기기</td><td>제품명
(품목명 및 모델명)</td><td></td><td>분류번호(등급)</td><td></td></tr>
<tr><td rowspan="3">실시기관</td><td>명칭</td><td colspan="3"></td></tr>
<tr><td>전화번호</td><td colspan="3"></td></tr>
<tr><td>소재지</td><td colspan="3"></td></tr>
<tr><td rowspan="3">참여
임상시험
대상자 수</td><td>기관별
참여 임상시험 대상자 수</td><td colspan="3"></td></tr>
<tr><td>기관별
완료 임상시험 대상자 수</td><td colspan="3"></td></tr>
<tr><td>기관별 전년대비
임상시험 대상자의
증감현황</td><td colspan="3"></td></tr>
<tr><td colspan="2">기관별 완료 예정일</td><td colspan="3"></td></tr>
<tr><td colspan="2">비고</td><td colspan="3"></td></tr>
</table>

「의료기기법」 제10조 및 같은 법 시행규칙 제24조제2항에 따라 위와 같이 의료기기 임상시험 실시상황을 보고합니다.

년 월 일

보고인 (서명 또는 인)

담당자 성명

담당자 전화번호

식품의약품안전처장 귀하

첨부자료	「의료기기법 시행규칙」 별표3 제8호더목1)에 따른 임상시험용 의료기기의 안전성평가와 관련된 요약자료

처리절차

보고서 (신청인) ➔ 접수 (식품의약품안전처) ➔ 검토 (식품의약품안전처) ➔ 필요시 조치 (식품의약품안전처)

〈표 3-5〉 의료기기 임상시험 종료 보고서

■「의료기기법 시행규칙」[별지 제26호서식]

<table>
<tr><td colspan="5">의료기기 임상시험 종료 보고서</td></tr>
<tr><td rowspan="3">보고인</td><td>명칭</td><td colspan="3"></td></tr>
<tr><td>성명</td><td colspan="3"></td></tr>
<tr><td>소재지</td><td colspan="3"></td></tr>
<tr><td colspan="2">임상시험계획의 제목</td><td colspan="3"></td></tr>
<tr><td colspan="2">임상시험계획 승인번호</td><td></td><td>승인일자</td><td></td></tr>
<tr><td>임상시험용
의료기기</td><td>제품명
(품목명 및 모델명)</td><td></td><td>분류번호(등급)</td><td></td></tr>
<tr><td rowspan="3">실시기관</td><td>명칭</td><td colspan="3"></td></tr>
<tr><td>전화번호</td><td colspan="3"></td></tr>
<tr><td>소재지</td><td colspan="3"></td></tr>
<tr><td colspan="2">최초 임상시험 대상자 선정일
(임상시험 시작일)</td><td colspan="3"></td></tr>
<tr><td colspan="2">최종 임상시험 대상자 관찰기간 종료일
(임상시험 종료일)</td><td colspan="3"></td></tr>
<tr><td colspan="2">참여 임상시험 대상자 수</td><td colspan="3"></td></tr>
<tr><td colspan="2">예측되지 아니한 중대한
부작용 내역의 요약</td><td colspan="3"></td></tr>
<tr><td colspan="2">비고</td><td colspan="3"></td></tr>
<tr><td colspan="5">「의료기기법」 제10조 및 같은 법 시행규칙 제24조제2항에 따라 위와 같이 의료기기 임상시험의 종료를 보고합니다.

년 월 일

보고인 (서명 또는 인)
담당자 성명
담당자 전화번호

식품의약품안전처장 귀하</td></tr>
</table>

나. 임상시험 승인 제외 대상

의료기기 임상시험계획의 승인 등과 관련된 「의료기기 시행규칙」 제20조에서는 식약처의 임상시험 승인 대상에서 제외되는 경우를 규정하고 있다.

1. 시판 중인 의료기기를 사용하는 다음 각 목의 어느 하나에 해당하는 임상시험
   ① 시판 중인 의료기기의 허가사항에 대한 임상적 효과관찰 및 이상사례 조사를 위하여 실시하는 시험
   ② 시판 중인 의료기기의 허가된 성능 및 사용 목적 등에 대한 안전성·유효성 자료의 수집을 목적으로 하는 시험
   ③ 그 밖에 시판 중인 의료기기를 사용하는 시험으로서 안전성과 직접적으로 관련되지 아니하거나 윤리적인 문제가 발생할 우려가 없다고 식약처장이 정하는 시험
2. 임상시험 대상자에게 위해를 끼칠 우려가 적은 다음 각 목의 어느 하나에 해당하는 임상시험
   ① 법 제19조에 따른 기준규격에서 정한 임상시험 방법에 따라 실시하는 임상시험
   ② 체외 또는 체표면에서 생체신호 등을 측정하여 표시하는 의료기기를 대상으로 하는 임상시험
   ③ 의뢰자 없이 연구자가 독자적으로 수행하는 임상시험 중 대상자에게 위해를 끼칠 우려가 적다고 식품의약품안전처장이 인정하는 임상시험

다. 집단시설

「의료기기법 시행규칙」 제22조 및 「의료기기법」 제10조제4항제2호 본문에서 말하는 "사회 복지시설 등 총리령으로 정하는 집단시설"이란 다음과 같다.

① 「아동복지법」에 따른 아동복지시설
② 「장애인복지법」에 따른 장애인 생활시설
③ 「정신건강증진 및 정신질환자 복지서비스 지원에 관한 법률」에 따른 정신보건시설(정신의료기관은 수용시설을 갖춘 것만 해당)
④ 「사회복지사업법」에 따라 설치된 노인주거복지시설(노인복지주택은 제외) 및 노인의료복지시설(노인전문병원은 제외)
⑤ 「노인복지법」에 따른 노인복지시설
⑥ 「한부모가족지원법」에 따른 한부모가족복지시설
⑦ 「성매매 방지 및 피해자 보호 등에 관한 법률」 제5조제1항제1호 및 제2호에 따른 성매매피해자 등을 위한 지원시설
⑧ 「성폭력 방지 및 피해자 보호 등에 관한 법률」에 따른 성폭력피해자보호시설
⑨ 「가정폭력 방지 및 피해자 보호 등에 관한 법률」에 따른 가정폭력피해자 보호시설
⑩ 「보호관찰 등에 관한 법률」에 따라 갱생보호사업의 허가를 받은 자가 설치한 시설(수용시설을 갖춘 것만 해당)

⑪ 「형의 집행 및 수용자의 처우에 관한 법률」 및 「군에서의 형의 집행 및 군수용자의 처우에 관한 법률」에 따른 교정시설
⑫ 「보호소년 등의 처우에 관한 법률」에 따른 소년원 및 소년분류심사원
⑬ 「출입국관리법」에 따른 보호시설

라. 임상시험 실시기준

「의료기기법 시행규칙」 제24조에서는 임상시험 실시기준 등에 대해 다음과 같이 규정하고 있다.

① 임상시험계획서에 의하여 안전하고 과학적인 방법으로 실시할 것
② 식품의약품안전처장이 지정하는 임상시험기관 또는 임상시험 참여기관에서 실시할 것. 임상시험 참여기관에서 임상시험을 실시하는 경우 임상시험기관이 해당 기관을 관리·감독할 것
③ 임상시험의 책임자는 전문지식과 윤리적 소양을 갖추고 해당 의료기기의 임상 시험을 실시하기에 충분한 경험이 있는 자 중에서 선정할 것
④ 임상시험의 내용 및 임상시험 중 대상자에게 발생할 수 있는 건강상의 피해에 대한 보상내용과 절차 등을 대상자에게 설명하고 동의서(「전자서명법」에 따른 전자서명이 기재된 전자문서를 통한 비대면 동의도 포함한다. 이하 이 조에서 같다)를 받을 것. 다만, 대상자의 이해능력·의사표현능력의 결여 등의 사유로 동의를 받을 수 없는 경우에는 친권자 또는 후견인 등의 동의를 받아야 한다.
⑤ 대상자의 안전대책을 강구할 것
⑥ 임상시험용 의료기기는 임상시험 외의 목적에 사용하지 아니할 것. 다만, 말기암 등 생명을 위협하는 중대한 질환을 가진 환자에게 사용하는 경우 등 식약처장이 정하는 경우에는 예외
⑦ 임상시험은 임상시험계획의 승인 또는 변경승인을 얻은 날부터 2년 이내에 개시할 것
⑧ 임상시험 전에 임상시험 자료집을 임상시험자에게 제공할 것
⑨ 안전성 및 유효성과 관련된 새로운 자료 또는 정보 등을 입수한 때에는 지체 없이 이를 임상시험자에게 통보하고 그 반영 여부를 검토할 것
⑩ 임상시험용 의료기기는 「의료기기 제조 및 품질관리기준」에 따라 적합하게 제조된 것을 사용할 것
⑪ 임상시험계획을 승인받은 자는 의료기기 사용 중 이상사례가 발생한 경우에는 「의료기기법 시행규칙」 [별표 3] 의료기기 임상시험 관리기준에 따라 식약처장에게 보고할 것
⑫ 임상시험 대상자에게 위해를 끼칠 우려가 적은 임상시험의 경우 임상시험을 실시하기 전에 제품의 성능 및 안전을 확인하기 위한 자료(「의료기기법 시행규칙」 제9조2항제4호)를 통해 제품의 성능 및 안전을 확인할 것
⑬ 그 밖에 식약처장이 임상시험의 적정한 실시를 위하여 정하는 사항을 준수할 것

임상시험을 하는 자는 매년 2월 말까지 임상시험 실시 상황 보고([별지 제25호 서식])와 임상시험을 종료 후 종료일로부터 20일 이내에 종료 보고([별지 제26호 서식])를 식약처장에게 제출해야 한다.

임상시험을 종료한 자는 임상시험계획서와 임상시험 실시에 관한 기록 및 자료(전자문서를 포함)를 보존해야 한다.

① 제조허가 · 수입허가 또는 그 변경허가를 위한 임상시험 관련 자료 : 허가일로부터 3년

② 그 밖의 임상시험 관련 자료 : 임상시험이 끝난 날로부터 3년

환자의 의무기록 등의 데이터를 사용하는 임상시험의 경우로서 다음 각 호의 요건을 모두 갖춘 경우에는 임상시험심사위원회의 승인을 받아 대상자의 서면 동의 없이 임상시험을 실시할 수 있다. 다만, 경우에 따라 친권자 또는 후견인 등의 동의를 받아야 하는 경우에는 그러하지 아니하다.

① 대상자의 동의를 받는 것이 현실적으로 불가능한 경우

② 대상자가 동의를 거부할 특별한 사유가 없고, 동의를 받지 아니하여도 임상시험이 대상자에게 미치는 위험이 극히 낮은 경우

1.3 체외진단의료기기 임상적 성능시험

가. 체외진단의료기기법 주요 내용

체외진단의료기기란 사람이나 동물로부터 유래하는 검체를 체외에서 검사하기 위하여 단독 또는 조합하여 사용되는 시약 대조 · 보정 물질 기구 · 기계 · 장치 소프트웨어 등 「의료기기법」 제2조제1항에 따른 의료기기로서 다음 각 목의 어느 하나에 해당하는 제품을 말한다.

① 생리학적 또는 병리학적 상태를 진단할 목적으로 사용되는 제품

② 질병의 소인(素因)을 판단하거나 질병의 예후를 관찰하기 위한 목적으로 사용되는 제품

③ 선천적인 장애에 대한 정보 제공을 목적으로 사용되는 제품

④ 혈액 조직 등을 다른 사람에게 수혈하거나 이식하고자 할 때 안전성 및 적합성 판단에 필요한 정보 제공을 목적으로 사용되는 제품

⑤ 치료 반응 및 치료 결과를 예측하기 위한 목적으로 사용되는 제품

⑥ 치료 방법을 결정하거나 치료 효과 또는 부작용을 모니터링하기 위한 목적으로 사용되는 제품

검체란 인체 또는 동물로부터 수집하거나 채취한 조직 · 세포 · 혈액 · 체액 · 소변 · 분변 등과 이들로부터 분리된 혈청 혈장 염색체, DNA(Deoxyribonucleic acid), RNA(Ribonucleic acid), 단백질 등을 말한다.

임상적 성능시험이란 체외진단의료기기의 성능을 증명하기 위하여 검체를 분석하여 임상적 · 생리적 · 병리학적 상태와 관련된 결과를 확인하는 시험을 말한다.

체외진단의료기기로 임상적 성능시험을 하려는 자는 임상적 성능시험 계획서를 작성하여 임상적 성능시험기관에 설치된 임상적 성능시험 심사위원회의 승인을 받아야 하며, 임상적 성능시험 계획서를 변경할 때에도 또한 같다[「체외진단의료기기법」 시행('19. 5. 1.) 전에 「의료기기법」에 따라 식품의약품안전처장에게 신청하였거나 임상적 성능시험 심사위원회에서 승인한 임상적 성능시험에 한하여 실시 가능함].

다만, 다음 각 호의 어느 하나에 해당하는 임상적 성능시험의 경우에는 식품의약품안전처장으로부터 임상적 성능시험 계획 승인 또는 변경 승인을 받아야 한다.

① 인체로부터 검체를 채취하는 방법의 위해도가 큰 경우

② 이미 확립된 의학적 진단방법 또는 허가 · 인증받은 체외진단의료기기로는 임상적 성능시험의 결과를 확인할 수 없는 경우

③ 동반진단의료기기로 임상적 성능시험을 하려는 경우. 다만, 이미 허가 · 인증받은 의료기기와 사용목적, 작용원리 등이 동등하지 아니한 동반진단의료기기에 한정한다.

임상적 성능시험 계획 승인을 받은 임상적 성능시험용 체외진단의료기기를 제조 · 수입하려는 자는 총리령으로 정하는 기준을 갖춘 제조시설에서 제조하거나 제조된 체외진단의료기기를 수입하여야 한다. 이 경우 체외진단의료기기법 제5조제3항 및 제11조제2항에도 불구하고 허가 또는 인증을 받지 아니하거나 신고를 하지 아니하고 이를 제조하거나 수입할 수 있다.

임상적 성능시험을 하려는 자는 다음 각 호의 사항을 지켜야 한다.

① 「체외진단의료기기법」 제7조 및 제8조에 따라 식품의약품안전처장으로부터 지정된 임상적 성능시험기관에서 임상적 성능시험을 할 것. 다만, 임상적 성능시험의 특성상 임상적 성능시험기관이 아닌 기관의 참여가 필요한 임상적 성능시험으로서 총리령으로 정하는 임상적 성능시험은 임상적 성능시험기관의 관리하에 임상적 성능시험기관이 아닌 기관에서도 할 수 있다.

〈표 3-6〉 임상적 성능시험기관 지정이 가능한 기관

근거	기관
체외진단의료기기법 제8조제1항	• 「의료법」 제3조에 따른 의료기관 • 「혈액관리법」 제6조제3항에 따라 허가받은 혈액원 • 그 밖에 대통령령으로 정하는 기관
체외진단의료기기법 시행령 제2조	• 「보건환경연구원법」에 따른 보건환경연구원 • 진단검사의학 또는 병리학 분야의 과목이 개설된 의과대학 • 국가, 지방자치단체 또는 의료기관 등으로부터 검체의 분석·검사 등을 위탁받아 처리하는 기관 중 진단검사의학과 또는 병리학 전문의가 상근하는 기관

* 출처 : 식품의약품안전처.의료기기 임상시험 안내서(민원인 안내서), 2020.

② 사회복지시설 등 총리령으로 정하는 집단시설에 수용 중인 사람(이하 이 호에서 "수용자"라 한다)을 임상적 성능시험의 대상자로 선정하지 아니할 것. 다만, 임상적 성능시험의 특성상 불가피하게 수용자를 그 대상자로 할 수밖에 없는 경우로서 총리령으로 정하는 기준에 해당하는 경우에는 임상적 성능시험의 대상자로 선정할 수 있다.

③ 제2항에 따른 기준을 갖춘 제조시설에서 제조하거나 제조되어 수입된 체외진단의료기기를 사용할 것

④ 의료기관에서 진단・치료 목적으로 사용하고 남은 검체를 임상적 성능시험에 사용하려는 경우에는 해당 검체 제공자로부터 총리령으로 정하는 바에 따라 서면동의를 받을 것. 다만, 「생명윤리 및 안전에 관한 법률」에 따라 서면동의를 면제받은 경우에는 그러하지 아니하다.

⑤ 제4호의 검체 제공자에 대한 개인정보(「생명윤리 및 안전에 관한 법률」 제2조제18호에 따른 개인정보를 말한다. 이하 제8조제2항제3호에서 같다)를 총리령으로 정하는 바에 따라 익명화(「생명윤리 및 안전에 관한 법률」 제2조제19호에 따른 익명화를 말한다)하여 임상적 성능시험을 실시할 것. 다만, 검체 제공자가 개인식별정보(「생명윤리 및 안전에 관한 법률」 제2조제17호에 따른 개인식별정보를 말한다)를 포함하는 것에 동의한 경우에는 그러하지 아니하다.

⑥ 그 밖에 총리령으로 정하는 임상적 성능시험 실시・관리기준을 준수할 것

식품의약품안전처장은 다음 각 호의 기관 중 총리령으로 정하는 시설, 전문인력 및 기구(機構)를 갖춘 기관을 임상적 성능시험기관으로 지정할 수 있다.

① 「의료법」 제3조에 따른 의료기관

② 「혈액관리법」 제6조제3항에 따라 허가받은 혈액원(검체로 혈액을 사용하는 임상적 성능시험을 실시하는 경우로 한정한다)

③ 그 밖에 대통령령으로 정하는 기관

「체외진단의료기기법 시행령」 제2조(임상적 성능시험기관)

「체외진단의료기기법」(이하 "법"이라 한다) 제8조제1항제3호에서 "대통령령으로 정하는 기관"이란 다음 각 호의 기관을 말한다.

1. 「보건환경연구원법」에 따른 보건환경연구원
2. 진단검사의학 또는 병리학 분야의 과목이 개설된 의과대학
3. 국가, 지방자치단체 또는 의료기관 등으로부터 검체의 분석・검사 등을 위탁받아 처리하는 기관 중 진단검사의학과 또는 병리과 전문의가 상근(常勤)하는 기관

나. 체외진단의료기기 시행규칙 주요 내용

「체외진단의료기기법」 제3조제1항에 따른 체외진단의료기기의 등급은 그 안전관리의 수준에 따라 4개 등급으로 분류하되, 안전관리의 수준이 높은 순서에 따라 4등급, 3등급, 2등급 및 1등급으로 구분한다.

식품의약품안전처장은 법 제3조제1항에 따라 체외진단의료기기의 등급을 지정할 때에는 다음 각 호의 기준에 따른다.

① 체외진단의료기기의 품목 또는 품목류별로 지정할 것

② 체외진단의료기기의 사용목적에 따른 안전관리의 내용 및 수준을 고려할 것

③ 체외진단의료기기의 사용에 따라 개인이나 공중보건에 미치는 잠재적 위해성을 고려할 것
④ 체외진단의료기기의 사용에 대한 사회적 영향력이나 파급 효과를 고려할 것

임상적 성능시험 계획의 승인을 받으려는 자는 별지 제9호서식의 임상적 성능시험 계획 승인신청서(전자문서로 된 신청서를 포함한다)에 체외진단 「의료기기법」 제13조(임상적 성능시험 계획의 승인 등)를 참고하여 다음 각 호의 서류(전자문서를 포함한다)를 첨부하여 식품의약품안전처장 또는 법 제8조제2항에 따른 임상적 성능시험 심사위원회(이하 "심사위원회"라 한다)에 제출해야 한다.

① 법 제7조제1항 각 호 외의 부분 본문에 따른 임상적 성능시험 계획서(이하 "임상적 성능시험 계획서"라 한다). 다만, 법 제6조제1항에 따른 동반진단의료기기의 경우에는 「의약품 등의 안전에 관한 규칙」 제24조제1항제10호에 따른 임상시험 계획서나 같은 조 제7항에 따른 임상시험계획 승인서의 제출로 갈음할 수 있다.
② 임상적 성능시험용 체외진단의료기기가 제10조제1항에 따른 시설과 제조 및 품질관리체계의 기준에 적합하게 제조되고 있음을 증명하는 자료
③ 다음 각 목의 구분에 따른 자료
  ㉮ 체외진단의료기기가 시약 또는 대조·보정 물질에 해당하는 경우에는 다음의 자료
    • 기원 또는 개발경위와 검출·측정의 원리·방법에 관한 자료
    • 사용목적에 관한 자료
    • 원재료 및 제조방법에 관한 자료
    • 저장방법과 사용기간 또는 유효기간에 관한 자료
    • 성능을 확인하기 위한 다음의 자료
      –분석적 성능시험에 관한 자료
      –품질관리 시험에 관한 자료
      –표준물질 및 검체 보관 등에 관한 자료
    • 취급자 안전에 관한 자료
    • 이미 허가받은 제품과 비교한 자료
    • 국내외 사용현황에 관한 자료
  ㉯ 체외진단의료기기가 기구·기계·장치 또는 소프트웨어에 해당하는 경우에는 다음의 자료
    • 기원·발견 또는 개발경위에 관한 자료
    • 사용목적에 관한 자료
    • 작용원리에 관한 자료
    • 제품의 성능 및 안전을 확인하기 위한 다음의 자료와 그 시험규격 및 설정근거와 실측치에 관한 자료. 다만, 국내외에 시험규격이 없는 경우에는 제품의 성능 및 안전을 확인하기 위해 직접 설정한 시험규격 및 그 근거와 실측치에 관한 자료를 제출해야 한다.

- 전기적 · 기계적 안전에 관한 자료
- 방사선 안전에 관한 자료
- 전자파 안전에 관한 자료
- 성능에 관한 자료

• 이미 허가받은 제품과 비교한 자료
• 국내외 사용현황에 관한 자료

임상적 성능시험 계획서에 포함되어야 할 사항은 다음 각 호와 같다.

① 임상적 성능시험의 목적 및 배경 등에 관한 사항
② 임상적 성능시험의 기간 및 방법 등에 관한 사항
③ 법 제8조제1항에 따른 임상적 성능시험기관(이하 "임상적 성능시험기관"이라 한다)의 명칭 및 소재지에 관한 사항
④ 임상적 성능시험의 책임자 · 담당자 · 시험자에 관한 사항
⑤ 임상적 성능시험용 체외진단의료기기에 관한 사항
⑥ 임상적 성능시험 대상자의 선정 및 동의 등에 관한 사항
⑦ 임상적 성능시험 대상자의 보상 · 진료 및 안전대책 등에 관한 사항
⑧ 그 밖에 임상적 성능시험을 위해 식품의약품안전처장이 필요하다고 정하여 고시하는 사항

식품의약품안전처장 또는 심사위원회는 법 제7조제1항에 따른 임상적 성능시험 계획의 승인을 위해 필요하다고 인정하는 경우에는 체외진단의료기기 관련 기관, 단체 또는 전문가 등에게 의견이나 자료의 제출 등 필요한 협조를 요청할 수 있다.

식품의약품안전처장 또는 심사위원회는 법 제7조제1항에 따라 임상적 성능시험 계획을 승인한 경우에는 신청인에게 별지 제10호 서식의 임상적 성능시험 계획 승인서를 발급해 주어야 한다.

법 제7조제1항에 따라 승인받은 임상적 성능시험 계획을 변경하려는 자는 별지 제11호 서식의 임상적 성능시험 계획 변경승인신청서(전자문서로 된 신청서를 포함한다)에 임상적 성능시험 계획 승인서와 그 변경을 증명하는 서류(전자문서를 포함한다)를 첨부하여 식품의약품안전처장 또는 심사위원회에 제출해야 한다.

식품의약품안전처장 또는 심사위원회는 법 제7조제1항에 따라 임상적 성능시험 계획의 변경승인을 하는 경우에는 임상적 성능시험 계획 승인서에 그 변경사항을 적어 신청인에게 내주어야 한다.

「체외진단의료기기법 시행규칙」 제13조제1항부터 제6항까지에서 규정한 사항 외에 임상적 성능시험 계획의 승인 또는 변경승인의 절차 및 방법 등에 필요한 세부 사항은 식품의약품안전처장이 정하여 고시한다.

〈표 3-7〉 체외진단의료기기 임상적 성능시험 계획 승인신청서

■ **체외진단의료기기법 시행규칙 [별지 제9호서식]**

의료기기전자민원시스템(https://emedi.mfds.go.kr/msismext/emd/min/mainView.do)에서도 신청할 수 있습니다.

체외진단의료기기 임상적 성능시험 계획 승인신청서

(앞쪽)

접수번호	접수일시	처리일	처리기간 30일

신청인 (대표자)	성명(법인은 법인 명칭 및 대표자 성명)	생년월일(법인은 법인등록번호 및 대표자 생년월일)
	주소	
제조소 (수입업소)	명칭	업 허가번호
	소재지	
제조원 (수입하거나 제조공정을 전부 위탁하는 경우만 해당합니다)	명칭	제조국
	소재지	

명칭(제품명, 품목명, 모델명)	분류번호(등급)
모양 및 구조	원재료
제조방법	저장방법 및 사용기간

임상적 성능시험제목		
임상적 성능시험기관	명칭 및 소재지	
	시험책임자 성명	전화번호

「체외진단의료기기법」 제7조 및 같은 법 시행규칙 제13조에 따라 위와 같이 체외진단의료기기 임상적 성능시험 계획의 승인을 신청합니다.

년 월 일

신청인(대표자) 성명 (서명 또는 인)

담당자 성명

담당자 전화번호

식품의약품안전처장(임상적 성능시험 심사위원회) 귀하

210㎜×297㎜[백상지 80g/㎡ 또는 중질지 80g/㎡]

〈표 3-8〉 체외진단의료기기 임상적 성능시험 계획 변경승인신청서

■ **체외진단의료기기법 시행규칙 [별지 제11호서식]**

의료기기전자민원시스템(https://emedi.mfds.go.kr/msismext/emd/min/mainView.do)에서도 신청할 수 있습니다.

체외진단의료기기 임상적 성능시험 계획 변경승인신청서

접수번호	접수일시	처리일	처리기간 30일

신청인 (대표자)	성명(법인은 법인 명칭 및 대표자 성명)	생년월일(법인은 법인등록번호 및 대표자 생년월일)
	주소	

제조소 (수입업소)	명칭	업 허가번호
	소재지	

임상적 성능시험 계획 승인번호	임상적 성능시험의 제목

변경 항목	승인 사항	변경 사항	변경 사유

「체외진단의료기기법」 제7조 및 같은 법 시행규칙 제13조에 따라 위와 같이 체외진단의료기기 임상적 성능시험 계획의 변경승인을 신청합니다.

년 월 일

신청인(대표자) 성명 (서명 또는 인)

담당자 성명

담당자 전화번호

식품의약품안전처장
(임상적 성능시험 심사위원회) 귀하

첨부서류	1. 임상적 성능시험 계획 승인서 2. 변경을 증명하는 서류	수수료 (수입인지) 없음

처리절차

신청서 작성 ➔ 접수 ➔ 심사 ➔ 결재 ➔ 승인서 작성 ➔ 통보

신청인 / 식품의약품안전처(임상적 성능시험 심사위원회) / 신청인

210㎜×297㎜[백상지 80g/㎡ 또는 중질지 80g/㎡]

〈표 3-9〉 체외진단의료기기 임상적 성능시험 실시상황 보고서

■ 체외진단의료기기법 시행규칙 [별지 제12호 서식]

체외진단의료기기 임상적 성능시험 실시상황 보고서				
보고인	기관 명칭			
	대표자 성명			
	소재지			
임상적 성능시험의 제목				
임상적 성능시험 계획 승인번호			승인일자	
임상적 성능시험용 체외진단 의료기기	명칭 (제품명, 품목명, 모델명)		분류번호 (등급)	
임상적 성능시험기관	명칭			
	전화번호			
	소재지			
임상적 성능시험 대상자 수	임상적 성능시험 기관별 참여 대상자 수			
	임상적 성능시험 기관별 완료 대상자 수			
	임상적 성능시험 기관별 전년대비 대상자 수 증감현황			
기관별 완료 예정일				
비고				

「체외진단의료기기법」 제7조 및 같은 법 시행규칙 제17조에 따라 위와 같이 체외진단의료기기 임상적 성능시험 실시상황을 보고합니다.

년 월 일

보고인(대표자) 성명 (서명 또는 인)

담당자 성명

담당자 전화번호

식품의약품안전처장(임상적 성능시험 심사위원회) 귀하

210㎜×297㎜[백상지 80g/㎡]

〈표 3-10〉 체외진단의료기기 임상적 성능시험 종료보고서

■ **체외진단의료기기법 시행규칙 [별지 제13호 서식]**

체외진단의료기기 임상적 성능시험 종료보고서				
보고인	기관 명칭			
	대표자 성명			
	소재지			
임상적 성능시험의 제목				
임상적 성능시험 계획 승인번호			승인일자	
임상적 성능시험용 체외진단 의료기기	명칭 (제품명, 품목명, 모델명)		분류번호 (등급)	
임상적 성능시험기관	명칭			
	전화번호			
	소재지			
임상적 성능시험 시작일 (최초 대상자 선정일)				
임상적 성능시험 종료일				
임상적 성능시험 참여 대상자 수				
예측되지 않은 중대한 이상사례 요약				
비고				

「체외진단의료기기법」 제7조 및 같은 법 시행규칙 제17조에 따라 위와 같이 체외진단의료기기 임상적 성능시험의 종료를 보고합니다.

년 월 일

보고인(대표자) 성명 (서명 또는 인)

담당자 성명

담당자 전화번호

식품의약품안전처장(임상적 성능시험 심사위원회) 귀하

210mm×297mm[백상지 80g/㎡]

다. 기타

1) 경과조치

「체외진단의료기기법」 시행('19. 5. 1.) 전에 「의료기기법」에 따라 식품의약품안전처장에게 신청*하였거나 임상적 성능시험 심사위원회에서 승인한 임상적 성능시험에 한하여 실시 가능하다.

※ 임상적 성능시험 계획서 승인신청서 제출 이후 승인된 경우만 해당

「체외진단의료기기법」 부칙 제6조(처분 등에 관한 경과조치)

이 법 시행 전에 「의료기기법」에 따라 행정기관이 행한 체외진단의료기기 관련 고시ㆍ처분 및 그 밖의 행위와 행정기관에 대한 신청ㆍ신고 및 그 밖의 행위는 그에 해당하는 이 법에 따른 행정기관이 행한 행위 또는 행정기관에 대한 행위로 본다.

2) 임상시험기관에 대한 경과조치

2020년 4월 30일 체외진단의료기기법 제정 및 2020년 5월 1일 시행에 따라 '임상적 성능시험기관'으로 지정받은 곳에서 체외진단의료기기 임상시험 수행이 가능해졌다. 2020년 5월 1일 법 시행 후 2021년 4월 30일까지 의료기기 임상시험기관으로 지정받은 기관에 한해 '임상적 성능시험기관'도 지정받은 것으로 보았으나 2021년 4월 30일 이후 의료기기와 체외진단의료기기 임상시험을 실시하고자 하는 기관은 '임상시험기관' 및 '임상적 성능시험기관' 모두 지정받아야 가능하다.

「체외진단의료기기법」 부칙 제4조(임상적 성능시험기관에 관한 경과조치)

이 법 시행 당시 「의료기기법」 제10조제3항에 따라 임상시험기관으로 지정받은 기관은 제8조제1항에 따라 임상적 성능시험기관으로 지정받은 것으로 본다. 다만, 이 법 시행 후 1년 이내에 이 법에 따라 임상적 성능시험기관 지정을 신청하여 다시 받아야 한다.

3) 잔여검체에 대한 사용자 동의 면제

「체외진단의료기기법」 제7조제3항제4호 단서에 따라 동의를 면제하는 경우는 검체 제공자에 대한 개인정보를 익명화한 잔여검체로서 다음의 경우에 해당한다.

① 의료기관에서 진단 또는 치료의 목적을 사용하고 남아있는 인체에서 유래한 검체

② 특정한 연구 목적으로 채취되어 사용하고 남은 인체에서 유래한 검체 중 다른 목적, 즉 2차적으로 사용할 것에 대하여 검체제공자로부터 포괄적 동의를 받은 검체

「체외진단의료기기법」 제7조(임상적 성능시험 등) ③ 제1항에 따라 임상적 성능시험을 하려는 자는 다음 각 호의 사항을 지켜야 한다.

4. 의료기관에서 진단ㆍ치료 목적으로 사용하고 남은 검체를 임상적 성능시험에 사용하려는 경우에는 해당 검체 제공자로부터 총리령으로 정하는 바에 따라 서면동의를 받을 것. 다만, 「생명윤리 및 안전에 관한 법률」에 따라 서면동의를 면제받은 경우에는 그러하지 아니하다.

5. 제4호의 검체 제공자에 대한 개인정보(「생명윤리 및 안전에 관한 법률」 제2조제18호에 따른 개인정보를 말한다. 이하 제8조제2항제3호에서 같다)를 총리령으로 정하는 바에 따라 익명화(「생명윤리 및 안전에 관한 법률」 제2조제19호에 따른 익명화를 말한다)하여 임상적 성능시험을 실시할 것. 다만, 검체 제공자가 개인식별정보(「생명윤리 및 안전에 관한 법률」 제2조제17호에 따른 개인식별정보를 말한다)를 포함하는 것에 동의한 경우에는 그러하지 아니하다.

2 의료기기 임상시험 관리기준(KGCP)

의료기기 임상시험 관리기준(KGCP)은 임상시험에 참여하는 각 역할에 따른 임무와 그에 해당하는 준수사항들을 명시하고 있다.

의료기기의 임상시험을 실시할 때에는 의료기기 임상시험 관리기준(KGCP)(「의료기기법 시행규칙」 [별표 3])에 따라서 수행하여야 한다.

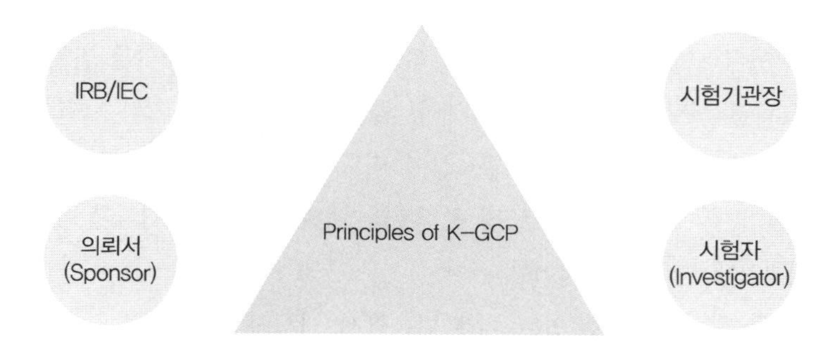

▌그림 3-3▐ 의료기기 임상시험 관리기준(KGCP)의 구성

2.1 의료기기 임상시험 관리기준(KGCP)의 목적

의료기기 임상시험 관리기준(KGCP)은 의료기기에 관한 임상시험의 실시에 필요한 임상시험의 계획 및 실시, 모니터링, 점검, 자료의 기록 및 분석, 임상시험결과보고서 작성 등에 관한 기준을 정함으로써, 정확하고 신뢰할 수 있는 자료와 결과를 얻고 대상자의 권익 보호와 비밀 보장이 적절하게 이루어질 수 있도록 하는 것이 목적이다.

2.2 임상시험 기본원칙

임상시험의 기본원칙은 다음과 같다.

① 임상시험은 헬싱키 선언에 근거한 윤리규정 및 관련규정에 따라 수행되어야 한다.

② 임상시험으로부터 예측되는 위험과 불편 사항에 대한 충분한 고려를 통해 대상자 개인과 사회가 얻을 수 있는 이익이 그 위험성을 상회 또는 정당화할 수 있다고 판단되는 경우에 한하여 임상시험을 실시하여야 한다.

③ 대상자의 권리・안전・복지는 우선 검토의 대상으로 과학과 사회의 이익보다 중요하다.

④ 해당 임상시험용 의료기기에 대한 임상 및 비임상 관련 정보는 실시하고자 하는 임상시험에 적합한 것이어야 한다.

⑤ 임상시험은 과학적으로 타당하여야 하며, 임상시험계획서는 명확하고 상세히 기술되어야 한다.

⑥ 임상시험은 식약처장이 승인한 임상시험계획서에 따라 실시하여야 한다.

⑦ 대상자에게 제공되는 의학적 처치나 결정은 의사 등의 책임하에 이루어져야 한다.

⑧ 임상시험 수행에 참여하는 모든 사람들은 각자의 업무 수행을 위한 적절한 교육・훈련을 받고, 경험을 갖고 있어야 한다.

⑨ 임상시험 참여 전에 모든 대상자로부터 자발적인 임상시험 참가 동의를 받아야 한다.

⑩ 모든 임상시험 관련 정보는 정확한 보고, 해석, 확인이 가능하도록 기록・처리・보존되어야 한다.

⑪ 대상자의 신원에 관한 모든 기록은 비밀보장이 되도록 관련규정에 따라 취급하여야 한다.

⑫ 임상시험용 의료기기는 의료기기 제조 및 품질관리기준에 따라 관리되어야 하며, 식약처장이 승인한 임상시험계획서에 따라 사용되어야 한다.

⑬ 임상시험은 신뢰성을 보증할 수 있는 체계 다음에서 실시되어야 한다.

의료기기 임상시험 관리기준(KGCP)의 세부 항목과 그 내용은 다음과 같이 구성되어 있다.

〈표 3-11〉 의료기기 임상시험 관리기준(KGCP)의 내용

제목	내용
제1호 목적 제2호 용어의 정의 제3호 임상시험의 기본원칙 제4호 적용 범위	정확하고 신뢰할 수 있는 자료와 결과를 얻고 대상자의 권익보호와 비밀보장이 적정하게 이루어질 수 있도록 하는 것
제5호 임상시험의 계약 및 임상시험기관	• 임상시험 계약 • 임상시험기관의 장
제6호 임상시험심사위원회	• 심사위원회의 의무 • 심사위원회의 구성, 기능 및 운영 방법 • 심사위원회의 운영 • 다기관 임상시험에서의 심사위원회 • 심사위탁 • 기록

제목	내용
제7호 시험자	• 시험자의 자격요건 등 • 임상시험 실시에 필요한 자원 확보 • 시험자의 대상자 보호의무 • 심사위원회와 시험책임자의 정보 교환 • 임상시험계획서 준수 • 임상시험용 의료기기의 관리 • 무작위배정 및 눈가림해제 • 대상자 동의 • 기록 및 보고 • 진행상황 보고 • 임상시험의 안전성과 관련한 보고 • 임상시험의 조기종료 또는 중지 • 임상시험 완료보고
제8호 의뢰자	• 임상시험의 품질보증 및 임상시험 자료의 품질관리 • 임상시험수탁기관 • 의학적 자문 • 관련 전문가의 자문 • 임상시험의 관리 • 자료의 처리 • 기록 보존 • 시험책임자 선정 • 임무의 배정 • 대상자에 대한 보상 등 • 임상시험계획서에 대한 식품의약품안전처장의 승인 • 심사위원회 심사사항의 확인 • 임상시험용 의료기기에 관한 정보 제공 • 임상시험용 의료기기 제조, 포장, 표시기재 및 코드화 • 임상시험용 의료기기의 공급 및 취급 • 임상시험관련 자료의 열람 • 임상시험용 의료기기 안전성과 관련한 사항 • 의료기기이상 반응의 보고 • 모니터링 • 점검 • 위반사항에 대한 조치 • 임상시험의 조기종료 또는 중지의 보고 • 다기관 임상시험시 확인사항
제9호 기본문서	• 모니터요원의 기본문서 보존 상태 확인 • 의뢰자 점검 요구 시 기본문서 열람 • 기본문서 종류와 임상시험 실시 단계별 기본문서 보관방법 및 문서별 보관책임자 관련 사항은 식품의약품안전처장이 고시

* 출처 : 한국보건산업진흥원. 의료기기 임상시험 의뢰자 과정 표준교육교재, 2013.

임상시험은 사람을 대상으로 해당 의료기기의 안전성·유효성을 증명하기 위하여 시험하거나 연구하는 것이므로, 반드시 관련 법 조항 및 의료기기 임상시험관리기준(KGCP)을 바탕으로 수행해야 한다. 만약 위반할 경우, 「의료기기법 시행규칙」 제58조 [별표 8], [별표 9] 처분 규정에 따라 행정처분을 받게 된다.

제 4 장

의료기기 임상시험의 실시

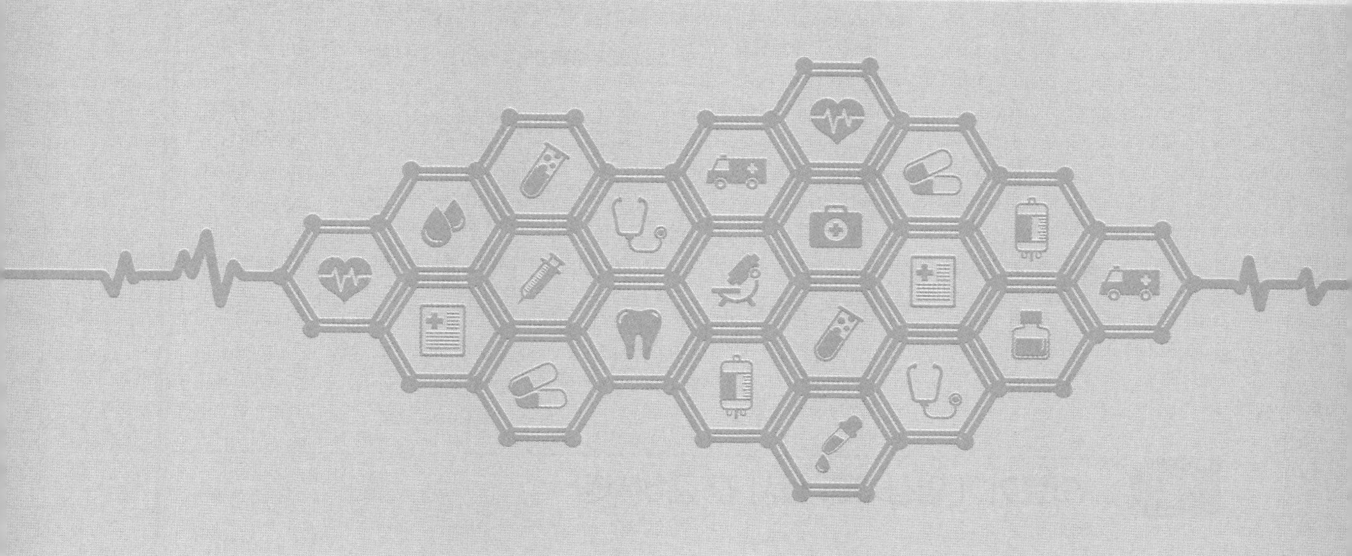

1. 의료기기 임상시험 실시 전 준비사항
2. 의료기기 임상시험 수행단계 업무
3. 의료기기 임상시험 실시 후 업무

04 의료기기 임상시험의 실시

학습목표 — 임상시험계획서 개발, 임상시험심사위원회(IRB) 승인, 식약처 승인 및 대상자 동의과정 등 의료기기 임상시험 수행을 위한 절차 및 전 단계 수행업무에 대해 학습한다.

NCS 연계 —

목차	분류 번호	능력단위	능력단위 요소	수준
1. 의료기기 임상시험 실시 전 준비사항	1903090203_15v1	임상시험	임상시험계획서 작성하기	6
2. 의료기기 임상시험 수행단계 업무	1903090203_15v1	임상시험	임상시험계획서 작성하기	6
3. 의료기기 임상시험 실시 후 업무	1903090203_15v1	임상시험	임상시험계획서 작성하기	6

핵심 용어 — 임상시험계획서, 대상자동의서, 증례기록서, 임상시험심사위원회(IRB)승인, 식품의약품안전처승인, 이상사례

1 의료기기 임상시험 실시 전 준비사항

임상시험의 실시 단계는 진행 과정에 따라 임상시험 실시 전, 임상시험 실시 중, 임상시험 종료 후로 구분할 수 있다. 각 진행 과정별로 요구되는 주요한 활동들은 다음 표의 내용과 같다.

〈표 4-1〉 임상시험 진행 과정과 주요 활동

임상시험 실시 전	임상시험 실시 중	임상시험 종료 후
• 실시기관 및 시험책임자 선정 • 예산 선정 • 임상시험계획서 작성 • 동의서 작성 • 증례기록서(CRF) 작성 • 임상시험자 자료집 준비 • 시험자 모임 • 임상시험심사위원회(IRB) 승인 • 식품의약품안전처 승인 • 기본문서 작성 • 임상시험 표준작업지침서(SOP) 준비 • 기관 계약	• 임상시험용 의료기기 입고 절차 • 개시모임 • 동의서 취득 • 대상자 등록 • 연구자료 수집 • 증례기록서 작성 • 이상사례 관리 및 중대한 이상사례 보고 • 임상시험용 의료기기 관리 • 연구비 지급 • 의뢰자 모니터링 • 기본문서 작성 • 임상시험 SOP 기록 유지	• 증례기록서 작성 완료 • 종료 보고 • 자료 처리 및 통계 분석 • 결과보고서(CSR) 작성 • 점검 실시(해당되는 경우에 한함) • 임상시험용 의료기기 반납, 폐기 등 최종 처리 • 연구비 정산 및 종료 • 기본문서 작성 • 품목허가 신청(해당되는 경우) • 실사 준비 및 참여 • 문서 보관

임상시험 실시 전	임상시험 실시 중	임상시험 종료 후
• 임상시험용 의료기기 입고 준비	• 문서관리 • 임상시험 실시상황 보고	

1.1 실시기관 및 시험책임자 선정

의료기기 임상시험은 임상시험기관 또는 참여기관(「의료기기법 시행규칙」 제21조2에 따른 임상시험의 특성상 임상시험기관이 아닌 기관의 참여가 필요한 임상시험에 한함)에서 시행되며, 참여기관에서 임상시험이 실시되는 경우에도 임상시험기관이 해당 기관을 관리·감독하여야 한다. 그러므로 실시기관 및 시험책임자의 선정은 해당 임상시험이 계획 및 규정에 따라 효율적으로 진행되고 이를 통해 신뢰성 있는 자료를 확보하는 데 핵심적인 요소이다.

가. 임상시험기관 선정

「의료기기법 시행규칙」 제21조2에 따른 임상시험의 특성상 임상시험기관이 아닌 기관의 참여가 필요한 임상시험을 제외한 의료기기 임상시험은 관련 규정에 따라 식약처로부터 임상시험기관으로 지정받은 기관에서만 임상시험을 실시할 수 있다. 해당 기관은 임상시험을 실시하기에 적절한 시설과 자격을 갖추고 있는지에 대한 식약처의 사전검증 절차에 따라 임상시험 관련 시설, 체계 및 인력에 대한 종합적인 평가를 받은 곳으로, 전국적으로 192개 기관이 지정되어 있다(2024년 2월 5일 기준). 임상시험을 계획하는 의뢰자는 기관 선정 시 반드시 해당 기관의 임상시험기관 지정 여부를 확인해야 한다. 지정 여부는 식약처 홈페이지에서 검색할 수 있다.

그 외에도 임상시험에 적절한 실시기관을 결정하기 위해서는 사전에 확인할 항목들이 있으며, 각 의료기기의 특성에 따라 결정할 수 있다.

① 적합한 시설 및 장비

② 원활한 연구 수행이 가능한 적합한 시험자(시험자) 및 임상연구 경험

③ 연구 지원 인력(연구코디네이터, 의료기기 관리자 등)

④ 합리적인 연구비용

⑤ 충분한 잠재 대상자의 수

⑥ 시험담당자 등의 연구인력

⑦ 기관 내 임상시험심사위원회(IRB) 절차 및 일정

⑧ 경쟁 임상시험 진행 여부

나. 시험책임자 선정

시험책임자는 임상시험 수행은 물론 제품개발 과정에서 의학적으로 중요한 자문을 할 수 있기 때문에 관련 분야에 대한 전문성과 연구 경험이 있어야 한다. 또한, 연구수행에 참여하여 실무를 담당할 수 있는 시험 담당자 및 경험 있는 연구간호사를 포함한 협조가 원활한 연구팀을 갖추고 있어야 한다. 시험책임자는 물론 임상시험 관련 업무를 위임받은 시험담당자 또는 연구간호사 등은 임상시험 관련 규정(ICH-GCP 또는 ISO 14155)과 「의료기기 임상시험 관리기준(KGCP)」을 숙지하고 그에 따라야 한다. 임상시험이 계획된 일정 내에 완료되기 위해서는 대상자의 원활한 등록과 규정에 따른 연구 절차를 기꺼이 따를 수 있는 연구에 대한 관심과 책임감도 요구된다.

후보 시험책임자에 대한 정보는 자체적인 데이터베이스 관리를 통해 확보하기도 하나, 추천을 받기도 한다. 사내의 영업이나 마케팅 부서, 네트워킹을 통한 유사한 연구 경험이 있는 다른 회사의 임상업무 담당자, 다른 임상시험의 시험자, 임상 전문가들의 자문, CRO 등의 다양한 경로를 통해서 관련 정보를 얻을 수 있다.

1.2 연구비 산정

연구비는 임상시험계획서에 따라 임상시험이 진행될 수 있도록 의뢰자가 임상시험기관에 지불하는 비용으로, 그 규모는 연구에 따라 결정된다. 연구비의 규모를 결정하는 주요한 변수는 대상자 수, 대상자의 방문 횟수, 임상시험 기간, 주요 검사비용 및 검사 횟수 등이다. 연구에 참여하는 대상자 수가 증가할수록, 연구기간이 길어질수록, 비용이 높은 검사가 많을수록 전체 비용이 높아진다.

사전에 통계적인 방법을 통해 임상시험에 필요한 대상자 수를 계산했다고 해도 임상시험계획서에 기술된 선정/제외 기준이 까다로운 경우 등록 전 스크리닝 단계에서 실패하는 환자 수와 중도에 탈락하는 환자 수가 많아질 수 있다. 이 경우 임상시험이 완료될 때까지 예상보다 많은 환자가 필요하고, 그에 따라 임상시험 기간도 길어지게 된다. 등록기간을 줄이기 위해 임상시험에 참여하는 기관수를 늘리는 방법도 있으나, 기관수가 늘어남으로써 기관 관리 비용이 증가할 수 있음을 고려해야 한다.

임상시험에서 안전성과 유효성을 평가하기 위해 반드시 필요한 검사와 불필요한 검사를 명확히 구분하고, 유효성을 잘 보여줄 수 있으면서 비용이 적절한 평가 방법을 우선적으로 선택해야 한다.

〈표 4-2〉 연구비의 구성 항목

항목	내용
인건비	시험책임자, 시험 담당자, 연구간호사 등 연구 참여 인력에 대한 비용
대상자 직접비	검사비(실험실적 검사, 방사선 검사, CT/MRI 등), 교통비, 사례비
기타	잡비(병원 관리비, 인쇄비, 기술정보 활동비, 회의비 등), 간접비

일반적으로 의뢰자 주도 임상시험의 경우 임상시험이 진행되는 기간 동안 임상 시험과 관련하여 발생하는 모든 비용은 의뢰자가 부담하는 것이 원칙이다. 따라서 의뢰자가 연구에 소요되는 전체적인 예산에 대한 계획을 세우려면 사전에 연구비를 산정함은 물론 연구기간 중에 변경될 여지는 없는지 등에 관해 세밀히 확인할 필요가 있다.

특히, "임상시험에 참여하지 않았어도 원인질환 치료에 의해 발생하는 비용(SOC, Standard of Care)"과 "임상시험과 관련하여 발생하는 비용" 간의 정의가 모호하여 초기 연구비 산정 시 또는 이후 진행과정에서 의뢰자와 기관 간 이견이 발생하는 경우가 많이 있으므로, 연구비 산정 시 어느 부분까지 지원이 가능한지 여부에 대해 상호 간에 명확히 협의할 필요가 있다.

1.3 임상시험 관련 문서개발

임상시험을 계획하는 단계에서 임상시험 진행에 필요한 임상시험계획서(프로토콜), 대상자 설명문 및 동의서, 증례기록서, 임상시험자 자료집 등을 준비하게 되는데, 관련 문서 개발에는 대략 3개월 이상의 기간이 소요된다. 해당 문서들은 규정에 따라 적절하게 작성되어야 한다. 해당 문서들은 임상시험기간 동안 사용할 뿐만 아니라 향후 허가를 위해 식약처에도 제출해야 하므로, 각 문서의 사용 목적에 맞게 작성하기 위해서는 전문 인력의 상호협력이 필요하고 질적인 면에서도 완결성이 필요하다.

가. 임상시험계획서(Protocol)

임상시험계획서는 해당 임상시험의 배경이나 근거를 제공하기 위해 임상시험의 목적, 연구방법론, 통계학적 측면, 관련 조직 등이 기술된 문서를 말한다. 즉 임상연구의 조직, 연구의 목적, 디자인 설계, 임상시험 방법, 통계적 방법 등 임상시험의 전 과정이 상세히 기술되어 있는 방법서이며 임상시험 종료 이후 결과분석 방법까지도 기술된 연구계획서이다. 임상시험계획서는 임상시험을 어떻게 수행해야 하는지를 설명하는 임상시험의 청사진에 해당한다. 그러므로 임상시험계획서가 잘 작성되고 임상시험 설계가 제대로 되어야 그에 따라 임상시험이 제대로 수행되고 결과적으로 목적했던 양질의 자료를 얻을 수 있다. 임상시험 설계와 임상시험계획서 작성을 위해서는 과학적인 방법과 지식, 관련 규정에 대한 이해가 바탕이 되어야 한다.

임상시험계획서에는 임상시험의 목적, 대상질환・환자, 연구 방법 및 절차, 통계적 분석 방법, 대상자에 대한 안전 대책 및 보상 등 임상시험 전반에 걸친 구체적인 내용을 기술해야 하며, 임상시험을 올바르게 시행하기 위하여 반드시 준수해야 하는 내용들을 포함해야 한다.

※ 체외진단 임상적 성능시험의 제출서류와 관련한 자세한 내용은 「체외진단의료기기법 시행규칙」 제13조제2항에 명시되어 있다.

〈표 4-3〉 임상시험계획서에 포함되어야 하는 내용

항목	내용
일반사항	• 임상시험의 제목 • 임상시험기관의 명칭 및 소재지 • 임상시험의 책임자·담당자 및 공동시험자의 성명 및 직명 • 임상시험용 의료기기를 관리하는 관리자의 성명 및 직명 • 임상시험을 하려는 자의 성명 및 주소
시험디자인	• 임상시험의 목적 및 배경 • 임상시험용 의료기기의 개요(사용 목적, 대상 질환 또는 적응증을 포함한다) • 임상시험 대상자(이하 "대상자"라 한다)의 선정 기준·제외 기준·인원 및 그 근거 • 임상시험기간 • 임상시험 방법(사용량, 사용기간, 병용요법 등 포함한다) • 관찰항목, 임상검사항목 및 관찰검사방법 • 예측되는 부작용 및 사용 시 주의사항 • 중지·탈락 기준 • 유효성의 평가 기준, 평가 방법 및 해석 방법(통계분석 방법에 의함)
대상자 보호	• 부작용을 포함한 안전성의 평가 기준, 평가 방법 및 보고 방법 • 대상자동의서 서식 • 피해자 보상에 대한 규약 • 임상시험 후 대상자의 진료에 관한 사항 • 대상자의 안전보호에 관한 대책 • 그 밖에 임상시험을 안전하고 과학적으로 실시하기 위하여 필요한 사항

임상시험계획서 개발 시 고려할 사항은 다음과 같다.

1) 임상시험의 제목

임상시험의 제목(명칭)은 연구계획서 전체를 표현하는 가장 중요한 요소이다. 유사한 임상시험의 계획서와 구별될 수 있도록 자체 계획서의 특정 정보를 담고 있어야 하며, 시험용 의료기기명, 대상 질환, 임상시험 단계에 대한 내용을 포함하는 동시에 간결해야 한다. 또한, 임상시험계획서 첫 장에 제시하며, 계획서 번호와 작성일 또한 함께 명시해야 한다.

> **참고** ㉠ 관상동맥 중재시술을 시행하는 환자를 대상으로 ○○○○스텐트와 ○○○의 안전성과 유효성을 비교 평가하기 위한 다기관, 대상자 단일 눈가림, 무작위배정 비교, 확증 임상시험

2) 임상시험기관의 명칭 및 소재지

임상시험기관은 식약처장이 별도로 정하는 의료기관 또는 특수기관으로서 실제 임상시험이 실시되는 기관이어야 한다. 「의료기기 임상시험기관 지정에 관한 규정」(식약처 고시 제2017-55호)에 의거하여 식약처장으로부터 지정된 기관을 선정하도록 한다. 다기관 임상시험의 경우 모든 병원명, 주소, 연락처를 기재해야 한다.

「의료기기법」 제10조제4항제1호 단서에 따라 임상시험을 실시하는 임상시험기관이 아닌 기관(이하 "임상시험 참여기관"이라 한다)이 있는 경우에는 그 사유와 해당 기관의 명칭, 소재지 및 해당 기관에

대한 관리·감독에 관한 사항을 기재해야 한다.

참고 예 임상시험기관

기관명	소재지	전화	팩스
○○○병원	○○시 ○○구	○○○-○○○○	○○○-○○○○
○○○병원	○○시 ○○구	○○○-○○○○	○○○-○○○○

3) 임상시험의 책임자·담당자 및 공동시험자의 성명 및 직명

참여하는 인력의 성명, 직명 및 연락처를 모두 기재해야 한다.

참고

• 시험책임자

성명	소속 기관명	전공	직위	전화
○○○	○○○병원	○○○○	○○○	○○-○○○-○○○○

• 시험담당자

성명	소속 기관명	전공	직위	전화
○○○	○○○병원	○○○○	○○○	○○-○○○-○○○○
△△△	△△△병원	△△△△	△△△	△△-△△△-△△△△
□□□	□□□병원	□□□□	□□□	□□-□□□-□□□□

• 공동시험자

성명	소속 기관명	전공	직위	전화
○○○	○○○병원	○○○○	○○○	○○-○○○-○○○○

• 통계전문가

성명	소속 기관명	전공	직위	전화
○○○	○○○병원	○○○○	○○○	○○-○○○-○○○○

4) 임상시험용 의료기기를 관리하는 관리자의 성명 및 직명

임상시험기관 내 의료기기 인·수불 등의 관리 및 기록 유지의 규정을 가지고 있는 해당부서에서 관리하며, 임상시험용 의료기기 관리자의 경우 임상시험기관의 장이 지정한다. 다만, 임상시험의 특성상 일괄적인 인·수불 관리를 하기 어려운 사항에 따라 임상시험 책임자의 요청이 있는 경우 해당 기관의 임상시험심사위원회의 의견을 들어 시험책임자 또는 시험담당자로 지정할 수 있다.

특히 별도 지정을 하는 경우, 장비와 복잡한 소프트웨어 등이 포함된 기기는 단순 인·수불 관리 이외에 장비의 Calibration 및 적절한 작동 등을 위한 전문 인력(예 Medical engineer 등)이 요구되는 경우가 있으니 의료기기 관리자 지정 시 해당기기의 특성을 잘 이해하고 지정하는 것이 필요하다.

참고 의료기기 관리자

성명	소속 기관명	전공	직위	전화
○○○	○○○병원	○○○○	○○○	○○-○○○-○○○○

5) 임상시험을 하려는 자의 성명 및 주소

임상시험을 의뢰한 기관의 기관명, 대표자명, 임상시험 담당자 및 모니터요원의 성명, 주소, 연락처를 기재한다.

참고

• 의뢰자

회사명	대표이사	소재지	전화
(주) ○○○	○○○	○○○ ○○시 ○○구	○○-○○○-○○○○

• 모니터요원

회사명	대표이사	소재지	전화
(주) ○○○	○○○	○○○ ○○시 ○○구	○○-○○○-○○○○

• 임상시험 수탁업체

회사명	대표이사	소재지	전화
(주) ○○○	○○○	○○○ ○○시 ○○구	○○-○○○-○○○○

※ 임상시험 수탁기관(CRO, Contract Research Organization)이 있는 경우 해당 내용을 기재함
※ 임상시험 수탁기관 외에 다기관 임상에서 Core Lab을 사용하는 경우 해당내용을 기재함

6) 임상시험의 목적 및 배경

가) 임상시험의 목적

임상시험용 의료기기를 대상 질환 또는 적응증에 사용하는 목적을 자세히 기술하며, 1 · 2차 목적을 설정한 경우 평가변수를 통해 확인하고자 하는 최종 목적에 대해 명확히 설정해야 한다. 임상시험 목적의 경우, 한 가지를 설정해도 되고 1 · 2차 목적 두 가지를 설정해도 된다. 이때 1차 평가변수는 대부분 연구하고자 하는 주요 효과변수에 대해 설정하며, 2차 평가변수는 상대적으로 덜 중요한 효과 판정 변수 혹은 안전성 관련 변수를 포함한다.

나) 임상시험의 배경

제품의 일반적인 사항 및 해당 제품의 개발 경위 및 근거 등을 기재한다. 이때 충분한 근거를 통해 개발 경위와, 임상시험을 통해 입증하고자 하는 목적을 명확히 기술해야 한다. 계획 중인 임상시험 이전의 선행연구인 전임상시험의 결과가 있는 경우, 전임상시험 결과를 근거로 잠재적 위험성 및 알려진 잠재적 위험성도 기술하며, 임상시험용 의료기기의 사용량, 사용 방법, 사용기간, 관리 방법 등을 설정한 근거를 기술해야 한다.

7) 임상시험용 의료기기의 개요(사용 목적, 대상 질환 또는 적응증을 포함)

임상시험용 의료기기의 정보 및 해당 기기의 성능에 따른 사용 목적, 대상 질환 등을 기재한다.

임상적으로 유의한 허혈성 심장 질환(관상동맥 혈관조영술>70% Diameter Stenosis 혹은 50% 이상이면서 객관적인 허혈의 증거 동반 혹은 분획혈류예비량(FFR, Fractional Flow Reserve)<0.8)이 있는 환자에서 성공적인 관상동맥 중재시술을 위해 사용한다.

8) 대상자의 선정기준, 제외기준, 인원 및 근거(임상시험용 의료기기의 적용 대상이 되거나 대조군에 포함되어 임상시험에 참여하는 사람)

가) 대상자의 선정 기준, 제외 기준, 인원 및 근거

선정 기준에서는 결과를 일반화 할 수 있는 개입의 효과가 잘 나타날 수 있는 군과 순응도가 높은 대상을 선정한다. 제외기준에서는 취약한 대상자나 위해한 반응이 발생될 대상자는 제외하고, 유효성이나 안전성에 영향을 주는 약물이나 치료를 받은 경우도 고려해야 한다. 대상자 스크리닝 당시 유효성이나 안전성에 영향을 주는 약물이나 치료를 받고 있지 않더라도 이전 약물이나 치료의 작용기간과 용량에 대해서도 면밀히 검토해야 한다. 나이(성인과 소아 등)와 성별 등 규제 요건을 확인하여야 한다.

대상자(Subject)란 임상시험에 참여하는 임상시험용 또는 대조시험용 의료기기의 적용 대상이 되는 사람을 말한다. 시험디자인에 적합한 구체적이고 엄격한 대상자의 선정 기준과 제외 기준을 제시하여야 한다. 이때 임상시험 참여와 관련한 이익에 대한 기대 또는 참여를 거부하는 경우 조직 위계상 상급자로부터 받게 될 불이익에 대한 우려가 자발적인 참여 결정에 영향을 줄 가능성이 있는 대상자(학생, 연구기관의 피고용인, 군인 등), 불치병에 걸린 사람, 노숙자, 미성년자 및 자유의사에 따른 동의를 할 수 없는 등 취약한 환경에 있는 대상자는 생명윤리법 제3조(기본원칙)에 따라 특별히 보호할 수 있는 추가 방안을 마련하여야 한다.

나) 대상자 수 : 임상시험 대상자 수 산출 시 일반적인 고려사항

임상시험에서 연구 대상자의 수는 연구 목적을 달성할 수 있을 정도로 충분한 수가 보장되어야 한다. 일반적으로 1차 유효성 평가변수를 기준으로 정해지고, 연구 계획서상에 정확한 연구 대상자 수의 결정 방법, 근거에 대한 기술이 포함되어야 한다. 그러나 최근의 임상연구에서는 연구가 점차 복잡해지고 다양한 연구 목적을 평가하기 위하여 1차 유효성 평가변수뿐만 아니라 안전성 평가변수 및 2차 유효성 평가변수, 1차 유효성 평가변수의 조합 등을 고려하여 수행하고 있다.

다) 목표 대상자 수 및 근거

연구 대상자 수를 결정하기 위해서는 사전 정보가 필요하며, 이때 여기에 포함되어야 할 필수 정보는 다음과 같다.

① 연구가설

② 유의 수준

③ 통계적 검정력 : 임상시험에서 사용하는 통계적 검정법에는 우월성 비교, 비열등성 또는 동등성 비교가 있다.

④ 사용될 통계적 분석 방법(즉, 연구디자인과도 관련)

⑤ 선행연구 또는 문헌 리뷰를 통한 예상되는 효과 차이 및 표준편차 : 대상자 수는 임상시험 방법에 따라 "의료기기 임상시험 관련 통계기법 가이드라인"을 적용한다.

라) 연구 대상자 수 산출 예시

① 개요

㉮ 시험군 : 표준치료+아르곤 플라즈마 치료기기

㉯ 대조군 : 표준치료+아르곤 가스 발생기기

㉰ 귀무가설 : 표준치료와 아르곤 플라즈마 치료기기 병용치료 시 표준치료와 아르곤가스 발생기기에 비해 궤양 내 세균 colonization 감소율이 30% 차이가 없다.

㉱ 대립가설 : 표준치료와 아르곤 플라즈마 치료기기 병용치료 시 표준치료와 아르곤가스 발생기기에 비해 궤양내 세균 colonization 감소율이 30% 차이가 난다.

② 근거 : 기존 연구 논문 “Isbary, G.etal.(2010) A first prospective randomized controlled trial to decrease bacterial load using cold atmospheric argon plasma on chronic wounds in patients.”에 따르면 플라즈마 병용 치료 시 세균 colonization의 감소율이 약 30% 유의한 차이를 보였다. 이에, 본 연구에서도 colonization의 감소율이 약 30% 정도로 유의한 차이를 보일 것이라고 가정하고 감소율의 중앙값의 비교 검정으로, 표본의 정규성 가정이 성립되지 않기 때문에 비모수적 검정 방법인 Mann-Whitney U test를 고려하였다.

③ 다만 Lehmann, E.L.(2006) Nonparmetrics : Statistical methods based on ranks. New York : Springer의 independent two sample t test를 고려한 표본의 수를 산출 후 점근 상대효율성인 ARE(Asymptotic Relative Efficiency)=0.864를 보정하여 Mann-Whitney U test에서의 표본의 수를 산출하였다.

④ 1종 오류 0.05(유의수준 5%), 검정력 80% 했을 때 산출 공식은 다음과 같다.

$$t\ test\ sample\ size(N) = \frac{[2(Z_\alpha + Z_\beta)^2\sigma^2]}{\sigma^2}$$

$$U test\ sample\ size(Nmw) = \frac{N}{0.864}$$

$$U test\ sample\ size = 38$$

δ : 시험군과 대조군의 세균 colonization의 감소율 차이
σ : 시험군과 대조군의 median change% 표준편차
α : 유의수준
β : 검정력

여기서 탈락률 10% 고려하면 38=n−n×10%, n=43

⑤ 최종적으로 각 군당 43명씩 필요하므로 총 86명의 대상자가 필요하다. 승인을 위한 임상시험계획서 작성 시에는 해당 임상시험 목적을 기반으로 타당한 수치값(근거문헌 제출)을 사용하여 산출하여야 한다.

⑥ 추가적으로, 중국과 같은 타 국가의 허가 등을 목표로 하는 경우 각 나라별 규정에 따라 또는 ISO와 같은 국제기준에 따라 필요로 되는 대상자 수가 특정되는 경우가 있으니 임상시험의 목적에 따라 대상자 수에 대한 요구사항을 파악해야 한다.

9) 임상시험 기간

임상시험 기간은 연구 시작점과 종료 시점을 연구계획서에 기입하며 임상시험 절차도에 따른 소요 일정을 예상하여 기재한다. 이때, 대상자에게 수행되는 실제 임상시험 이외에 임상시험 수행 완료 이후 자료 통계처리 및 임상시험 결과보고서 작성 기간도 포함해야 한다.

- 식약처 승인 대상의 임상시험 경우 : 식품의약품안전처 승인 후 3년
- 식약처 승인 대상이 아닌 임상시험 경우 : 임상시험심사위원회(IRB) 승인 후 3년
  - 대상자 모집기간 : 20개월
  - 추적관찰기간 : 12개월
  - 데이터 관리, 통계처리 및 결과보고서 작성 기간 : 4개월

10) 임상시험 방법

임상시험 방법은 해당 의료기기의 각 구성품에 대한 형상, 구조 및 사용 전 준비사항/대상자에 대한 준비 등 임상시험을 위한 준비절차와 사용 단계 절차의 각 단계별 조작 순서, 병용요법 등을 기술하며, 임상시험을 위한 대상자 동의 및 준비, 치료 및 수술 절차, 관찰 및 평가 절차 등을 상세히 기술한다. 또한 임상시험 설계방법도 기재하는데, 이때 임상시험디자인에서 많이 사용되는 설계 방법에 대한 내용을 참고하여 선택하고 그 외 임상시험의 목적에 따라 디자인을 사용할 수도 있다. 대상자 배정과 처리 할당에 있어 편향(bias)을 줄이기 위한 무작위배정과 눈가림 전략이 잘 포함되어야 한다.

임상시험용 의료기기 및 대조기기 정보

1. 시험방법
   - 스크리닝 : 해당 질환의 환자 중 전문의 소견에 따라 임상시험용 의료기기가 치료에 적합하다고 판단하였을 경우 스크리닝 대상이 된다.
   - 대상자 동의 및 준비 : 임상시험 참여에 따른 이익과 위험에 대해 충분히 설명을 듣고 자의로 임상시험 동의서에 서명한 대상자는 스크리닝 시 시행해야 하는 검사들을 받게 되며, 최종적으로 대상자 선정/제외 기준을 만족시키는 대상자가 본 임상시험에 등록된다.
   - 인구학적 조사, 병력조사 : 임상시험에 들어가기 전에 대상자의 인구학적 조사 및 병력 등에 대하여 면담, 차트 확인 및 질문 등을 통하여 점검하고 증례기록서에 기록한다.
     - 인구학적 정보
     - 신체 및 활력징후
     - 병력 조사
     - 병용약물/요법 조사
   - 치료 수술 절차(방법) : 대상자마다 적용될 의료기기의 종류는 최종 등록 후 시술 전에 무작위 배정을 통해 정해지며, 시술 전, 시술과정, 시술 후 절차에 대해 자세히 기록한다.
   - 임상적 평가 : 1차와 2차 유효성 평가와 관련된 목록을 작성하며 관찰 시기를 표기한다.

- 이상사례 조사 : 시험자는 임상시험에 사용되는 의료기기 사용 후 나타나는 이상사례 여부를 방문일마다 대상자에 대한 진찰 및 검사결과 또는 대상자의 보고를 통해 수집하고, 임상시험용 의료기기와의 인과관계, 중증도, 처치, 처치 후 결과 등에 대하여 증례 기록서에 내용을 기록한다.
- 관찰항목 : 각 관찰항목에 대한 평가도구 및 평가 방법에 대한 자세한 내용을 기재한다.

2. 설계 방법
   - 시험군 또는 대조군 설정
   - 무작위배정 방법
   - 눈가림(단일눈가림 또는 이중눈가림)
   - 비교임상(또는 단일군 임상)

11) 관찰 항목, 임상검사 항목 및 관찰검사 방법

임상 시험 기간 관찰해야 하는 항목들을 나열한다. 임상시험 시술 전 대상자 선정 과정에서 확인해야 할 사항, 임상검사, 대상자 동의서 유무, 대상자 기초정보, 병력 조사, 선정 및 제외 기준, 식별코드 부여 등에 대해서 기술하며, 임상시험 중 대상자의 방문일에 따른 관찰시기별 관찰 항목, 임상검사 항목과 관찰검사 방법 등을 명시한다. 또한, 임상시험 종료 시까지 매 방문별 이상사례 확인에 관해 기술한다.

참고 ㉠ 관찰 항목, 임상검사 항목 일정표

〈표 4-4〉 관찰항목 및 임상검사 항목 일정표 예시

방문일(방문 허용 기간)	스크리닝	시술일	추적조사		
			1개월 ±2주	6개월 ±1개월	1년 ±1개월
연구 설명 및 동의 취득	X				
선정/제외 기준 확인	X				
인구학적 정보 및 병력 조사	X				
활력징후	X	X	X	X	X
심전도(12 lead ECG)	X	X		X	X
관상동맥혈관 촬영 (CAG, Coronary angiogram)	X	X		X	X
임상시험기기 시술		X			
혈관 내부 이미징(Intravascular imaging)	X	X		X	
혈액검사	X	X			
공복 혈당(Fasting glucose level)	X				
소변검사 : 임신검사(해당되는 경우)	X				
이상사례 확인	X	X	X	X	X
병용약물/병용요법 확인	X	X	X	X	X

12) 예측되는 부작용 및 사용 시 주의사항

예측되는 부작용은 모두 작성한다. 이때 임상시험 관련자 등이 이해하기 쉽게 작성한다.

13) 중지·탈락 기준

부작용, 이상사례 발생 등으로 인하여 임상시험을 진행할 수 없거나 임상시험 진행이 대상자의 안전보호를 위협하여 그 진행을 멈추는 것을 "중지"라 한다. 임상시험 개시에서 완료까지 중지될 수 있는 세부사항을 "중지 기준"에 제시한다. "중지 처리"에는 각 중지 기준에 대한 유효성 평가 통계처리 시 그 산입 여부와 대상자별 중지 사유를 포함한 관련 임상시험 자료의 처리 방법을 제시한다. "탈락"이란 대상자의 요구 또는 중대한 임상시험 계획서 위반 등의 이유로 임상시험이 완료되지 못한 경우를 말한다. 그 분류 기준을 "탈락 기준"에, 탈락의 사유와 관련 임상자료의 처리 방법을 "탈락 처리"에 구체적으로 제시한다.

연구에 등록된 각 대상자는 요구되는 추적 기간이 완료될 때까지 연구에 포함되어 있어야 한다. 하지만 모든 대상자는 중도에 연구 참여를 철회할 권리가 있으며, 이로 인해 불이익이나 손해를 보지 않는다. 시험자는 의학적으로 필요하다고 판단될 경우 대상자에 대한 연구를 중단할 수 있어야 한다. 이상사례 발생 등으로 인하여 임상시험을 진행할 수 없거나 임상시험 진행이 대상자의 안전보호를 위협한다고 판단되는 경우 시험자는 연구를 중지할 수 있다. 대상자의 요구 또는 중대한 임상시험 계획서 위반 등의 이유로 임상시험이 완료되지 못한 경우 탈락 처리된다.

만약 연구 도중에 대상자에 대한 추적 관찰이 중단되었을 때는 그에 대한 사유 및 자료를 기록하여 Coordinating Center에 알리도록 한다. 예를 들어, 6개월 추적 관상동맥혈관 조영술을 시행하기 전에 연구가 중지되거나 혹은 대상자가 탈락하면 해당되는 시점의 유효성 평가 변수에 대해서는 평가할 수 없다.

14) 유효성의 평가기준, 평가 방법 및 해석 방법

해당 의료기기의 임상시험에 따른 성능(유효성)평가는 사용된 모든 의료기기를 대상으로 실시하며, 1차 유효성 평가변수의 근거가 되는 성능평가 기준을 제시한다. 그 밖에 임상시험결과의 사용 범위에 따른 성능평가를 위해 2차 유효성 평가변수를 제시하여 각 임상검사항목 및 검사 방법에 대한 기준을 제시한다.

① 성능평가 방법 : 임상시험 기간 동안 1·2차 유효성 평가변수에 대한 시험군과 대조군 간의 비교분석 방법을 통계적으로 타당하게 제시한다.

② 통계분석에 의한 평가 방법 : 통계분석 방법에 따른 통계적 유의성에 대해 평가 방법과 기준을 제시한다. 기관에 따라 임상시험 결과에 차이가 있는지에 대한 여부를 분석해야 하며, 기관에 따른 영향력 차이를 보정할 수 있는 경우는 이를 반영하여 분석 결과를 제시해야 한다.

15) 부작용을 포함한 안전성의 평가기준, 평가 방법 및 보고 방법

이상사례(의료기기이상반응, 중대한 이상 사례 포함)가 발생하면 「의료기기법 시행규칙」 [별표 3] 의료기기 임상시험 관리기준 제8조 임상시험 의뢰자 러목 의료기기이상반응의 보고에 의거하여 정한 기간 내에 가능한 한 신속하게 보고해야 한다. 이상사례 등에 대한 의학적 소견, 정도와 임상시험용 의료기기와의 인과관계를 평가하여 증례기록서에 기록해야 한다. 따라서 이상사례에 대한 임상시험용 의료기기와의 인과관계에 대한 평가기준을 제시해야 한다.

이상사례는 임상시험 중 대상자에게 발생하는 바람직하지 않고 의도되지 않은 징후, 증상, 질병을 말하며, 의료기기와 반드시 인과관계를 가져야 하는 것은 아니다. 중대한 이상사례, 의료기기이상반응이란 임상시험에 사용되는 의료기기로 인하여 발생되는 이상사례 또는 의료기기이상반응 중 다음 사항에 해당하는 경우를 말한다.

① 사망하거나 생명에 대한 위험이 발생한 경우
② 입원할 필요가 있거나 입원 기간을 연장할 필요가 있는 경우
③ 영구적이거나 중대한 장애 및 기능 저하를 가져온 경우
④ 태아에게 기형 또는 이상이 발생한 경우
⑤ 의학적으로 중요한 상황이 발생하는 사례(계획서에 정의된 경우)

〈표 4-5〉 이상사례 평가 및 보고방법 예시

항목	평가 및 보고방법
중증도	• 경증 : 정상적인 일상생활(기능)을 저해하지 않고, 최소한의 불편을 야기하며 대상자가 쉽게 견딜 수 있는 경우 • 중등증 : 정상적인 일상생활(기능)을 유의하게 저해하는 불편을 야기하는 경우 • 중증 : 정상적인 일상생활(기능)을 불가능하게 하는 경우
인과관계	• 관련성이 명백함 - 의료기기를 사용하였다는 증거가 있는 경우 - 의료기기의 사용과 이상사례 발현의 시간적 순서가 타당한 경우 - 이상사례가 다른 어떤 이유보다 의료기기 사용으로 가장 개연성 있게 설명되는 경우 - 사용 중단으로 이상사례가 사라지는 경우 - 재사용(가능한 경우에만 실시) 결과가 양성인 경우 - 이상사례가 의료기기에 대하여 이미 알려져 있는 정보와 일관된 양상을 보이는 경우 • 관련성이 많음 - 의료기기를 사용했다는 증거가 있는 경우 - 의료기기의 사용과 이상사례 발현의 시간적 순서가 타당한 경우 - 이상사례가 다른 원인보다 의료기기 사용으로 더욱 개연성 있게 설명되는 경우 - 사용 중단으로 이상사례가 사라지는 경우 • 관련성이 의심됨 - 의료기기를 사용했다는 증거가 있는 경우 - 의료기기 사용과 이상사례 발현의 시간적 순서가 타당한 경우 - 이상사례가 다른 가능성 있는 원인들과 같은 수준으로 의료기기의 사용에 기인한다고 판단되는 경우 - 사용 중단으로(실시된 경우) 이상사례가 사라지는 경우 • 관련성이 적음 - 의료기기를 사용했다는 증거가 있는 경우 - 이상사례에 대하여 보다 가능성 있는 다른 원인이 있는 경우 - 사용 중단 결과(실시된 경우)가 음성이거나 모호한 경우 • 관련성이 없음 - 의료기기를 사용했다는 증거가 없는 경우 - 이상사례에 대하여 다른 명백한 원인이 있는 경우 - 사용 중단 결과(실시된 경우) 이상사례가 사라지지 않는 경우 • 평가 불가능 : 정보가 불충분하거나 상충되고, 이를 보완하거나 확인할 수 없는 경우

항목	평가 및 보고방법
치료	• 의료기기 - 취해진 조치 없음 - 사용량 감소 : 강도/횟수 - 사용 중단 : 일시/영구 • 의료기기 이외의 치료 - 없음 - 있음 : 약물/비약물
경과	• 회복, 후유증 없음 • 회복, 후유증 있음 • 이상사례 지속 • 사망 • 추적관찰 실패

16) 대상자동의서 서식

시험책임자는 「의료기기법 시행규칙」 제24조제1항제4호의 규정에 따라 임상시험을 시작하기 전에 대상자로부터 동의를 받고 이를 문서화할 때 헬싱키 선언에 근거한 윤리적 원칙과 이 기준을 준수해야 한다. 대상자에게 주어지는 동의서 서식, 대상자 설명서 및 그 밖의 문서화된 정보는 심사위원회의 승인을 받아야 한다. 대상자 동의와 관련한 준수사항은 「의료기기법 시행규칙」 [별표 3] 의료기기 임상시험 관리기준 제7조 시험자 아목(대상자 동의)에서 정하고 있는데, 이에 따른 대상자 동의서 서식을 제시해야 하며, 대상자 설명서에는 다음의 사항을 포함해야 한다.

대상자 동의서 서식에는 다음의 내용이 반드시 포함되어야 한다.

① 임상시험은 연구 목적으로 수행된다는 사실

② 임상시험의 목적

③ 임상시험용 의료기기에 관한 정보 및 시험군 또는 대조군에 무작위배정될 확률

④ 침습적 시술을 포함하여 임상시험에서 대상자가 받게 될 각종 검사나 절차

⑤ 대상자가 준수해야 할 사항

⑥ 검증되지 않은 임상시험이라는 사실

⑦ 대상자(임부를 대상으로 하는 경우에는 태아를 포함하며, 수유부를 대상으로 하는 경우에는 영유아를 포함한다)에게 미칠 것으로 예상되는 위험이나 불편

⑧ 기대되는 이익이 있거나 대상자에게 기대되는 이익이 없을 경우 그 사실

⑨ 대상자가 선택할 수 있는 다른 치료 방법이나 종류 및 그 치료 방법의 잠재적 위험과 이익

⑩ 임상시험과 관련한 손상이 발생하였을 경우 대상자에게 주어질 보상이나 치료 방법

⑪ 대상자가 임상시험에 참여함으로써 받게 될 금전적 보상이 있는 경우 예상 금액 및 이 금액이 임상시험 참여의 정도나 기간에 따라 조정될 것이란 내용

⑫ 임상시험에 참여함으로써 대상자에게 예상되는 비용

⑬ 대상자의 임상시험 참여 여부 결정은 자발적이어야 하며, 대상자가 원래 받을 수 있는 이익에 대한 손실 없이 임상시험 참여를 거부하거나 임상시험 도중 언제라도 참여를 포기할 수 있다는 사실
⑭ 제8호 항목에 따른 모니터요원, 점검을 실시하는 자, 심사위원회 및 식약처장이 관계 법령에 따라 임상시험의 실시 절차와 자료의 품질을 검증하기 위하여 대상자의 신상에 관한 비밀이 보호되는 범위에서 대상자의 의무기록을 열람할 수 있다는 사실과 대상자 또는 대상자의 대리인의 동의서 서명이 이러한 자료의 열람을 허용하게 된다는 사실
⑮ 대상자의 신상을 파악할 수 있는 기록은 비밀로 보호될 것이며, 임상시험의 결과가 출판될 경우 대상자의 신상은 비밀로 보호될 것이라는 사실
⑯ 대상자의 임상시험 계속 참여 여부에 영향을 줄 수 있는 새로운 정보를 취득하면 적시에 대상자 또는 대상자의 대리인에게 알릴 것이라는 사실
⑰ 임상시험과 대상자의 권익에 관하여 추가적인 정보를 얻고자 하거나 임상시험과 관련 있는 손상이 발생한 경우에 연락해야 하는 사람
⑱ 임상시험 도중 대상자의 임상시험 참여가 중지되는 경우 및 그 사유
⑲ 대상자의 임상시험 예상 참여기간
⑳ 임상시험에 참여하는 대략의 대상자 수

17) 피해자보상에 대한 규약

임상시험과 관련하여 발생한 손상에 대한 대상자의 치료비 및 치료방법 등을 제공하는 원칙과 절차를 수립하여 제시한다. 피해자 보상에 대한 규약은 보상 원칙과, 보상이 되지 않는 경우에 대한 원칙, 보상 수준에 대한 기준을 포함한다. 이 규약에는 대상자 보상 사유, 보상 요건, 보상 제외 사유, 보상 기준, 보상 절차, 적용 범위 등을 작성해야 한다.

> 임상시험에 참여함으로써 예측 가능한 기존질환의 진행에 따른 부작용이나 합병증이 발생할 경우 이에 대한 치료에 있어 별도의 보상을 제공하지 않는다. 하지만 임상시험용 의료기기가 직접적 원인이 되어 대상자에게 손상이 발생하여 응급조치가 필요한 경우 의뢰자가 가입한 보험에 의해 보상한다. 본 임상시험과 관련 없는 부작용이 발생한 경우에도 해당 과와의 긴밀한 협조를 통하여 신속한 검사와 처치를 시행한다.

18) 임상시험 후 대상자의 진료에 관한 사항

임상시험이 종료된 후 대상자에게 부작용 및 이상사례 등이 발생하는 경우 임상시험용 의료기기와의 인과관계에 따라 제공하는 보상 및 치료방법 등의 원칙과 절차를 수립하여 제시한다.

> 본 임상시험이 종료된 후 대상자에 대한 이후의 진료에 대하여 병원에서 진행하던 치료절차가 임상시험 참여 전과 다름없이 진행되며, 이후의 치료비는 대상자가 지불하여야 한다.

19) 대상자의 안전보호에 관한 대책

대상자의 안전보호를 위한 임상시험기관 및 임상시험심사위원회, 시험책임자 및 시험자, 의뢰자, 모니터요원 등의 의무사항을 정하여 제시한다.

- 임상시험기관
  - 임상시험기관의 장은 해당 임상시험의 실시에 필요한 임상시험실, 설비와 전문 인력을 갖추어야 하고, 긴급 시 필요한 조치를 취할 수 있도록 하는 등 해당 임상시험을 적절하게 실시할 수 있도록 하여야 한다.
- 임상시험심사위원회
  - 임상시험심사위원회(IRB)는 국내 법규/관례에 따라 구성되어 있어야 한다. 임상시험심사위원회(IRB)는 대상자의 권리, 안전, 복지를 보호해야 하며, 취약한 환경에 있는 대상자가 임상시험에 참여하는 경우에는 그 이유의 타당성을 면밀히 검토하여야 한다.
  - 임상시험심사위원회(IRB)는 임무를 수행할 때 대상자의 시험참가 동의를 적절하게 얻지 않았거나 임상시험이 임상시험계획서에 따라 진행되지 않은 경우 또는 중대한 이상사례/의료기기이상반응이 나타난 경우에는 임상시험의 일부 또는 전부에 대하여 중지 명령 등 필요한 조치를 시험책임자에게 해야 한다.
- 시험자
  - 시험자(Investigator)는 시험책임자, 시험담당자, 임상시험조정자를 말한다. 시험자는 의뢰자와 합의되고 임상시험심사위원회 및 식품의약품 안전처장의 승인을 득한 임상시험 계획서를 준수하여 임상시험을 실시하여야 한다.
  - 시험자는 임상시험 중 또는 임상시험 이후에도 임상적으로 의미 있는 실험실적 검사치의 이상을 포함하여 임상시험에서 발생한 모든 이상사례에 대해 대상자가 적절한 의학적 처치를 받을 수 있도록 조치해야 한다. 또한 시험자가 알게 된 대상자의 병발질환에 대해 의학적 처치가 필요한 경우 이를 대상자에게 알려야 한다.
  - 시험자는 임상시험계획을 정확히 분석 및 숙지하고, 대상 대상자의 문제점에 적극적으로 대응한다.
- 의뢰자
  - 임상연구의 계획, 관리, 재정 등에 관련된 책임을 갖고 있는 자로 통상의료기기 임상시험의 경우 의료기기 제조업자(수입자를 포함한다)를 말한다.
  - 임상시험 대상, 시험 방법, 증례보고서의 서식과 내용 등이 임상시험 계획서의 절차에 따라 이루어지도록 해야 한다.
  - 의뢰자의 점검 계획과 절차는 임상시험의 중요도, 대상자 수, 임상시험의 종류와 복잡성, 대상자에게 미칠 수 있는 잠재적인 위험의 정도 및 이미 확인된 임상시험 실시상의 문제점 등에 따라 결정되어야 한다.
- 모니터링
  - 모니터링(Monitoring)은 임상시험 진행 과정을 감독하고, 해당 임상시험이 임상시험 계획서, 표준작업지침서, 임상시험 실시기준 및 관련 규정에 따라 실시, 기록되는지 여부를 검토, 확인하는 활동을 말한다.
  - 임상시험에 대한 모니터링은 임상시험 모니터요원의 정기적인 임상시험기관 방문과 전화 등을 통해 이루어질 것이다. 모니터요원은 방문 시 환자기록 원본, 임상시험용 의료기기 관리 기록, 자료보관(연구파일) 등을 확인한다.
  - 또한, 임상시험 모니터요원은 임상시험 진행 과정을 잘 살피고, 문제가 있을 경우 시험자와 상의한다.
- 임상시험계획서 변경
  - 임상시험계획서를 임상시험심사위원회 및 식약처장으로부터 승인받은 후, 시험절차가 광범위해지거나 위험도가 높아지거나 대상자 선정기준에 변화가 있거나 추가적인 안전성 정보로 인해 임상시험계획서를 변경하는 경우에는 임상시험심사위원회 및 식약처장의 승인을 받아야 한다.
  - 임상시험계획서를 수정할 때에는 개정 일자, 개정 이유, 개정 내용 등을 기록하여 보관해야 한다.
  - 시험자는 임상시험심사위원회(IRB) 및 식약처장의 변경승인 이전에는 계획서와 다르게 임상시험을 실시하여서는 안 된다. 다만, 대상자에게 발생한 즉각적 위험 요소의 제거가 필요한 경우 또는 의료기기 임상시험 관리기준(KGCP) 제6호가목10)라)에 따른 임상시험계획서의 사소한 변경의 경우를 제외한다. 임상시험심사위원회(IRB)의 승인을 얻기 전에 이러한 임상시험 계획서의 변경을 적용하는 경우, 가능한 한 빨리 변경에 대하여 임상시험심사위원회(IRB)(사후검토 승인을 위하여), 의뢰자, 식약처장에게 알려야 한다. 그리고 임상시험심사위원회(IRB) 위원장이나 간사가 승인한 문서를 의뢰자에게 보내야 한다.

- 대상자 동의
  - 대상자 동의(Informed Consent)는 대상자가 임상시험 참여 유무를 결정하기 전에 대상자를 위한 설명서를 통해 해당 임상시험과 관련된 모든 정보를 제공받고, 서명과 서명 날짜가 포함된 문서를 통해 본인이 자발적으로 임상시험에 참여함을 확인하는 절차를 말한다.
  - 대상자 본인 또는 대리인이 동의서 서식, 대상자 설명서 및 기타 문서화된 정보를 읽을 수 없는 경우에는 공정한 입회자가 동의를 얻는 전 과정에 참석해야 한다.
  - 시험자는 대상자 또는 대리인이 동의하기 전에 임상시험의 세부 사항에 대해 질문하고 해당 임상시험의 참여 여부를 결정할 수 있도록 충분한 시간과 기회를 주어야 하며, 모든 임상시험 관련 질문에 대해 대상자 또는 대리인이 만족할 수 있도록 대답해야 한다.
- 대상자 기록의 비밀보장
  - 대상자의 신원을 파악할 수 있는 기록은 비밀로 보장될 것이며, 임상 시험의 결과가 출판될 경우에도 대상자의 신원을 비밀 상태로 유지한다.
  - 본 임상시험에 관련된 의뢰자, 모니터 및 점검자는 본 임상시험의 모니터링과 점검 및 진행사항 관리를 위한 목적으로 대상자의 기록을 열람할 수 있다. 시험자는 본 임상시험 계획서에 서명함으로써, 국내 법규와 윤리적 측면에서 임상시험 의뢰자 또는 모니터 및 점검자가 대상자의 차트와 증례기록서 기록을 검증하기 위하여 해당 문서를 검토하거나 복사할 수도 있음을 인정한다. 이러한 정보들은 기밀로 보관되어야 한다.
  - 증례기록서 등 임상시험에 관련된 모든 서류에는 대상자 이름이 아닌 대상자 식별코드(일반적으로 대상자 이니셜)로 기록하고 구분한다.
- 기록 보존
  - 임상시험 실시와 관련된 각종 자료 및 기록을 잘 보존해야 하며 보안을 유지하도록 한다. 임상시험 결과보고서 작성 완료 이후에는 임상시험 관련 문서를 허가를 목적으로 한 임상시험의 경우는 허가일로부터 3년, 그 밖의 임상시험 관련 자료는 임상시험 종료일로부터 3년간 보존하도록 한다.

20) 그 밖에 임상시험을 안전하고 과학적으로 실시하기 위하여 필요한 사항

임상시험을 안전하고 과학적으로 실시하기 위하여 그 밖에 필요한 서류인 증례기록서(CRF, Case Report Form), 의뢰자와 임상시험기관의 장과의 계약서, 시험책임자의 이력사항 및 임상시험용 의료기기의 사용 및 관리, 임상시험에 사용되는 의료기기의 공급과 취급에 관한 사항 등을 추가로 확보한 사항을 제시한다.

1. 임상시험용 의료기기의 사용 및 관리
   - 임상시험용 의료기기는 해당 임상시험기관의 장이 지정한 자가 관리한다. 임상시험용 의료기기는 기재사항에 기술되어 있는 대로 취급, 저장하며 「의료기기법 시행규칙」 제43조 첨부문서의 기재사항에 따라 하기 문구가 있어야 한다.
     - "임상시험용"이라는 표시
     - 제품명 및 모델명
     - 제조번호 및 제조연월일(사용기한이 있는 경우에는 사용기한으로 적을 수 있다.)
     - 보관(저장) 방법
     - 제조업자 또는 수입업자의 상호(위탁제조 또는 수입의 경우에는 제조원과 국가명을 포함한다.)
     - "임상시험용 외의 목적으로 사용할 수 없음"이라는 표시
   - 임상시험용 의료기기 관리자는 임상시험에 사용되는 의료기기에 대해 인수, 재고관리, 반납 등의 업무를 수행하고 관련 기록을 유지하여야 한다.
2. 임상시험용 의료기기의 공급과 취급
   - 의뢰자는 임상시험계획서에 대한 심사위원회와 식약처장의 승인을 얻기 이전에는 임상시험용 의료기기를 관리자 등에게 공급해서는 아니 된다.

- 의뢰자는 관리자 등이 임상시험용 의료기기를 취급하고 보관하는 방법에 대해 문서화된 절차를 가지고 있어야 하며, 이 절차에는 적절하고 안전한 인수, 취급, 보관, 미사용 임상시험용 의료기기의 대상자로부터의 반납 및 의뢰자에 대한 반납 등에 대한 방법이 포함된다.
- 임상시험용 의료기기는 적시에 공급해야 하며, 임상시험기관으로의 공급, 임상시험 기관의 인수, 임상시험기관의 반납 및 폐기에 관한 기록을 유지해야 한다.
- 의뢰자는 임상시험용 의료기기의 고장 등의 문제 또는 임상시험 종료나 사용기간 만료 등에 의한 임상시험용 의료기기의 회수체계를 확립하고 이를 문서화해야 한다.

나. 대상자 동의서(Informed Consent Form) 작성

임상시험에서 대상자의 권리를 보호하는 중요한 방법 중 하나가 대상자 동의 과정이다. 대상자가 자발적으로 임상시험에 참여하겠다는 의지를 확인하기 위해 임상시험 참여에 영향을 미칠 수 있는 모든 정보를 대상자설명서를 통해 제공해야 한다. 대상자가 자필로 작성한 서명과 날짜가 포함된 동의서를 통해 본인이 자발적으로 임상시험에 참여함을 확인하게 된다.

서면동의서에 포함되어야 하는 3가지 필수적 요소는 다음과 같다.

① 정보 : 임상시험에 대한 충분한 정보 제공

② 이해 : 대상자의 이해

③ 자발성 : 스스로 연구 참여 결정

대상자 동의의 일반적 요건은 다음과 같다.

① 시험자는 연구를 시작하기 전에 임상시험심사위원회(IRB)로부터 대상자에게 제공될 설명서 및 동의서, 기타 문서화된 정보의 사전 서면승인을 받아야 한다.

② 시험자는 기관의 표준작업지침서에 따라 임상시험심사위원회(IRB) 승인 직인이 찍힌 동의서 등을 대상자 또는 대상자의 대리인에게 제공하여야 하며, 대상자(또는 대리인)와 동의를 받은 시험책임자(또는 시험책임자의 위임을 받은 자)는 동의서 서식에 서명하고, 자필로 해당 날짜를 기재하여야 한다.

③ 시험자는 서명된 동의서를 보관해야 하며, 사본을 대상자(또는 대리인)에게 제공해야 한다.

④ 동의서를 받는 과정에서 시험자는 대상자 또는 대리인에게 강제나 부당한 영향을 미치지 않아야 하며, 대상자 또는 대리인이 연구의 모든 정보를 이해할 수 있는 용어 및 언어로 작성된 동의서 등을 제공하여 설명하고 질문에 대하여 대답한 후 충분히 생각할 기회를 제공하여 동의를 얻어야 한다.

대상자 동의서에는 대상자 또는 대리인의 법적 권리 포기나 제한, 시험자/의뢰자/기관 및 기관장의 과실 책임의 면제를 암시하는 내용이 포함되어서는 안 된다.

대상자의 동의에 영향을 줄 수 있는 새로운 연구 관련 정보가 수집되면 동의서 서식, 대상자 설명서 및 기타 문서화된 정보는 이에 따라 수정되어야 하며, 사용 전에 반드시 위원회의 승인을 받아야 한다.

대상자의 지속적인 연구 참여 의지에 영향을 줄 경우 연구 책임자는 대상자 또는 대리인에게 즉시 알리고, 이러한 고지와 관련된 모든 사항을 문서화해야 한다.

대상자 또는 대리인이 동의서 등을 읽을 수 없는 경우에는 공정한 입회자가 동의를 얻는 전 과정에 참석하여야 한다.

임상시험 실시 도중 대상자 설명문 등이 변경되면 재동의를 받아야 한다. 임상시험 실시 도중 동의서 서식이 변경되거나, 대상자에게 제공된 문서 정보의 변경이 있는 경우에는 변경일 기준 다음 방문일에 변경 내용을 대상자에게 충분히 설명하고, 시험책임자(또는 시험담당의사)와 대상자는 변경동의서에 서명하고 해당 날짜를 자필로 적어야 한다.

취약한 환경에 있는 대상자란 임상시험 참여와 관련한 이익에 대한 기대 또는 참여를 거부하는 경우 조직 위계상 상급자로부터 받게 될 불이익에 대한 우려가 자발적인 참여 결정에 영향을 줄 가능성이 있는 대상자(의과대학 · 한의과대학 · 약학대학 · 치과대학 · 간호대학의 학생, 의료기관, 연구소의 근무자, 제약회사의 직원, 군인 등을 말한다), 불치병에 걸린 사람, 「의료기기법 시행규칙」 제22조에 따른 집단시설에 수용되어 있는 사람, 실업자, 빈곤자, 응급상황에 처한 환자, 소수 인종, 부랑인, 노숙자, 난민, 미성년자 및 자유 의지에 따른 동의를 할 수 없는 대상자를 말한다. 또한, 취약한 환경에 있는 대상자는 「생명윤리법」 제3조(기본원칙)에 따라 특별히 보호할 수 있는 추가 방안을 마련하여야 한다.

대상자의 대리인이란 대상자를 대신하여 대상자의 임상시험 참여 유무에 대한 결정을 내릴 수 있는 사람을 말한다.

입회자란 해당 임상연구와는 무관하고, 임상연구에 관련된 자들에 의해 부당하게 영향을 받지 않을 수 있는 자로서, 대상자나 대상자의 대리인이 문맹인 경우 동의 과정에 입회하여 동의서 및 대상자에게 제공되는 모든 서면정보를 대신하여 읽게 되는 자를 일컫는다. 대상자 또는 대상자의 대리인이 동의서 서식, 대상자 설명서 및 그 밖의 문서화된 정보를 읽을 수 없는 경우, 입회자가 동의를 얻는 전 과정에 참석해야 한다. 시험책임자 또는 시험책임자의 위임을 받은 자는 동의서 서식, 대상자 설명서 및 그 밖의 문서화된 정보를 대상자 또는 대상자의 대리인에게 읽어주고 설명해야 한다. 대상자 또는 대상자의 대리인은 대상자의 임상시험 참여를 구두로 동의하고, 가능하다면 동의서에 자필로 서명하고 해당 날짜를 적는다. 입회자가 동의서에 자필로 서명하고 해당 날짜를 적어야 한다. 입회자는 동의서에 서명하기 전에 동의서와 대상자 설명서 및 그 밖의 문서화된 정보가 정확하게 대상자나 대상자의 대리인에게 설명되었는지 여부, 이들이 해당 사실을 이해하였는지 여부 및 동의를 얻는 과정이 대상자가 대상자의 대리인의 자유의사에 따라 진행되었는지 여부를 확인해야 한다.

대상자의 이해능력이나 의사표현능력의 결여 등의 사유로 동의를 받을 수 없는 경우에는 대리인의 동의를 받을 수 있다. 이와 같은 경우에도 대상자는 대상자 자신이 이해할 수 있는 정도까지 임상시험에 관한 정보를 제공받아야 하며, 가능하다면 대상자는 동의서 서식에 서명하고 자필로 날짜를 기재해야 한다. 또한, 대리인이 대상자의 대리인임을 확인할 수 있는 근거자료 등을 확보하고, 대상자 동의 설명서 등에 대리인의 동의 사유를 구체적으로 기술할 것을 권장한다.

소아는 법적으로 동의를 제공할 수 없으므로, 소아나 미성년자가 연구에 참여할 때는 대상자의 동의 대신 소아의 승낙과 부모(또는 대상자의 대리인)의 허가가 필요하다. 그러나 소아가 법적으로 충분한 설명에 의한 동의를 할 수 없을지라도 연구 참여에 대한 동의나 이의를 제기할 능력이 있을 수 있으므로, 대상자가 이해할 수 있는 수준으로 연구에 관한 정보를 제공하여야 한다. 가능하다면 소아 대상자는 동의서 서식에 서명하고 자필로 날짜를 기재하는 등 승낙을 기록으로 반드시 남기도록 한다. 승낙이란 적극적인 동의의 표현으로서, 반대 의사를 밝혔거나, 반대 의사를 밝히지 않았더라도 확실히 동의하지 않은 경우에는 승낙하지 않은 것으로 간주된다. 소아 대상자의 연령에 따라 다음의 3가지 경우를 고려해 승낙을 받을 수 있다.

① 6세 이하의 소아의 경우, 이해할 수 있는 수준으로 구두 승낙을 얻도록 노력해야 하며 문서화된 승낙은 면제가 가능하다.

② 7세부터 12세 소아의 경우, 쉬운 언어로 기술된 승낙을 문서로 받도록 한다.

③ 13세 이상 소아의 경우, 시험자는 문서화된 동의 양식을 제공하여 승낙을 구해야 한다.

④ 일부 연구의 경우(예 청소년을 대상으로 한 성병 및 약물남용 등 연구, 아동학대나 방임에 관한 연구)에는 부모의 허가가 부적절한 경우도 있으므로 소아의 권리와 이익을 보호하기 위한 보완적인 절차를 고려해야 한다.

다. 증례기록서(CRF)

증례기록서는 임상시험 기간 동안 각 대상자들로부터 임상시험계획서에서 요구한 자료들을 기록하기 위해 사용되는 도구이다. 따라서 임상시험계획서에 기술된 절차에 따라 수집하고자 하는 자료들을 정확하고 적절하게 기록할 수 있도록 증례기록서를 디자인해야 한다. 증례기록서는 자료수집 과정을 표준화하고 의학, 통계, 관련 규정 및 데이터 관리를 위해 필요한 여러 요구사항을 만족시킬 수 있어야 한다. 증례기록서와 관련된 업무는 시험책임자에게 해당 업무를 위임받은 연구코디네이터의 업무 중 중요한 부분이며 임상시험 수행에서 주요한 요소이다.

증례기록서는 종이와 전자문서의 형태가 있다. 인쇄된 문서에 수기로 자료를 기록하는 종이 증례기록서는 기록과 관리 시 오류 및 분실이 발생할 위험이 있다. 최근에는 이러한 임상시험 종료 후 데이터베이스에 자료를 입력하여 작업시간과 절차에 대한 부담을 개선한 전자 증례기록서(e-CRF)로 대체되고 있다. 전자문서 형태의 증례기록서는 제공 회사의 전자 자료수집(EDC, Electronic Data Capture) 소프트웨어에 따라 사전에 제작된 형태가 다양하다. 시험자가 기관에서 인터넷을 통해 EDC 화면에 해당 자료를 입력하면 실시간으로 자료가 데이터베이스에 저장된다. 전자 증례기록서는 배포 및 회수가 빠르고 자료처리 속도가 빨라 전체 임상시험 기간을 단축함으로써 경쟁력을 가질 수 있다.

라. 임상시험자 자료집(Investigator's Brochure)

임상시험에 사용되는 의료기기의 개발 과정에서 수집된 임상 및 비임상 등의 관련 정보를 정리하여 시험자에게 제공하는 자료로, 제품 개발 경위부터 개발 과정에서 수행한 기기 관련 사항에 대한 정보를 가장 잘 알 수 있는 문서이다. 의뢰자는 임상시험에 사용되는 개발 의료기기의 특성을 이해하고 적절하게 사용할 수 있도록 해당 식약처, 임상시험 심사위원회(IRB), 시험책임자에게 임상시험자 자료집(IB)을 제공해야 하고, 임상시험 수행 중 기기 관련 정보가 변경되거나 새로운 사항이 발생한 경우 관련 내용을 갱신해야 한다.

임상시험자 자료집은 기기에 관한 가장 기본적이고도 중요한 자료이므로 임상시험 시작 시 연구 관련 인력 모두에게 제공되어야 한다. 이때 제공되는 자료는 거짓이 없어야 한다.

마. 시험자 모임(Investigator Meeting)

의뢰자가 주최하는 시험자 모임은 성공적인 임상시험 수행을 위해 중요한 절차 중 하나로, 시험자, 연구간호사, 의료기기 관리자, 의뢰자 측 시험담당자, CRO 담당자 등 연구에 관여하는 모든 인원이 참석한다. 이 모임을 통해 참석자들을 서로 소개하고 앞으로 진행될 임상시험을 전체적으로 검토하며 세부 절차들을 점검한다. 다기관 임상시험의 경우 대규모 행사로 한 곳에서 진행하기도 하고 지역별로 소규모로 나누어 개최할 수도 있다.

바. 임상시험 기본문서(Essential Document)

임상시험 기본문서는 임상시험의 수행과 그로부터 얻어진 자료의 품질에 대하여 개별적 또는 전체적인 평가가 가능하도록 해 주는 문서로서 시험자, 의뢰자 및 모니터요원이 「의료기기법 시행규칙」 제24조 및 [별표 3] 의료기기 임상시험 관리기준을 준수하였음을 입증하는 역할을 한다.

기본문서는 임상시험이 타당하게 수행되었고 수집된 자료가 정확함을 확인하기 위하여 의뢰자가 독립적으로 실시하는 점검 및 식품의약품안전처장이 실시하는 실태조사의 검토대상으로서 기본문서는 의뢰자의 점검과 식품의약품안전처장의 실태조사 시 제공되어야 한다.

기본문서는 「의료기기 임상시험 기본문서 관리에 관한 규정」(식약처 고시 제2016-115호) [별표] 임상시험기본문서의 종류, 목적 및 문서별 보관책임자에 따라 크게 임상시험의 진행 단계에 따라 임상시험 실시 전, 임상시험 실시 중 및 임상시험 완료 또는 종료 후로 나뉘어진다. 개별 문서들을 쉽게 확인할 수 있다는 전제하에 문서들을 조합하는 것이 가능하며, 특별히 정해진 양식은 없이 자율적으로 작성할 수 있다.

사전에 이들 기본문서를 정리 · 보존할 수 있는 임상시험 기본문서 파일(Trial master file)은 해당 임상시험이 실시되기 이전에 시험책임자/시험기관 및 의뢰자 측에 준비되어 있어야 한다. 임상시험이 최종 종료되기 이전에 모니터요원은 시험책임자/시험기관 및 의뢰자의 기본문서를 검토하고, 이들이 적절하게 정리 · 보존되어 있는지를 확인하여야 한다. 시험기관의 장, 시험책임자 및 의뢰자는 기본문서를 보관하는 장소를 따로 준비하고, 이들 문서가 사고 등에 의해 조기에 파손 또는 분실되지 않도록 하여야 한다.

참고로, 시험책임자/시험기관이 보관해야 하는 임상시험기본문서파일(TMF)은 'ISF(Investigator Study /Site File)'라는 용어로도 통칭되고 있다.

1.4 임상시험심사위원회(IRB) 및 식품의약품안전처 승인

임상시험은 아직 허가받지 않은 의료기기의 안전성과 유효성을 검증하는 절차이므로 임상시험의 모든 절차는 관련 규정에 따라 사전에 관련 기관의 승인을 받아야 한다. 식약처와 임상시험심사위원회(IRB)가 해당 관리감독기관이다.

가. 식품의약품안전처 승인

식약처는 임상시험에 대한 초기 승인부터 임상시험이 종료된 후 마지막 실태조사까지 전 과정에 걸쳐 임상시험을 관리하고 규제하는 기관이다.

의료기기 임상시험을 계획하는 자는 해당 연구가 식약처 의료기기 임상시험계획 승인에 해당하는지 여부에 대해 우선적으로 확인해야 한다. 해당 연구가 식약처 의료기기 임상시험계획 승인 대상으로 확인될 경우 의료기기 기술문서, 안전성 및 성능시험 자료(공인시험기관 시험성적서), 의료기기 제조품질적합인정서, 임상시험계획서, 설명서 및 대상자 동의서 양식, 임상시험계획과 관련된 관련 논문 등 자료를 준비하여 의료기기 전자민원시스템(https://emedi.mfds.go.kr/msismext/emd/min/mainView.do)을 통해 신청한다. 신청은 식약처 의료기기안전국 의료기기정책과를 통해 접수되며, 정책과는 접수한 임상시험계획 승인 신청을 품목별 담당부서를 확인하고 기술문서 사항에 대해서는 의료기기 심사부와 연계하여 검토한다. 다만, 최근 의약품 또는 Bio 등이 결합된 Combination product의 경우 의료기기에 대한 요구사항 뿐 아니라 해당 의약품 또는 Bio에 대한 요구사항도 해당 부서에 의뢰되어 별도 검토를 받게 되므로 기술문서 외의 요구사항에 대한 명확한 확인이 필요하다.

식약처 승인 시 검토 기간은 근무일 기준으로 30일이다. 그러나 제출자료가 불충분하거나 요구하는 보완 사항에 대해 적절한 자료나 답변을 제출하지 못하는 경우 기간 연장이 필요하다.

다음은 식약처 의료기기 임상시험계획승인 제외 대상이다.

1. 시판 중인 의료기기를 사용하는 다음 각 목의 어느 하나에 해당하는 임상시험
   ① 시판 중인 의료기기의 허가 사항에 대한 임상적 효과 관찰 및 이상사례 조사를 위하여 하는 시험
   ② 시판 중인 의료기기의 허가된 성능 및 사용목적 등에 대한 안전성·유효성 자료의 수집을 목적으로 하는 시험
   ③ 체외진단용 의료기기에 대한 시험으로서 식약처장이 정하는 시험
   ④ 그 밖에 시판 중인 의료기기를 사용하는 시험으로서 안전성과 직접적으로 관련되지 아니하거나 윤리적인 문제가 발생할 우려가 없다고 식약처장이 정하는 시험

2. 임상시험 대상자에게 위해를 끼칠 우려가 적은 다음 각 목의 어느 하나에 해당하는 임상시험
   ① 제19조에 따른 기준규격에서 정한 임상시험 방법에 따라 실시하는 임상시험
   ② 체외 또는 체표면에서 생체신호 등을 측정하여 표시하는 의료기기를 대상으로 하는 임상시험
   ③ 의뢰자 없이 연구자가 독자적으로 수행하는 임상시험 중 대상자에게 위해를 끼칠 우려가 적다고 식품의약품안전처장이 인정하는 임상시험

나. 임상시험심사위원회(IRB) 승인

임상시험심사위원회(IRB)는 임상시험에 참여하는 대상자의 '권리 · 안전 · 복지'를 보호하기 위해 임상시험기관 내에 독립적으로 설치된 상설위원회이다. 의뢰자는 식약처 승인과는 별개로 임상시험계획에 대한 임상시험심사위원회(IRB)의 승인절차를 밟아야 한다.

사람 대상 임상시험의 경우, 품목허가 이후 제품의 임상시험 시 적응증을 추가하지 않고 기존 품목허가 내 사용 목적과 동일하게 연구를 계획하거나 「의료기기법 시행규칙」 제20조제4항제2호에 따른 임상시험 대상자에게 위해를 끼칠 우려가 적은 임상시험은 식약처의 의료기기 임상시험계획 승인 업무는 면제될 수 있으나 임상시험심사위원회(IRB) 심의는 면제되는 경우가 없다. 심의 종류 중에 '심의면제'가 있는데, 각 기관위원회는 「생명윤리법」 제15조제2항 내지 「시행규칙」 제13조에 따라 연구대상자 및 공공에 미치는 위험이 미미한 경우에 한하여 심의면제를 확인해줄 수 있다. 다만, 심의면제 신청 시에도 초기 심사와 동일한 서류를 제출하여 확인받아야 한다. 즉, 사람 대상의 임상시험은 모든 계획에 대해 임상시험심사 위원회(IRB) 심의를 거쳐야 한다.

임상시험계획 승인을 위해서는 다음과 같이 각 실시기관에서 요구하는 제출서류를 준비하여 심의일에 맞추어 제출해야 한다. 각 기관마다 문서의 양식이나 내용이 다를 수 있으니 사전에 해당 기관의 절차 및 세부 내용을 확인할 필요가 있다. 시험책임자의 서명이 필요한 문서들도 따로 구분하여 확인할 필요가 있다.

① 연구과제 신청서
② 임상시험계획서
③ 계획서 요약
④ 증례기록서
⑤ 대상자 설명문 및 동의서(동의서 불필요 시 동의서 면제 사유서)
⑥ 대상자에게 제공되는 서면정보
⑦ 임상시험자 자료집
⑧ 안전성정보
⑨ 연구비내역서
⑩ 대상자에게 제공되는 보상/배상(보험 등)에 대한 정보
⑪ 대상자 모집관련 서류(광고문안, 매체정보 등)

⑫ 이해상충서약서
⑬ 시험책임자의 최근 이력 또는 기타 경력에 관한 문서
⑭ 식약처 또는 주관 연구기관 승인서(해당되는 경우)

심의 결과는 공식적인 결과통보서를 통해 의뢰자와 시험책임자에게 통보된다. 보완 또는 시정승인을 통보받는 경우 보완 또는 시정요청에 대한 답변서를 작성하여 관련 문서와 함께 다시 임상시험심사위원회(IRB)에 접수한다. 최종적으로 '승인'의 결과를 얻은 후 연구 시작이 가능하다.

1.5 임상시험 계약

임상시험 계약은 의뢰자가 공식적으로 실시기관에 임상시험을 의뢰하는 절차로, 임상시험을 개시하기 전에 반드시 체결해야 하는 의뢰자와 실시기관장의 의무사항이다. 임상시험 계약은 관련 규정(「의료기기법 시행규칙」 [별표 3] 의료기기 임상시험 관리기준 제5항)에 따라 의뢰자와 임상시험기관의 장이 문서로 체결해야 한다. 임상시험 계약은 연구비의 규모 및 지급 방법, 조기종료 및 시험 중단 시 미사용 연구비의 반납 등 임상시험의 재정에 관한 사항, 업무의 위임 및 분장에 관한 사항 및 의뢰자와 임상시험기관장의 의무사항을 포함하여야 한다.

2 의료기기 임상시험 수행단계 업무

2.1 개시모임

기관 임상시험심사위원회(IRB)와 식약처로부터 임상시험계획에 대한 승인을 얻고 계약을 완료하면 비로소 임상시험을 시작할 수 있다. 임상시험기관은 개시모임을 통해 임상시험을 공식적으로 시작한다. 개시모임에는 기관의 시험책임자, 시험담당자, 임상시험코디네이터, 의료기기 관리자를 포함하여 임상시험에 참여하는 모든 연구진과 의뢰자, 그리고 임상시험의 일부 또는 전체 업무를 수탁하는 CRO의 담당자들도 참여한다.

임상시험계획서, 임상시험 진행절차를 검토한 후 기관의 참여자들로 하여금 임상시험 수행에 필요한 것들을 이해하고 필요한 교육도 진행하기 때문에 가능하면 많은 사람이 참석할 수 있는 시간을 고려하여 준비해야 한다.

개시모임에서 다루는 주제는 시험자 모임과 유사하며, 다음과 같다.

① 임상시험계획서에 대한 논의

㉮ 선정・제외 기준, 시험절차, 시험기기 사용방법, 무작위 배정 및 눈가림 방법, 유효성 평가변수 등

㉯ 의료기기의 경우, 새로운 기술의 제품 또는 사용이 복잡한 장비의 경우 "Simulatio 또는 "Demonstration" 등을 통해 연구진이 제품에 익숙해지도록 하는 "Training" 절차가 포함될 수 있다.

② 이상사례 보고

③ 증례기록서 작성지침

④ 각 담당자의 법적 요건 : 임상시험 관리기준, 보고 절차 등

⑤ 기타 특이사항

2.2 서면동의 취득

개시모임 후 임상시험을 위한 제반 사항이 모두 준비된 후에 임상시험 참여가 가능한 잠재적 대상자가 있는 경우, 임상시험과 관련된 어떠한 절차를 시행하기에 앞서 우선적으로 서면동의 과정을 거쳐야 한다. 대상자 동의는 임상시험에서 대상자의 권리를 보호하는 가장 중요한 방법 중 하나이므로 시험자는 가능한 모든 방법을 동원하여 대상자의 이해를 돕도록 해야 하며, 보다 객관적이고 이성적이며 자발적으로 임상시험 참여를 결정할 수 있도록 도와야 한다. 대상자에게 제공하는 동의서는 의료기기 임상시험 관리기준이 요구하는 내용들이 모두 포함되어야 한다. 동의서 서식, 대상자설명서 및 그 밖의 문서화된 정보는 사전에 임상시험심사위원회의 승인을 받은 문서를 사용해야 한다.

대상자로부터 동의를 얻는 과정은 다음과 같다.

① 시험책임자 혹은 시험책임자의 위임을 받은 담당자는 조용한 환경으로 대상자를 안내한다.

② 시험책임자 혹은 시험책임자의 위임을 받은 담당자는 임상시험심사위원회의 승인을 받은 서면 정보와 임상시험의 모든 측면에 대한 정보를 대상자에게 충분히 알려준다.

③ 시험책임자 혹은 시험책임자의 위임을 받은 의사, 치과의사, 한의사는 대상자의 질문에 대답하고 임상시험 참여 여부를 결정할 수 있도록 충분한 시간과 기회를 제공한다.

④ 대상자가 자발적으로 임상시험 참여에 동의하는 경우 대상자 스스로 동의서에 이름/서명과 동의한 날짜를 기재하도록 한다. 대상자가 임상시험 참여를 동의 하지 않는다면 거절할 권리를 존중해주어야 한다.

⑤ 법적으로 필요한 경우 대리인이나 공정한 입회자가 동의 과정에 참가해야 하며, 이럴 경우 각자 동의서에 직접 이름과 날짜를 기재하도록 한다. 대리인의 경우 친권자, 배우자 또는 후견인만 가능하다.

⑥ 동의서를 작성하는 중 오기가 발생하였다면 작성한 사람(대상자)이 직접 수정하도록 한다. 수정 방법은 한 줄을 긋고 새로운 값을 기록한 후 수정한 날짜, 수정자 서명을 기재하도록 한다.

⑦ 대상자의 서명이 완료되면 시험책임자 또는 위임을 받은 의사, 치과의사, 한의사가 자필로 이름/서명 및 날짜를 기록한다.

⑧ 대상자설명서를 포함한 동의서 1부를 복사하여 원본은 시험담당자가 시험자파일에 보관하고 사본은 대상자에게 전달하도록 한다.

⑨ 동의서 획득 과정을 대상자의 근거문서에 기록하도록 한다.

㉮ 동의 날짜

㉯ 동의를 받은 사람

㉰ 간략한 동의 과정

㉱ 사본 제공 여부

㉲ 사용한 동의서 버전

임상시험을 진행하는 도중에 임상시험계획서가 변경되고 대상자와 관련된 절차가 변화하는 경우에는 임상시험심사위원회의 승인을 받은 후 개정된 동의서를 사용해서 재동의를 받아야 한다. 재동의를 받는 대상자는 임상시험에서 중도 탈락된 대상자나 이미 종료 방문을 한 대상자를 제외하고 임상시험 과정을 진행 중인 모든 대상자가 된다. 재동의를 받은 경우, 재동의를 받은 동의서와 기존의 동의서를 함께 시험자 기본문서파일에 보관한다.

2.3 스크리닝 및 대상자 등록

잠재적인 대상자가 임상시험에 참여하기에 적합한지를 확인하기 위한 평가 과정을 스크리닝이라고 한다. 일반적으로 의무기록 검토 등을 통해 일차적으로 그 가능성을 확인하고 동의 절차를 거친 후 정식 스크리닝 절차를 진행한다.

임상시험계획서에 기술된 임상시험의 선정기준과 제외기준 항목들에 따라 특정 환자를 임상시험에 포함시키거나 배제시키게 된다. 선정·제외기준의 적합 여부는 대상자의 특성을 문진으로 확인하거나 각 임상시험과 관련된 검사들을 통해 확인할 수 있다. 일반적인 스크리닝에는 다음 항목들이 포함된다.

가. 일반적인 특성

① 성별

② 나이

③ 신장, 체중

④ 인종

⑤ 생활습관(흡연, 음주, 카페인 등)

⑥ 임신 가능성 등

나. 의학적인 특성

① 현재 진단명

② 병용 약제

③ 과거력

④ 과민반응

⑤ 신체검진

⑥ 일상생활도

⑦ 활력징후 등

다. 기타

① 다른 임상시험 참여 여부[3)]

② 시간적 요인

③ 환경적 요인

스크리닝 절차는 임상시험계획서에 정해진 일정에 따라야 한다. 대상자가 진료를 위해 방문하여 동의서에 서명한 후 같은 날에 진행할 수 있는 상황이라면 그날 진행할 수도 있고, 당일에 일부 검사를 시행할 수 없으면 대상자가 추가로 방문해야 한다.

모든 스크리닝 검사 결과를 완료한 후 임상시험의 선정기준 및 제외기준을 만족시키고 임상시험 참여를 원하는 사람에 한해 최종 대상자로 등록된다. 등록된 대상자는 임상시험계획서에 제시된 방법에 따라 대상자번호를 부여받는다. 연구 설계상 무작위배정이 사용되는 경우 치료군과 대조군으로 배정받고 해당하는 치료나 처치를 받게 된다. 임상시험에 등록된 대상자는 이상사례 등으로 인해 중도에 탈락되는 경우가 아니라면 최대한 계획된 방문 일정을 따르고 전체 임상시험 일정을 지킬 수 있도록 관리하는 것이 매우 중요하다. 일정표 등을 사용하여 전체 임상시험 일정과 세부 검사나 임상시험 절차에 대한 정보를 제공하고 금식이나 주의사항을 알려줄 필요가 있다.

2.4 임상시험용 의료기기 관리

「의료기기법 시행규칙」 [별표 3] 의료기기 임상시험 관리기준에 따르면 임상시험기관의 장은 임상시험용 의료기기의 적정한 관리를 위하여 해당 임상시험기관의 직원 중에서 관리자를 지정해야 한다. 임상시험의 특성에 따라 사전에 임상시험심사위원회의 승인을 얻은 경우는 시험책임자 또는 시험담당자가 임상시험용 의료기기를 관리할 수 있다. 의료기기 임상시험을 원활하게 수행하려면 철저한 임상시험용 의료기기 관리가 우선되어야 한다.

---

3) 「의약품 등의 안전에 관한 규칙」 제30조제1항제14호 [시행 2020. 10. 14]

임상시험용 의료기기 관리자는 해당 임상시험용 의료기기의 인수 예정일, 수량, 보관 조건 등을 확인하여 적절한 보관 장소를 확보해둔 상태로 임상시험용 의료기기를 배송하도록 요청해야 한다.

임상시험용 의료기기 인수 시에는 다음 사항들을 꼼꼼하게 확인한 후 이상이 없을 때 인수증에 서명하도록 한다. 서명한 인수증은 기본문서 바인더에 잘 정리해 둔다.

① 배송된 물품과 인수증에 기재된 정보의 일치 여부
② 임상시험용 의료기기 라벨의 기재사항 및 부착상태 및 표시 사항[제조번호, 제조연월일, 사용기한, 보관(저장) 방법 등]
③ 의료기기의 배송 상태

임상시험용 의료기기관리자 등은 해당 의료기기를 잠금장치가 있는 보관장에 보관해야 하며, 권한이 없는 사람이 접근하지 못하도록 조치를 취해야 한다. 또한 임상시험계획서 또는 대상자별 처방에 따라 임상시험용 의료기기를 불출하고 반납하며 재고관리 등의 업무를 수행한다. 임상시험용 의료기기 사용기록에는 각 대상자별로 임상시험용 의료기기의 적용기간, 제조번호 또는 일련번호, 사용기한 또는 유효기한(필요한 경우만 해당한다), 의료기기 식별코드 및 대상자 식별코드를 적어야 한다. 모니터요원은 모니터링 시 관련 문서를 통해 의료기기가 정확하게 불출되었는지를 확인해야 한다.

사용하지 않은 임상시험용 의료기기, 유효기간이 지난 의료기기는 임상시험 진행 중 또는 종료 시 의뢰자에게 반납해야 한다. 그 외에 대상자에게 사용한 후 반납된 의료기기도 임상시험 종료 시 의뢰자에게 반납해야 한다. 반납 시에는 반납증을 작성하여 반납일시와 수량에 대해 기록하고 반납자와 수령자가 각각 서명하여 보관하도록 한다. 실시기관에서의 폐기는 의뢰자와 임상시험용 의료기기 관리자, 시험책임자 간에 사전 합의 및 폐기 매뉴얼이나 표준작업지침서가 있어야 한다. 일반적으로 미사용 의료기기에 대해서는 의뢰자 반납을 원칙으로 한다.

2.5 근거문서와 증례기록서(CRF) 작성

임상시험 자료란 임상시험계획서에 따라 임상시험을 수행하는 동안 발생하여 수집한 정보를 말한다. 임상시험 자료는 임상시험의 결과를 판단하는 근거가 되므로 연구 목표에 부합하고 분석에 적합하도록 수집하는 것이 중요하다.

임상시험 자료 관리는 추후 자료의 추출과 분석이 용이하도록 정해진 방법대로 자료를 수집하고 배분하고 정보를 다루는 모든 활동으로, 종이 기반의 자료를 관리하는 것뿐만 아니라 컴퓨터로 전자화한 자료를 운영하는 것까지 포함한다. 자료관리 과정은 임상시험계획서를 작성하고 증례기록서 양식을 디자인할 때부터 시작하여 임상시험 종료 후 결과를 분석하는 과정까지 지속된다. 자료 입력, 타당성 검토 및 확인 과정 등을 포함한 자료 관리의 수준은 통계분석과 보고서 작성 시 질 높은 자료를 제공하기 위한 기초가 되므로 임상시험 전체의 질을 좌우하는 중요한 요소 중 하나이다.

가. 근거문서(Source Document)

임상시험 기간 동안에는 권한이 주어진 사람이 임상시험계획서에 기술된 안전성 및 유효성 관련 자료들을 임상시험계획서에 지정된 시점에 정확한 방법으로 수집해야 한다. 임상시험 자료수집에 이용하는 장비들은 정기적으로 점검하여 정상적으로 작동하는지 확인하고, 임상시험 시작 전에도 점검하여 정확한 자료수집이 가능한 상태가 되어야 한다.

임상시험계획서에서 요구하는 자료들은 증례기록서를 통해 수집되는데, 관련 자료들이 처음으로 기록된 문서가 근거문서(㉠ 의무기록지, 검사결과지 등)이다. 근거문서들은 증례기록서에 있는 자료들이 자료로 적절한지를 증명하는 데 활용되므로 모든 정보가 정확하고 완전하게 수집될 수 있도록 준비되어야 한다. 증례기록서에 있는 자료들이 근거문서에 담긴 자료와 일치할 때 연구기간 동안 수집된 정보들의 정확도가 보장될 수 있다.

나. 증례기록서(CRF) 작성

임상시험을 수행하면서 근거자료를 수집하게 될 근거문서는 임상시험 시작 전에 의뢰자와 시험자 사이에서 협의되어야 한다. 각 연구 자료마다 어떤 기록을 1차 근거문서로 사용할 것인지에 대해 논의하고 문서화하여 추후 모니터링이나 점검 및 실태조사 시 참고할 수 있도록 한다.

증례기록서에 기입된 자료들은 정확하고 완전하고 읽기 쉬워야 하고 각 항목들이 완전하고 누락 없이 모두 기록되어야 한다. 임상시험계획서에 수집이 요구되었으나 누락된 자료는 근거문서에 적절한 설명을 기록해야 한다. 어떤 사유로 수집되지 못했는지에 대한 기록을 남겨서 추후 모니터링이나 점검, 실태조사 시 설명이 될 수 있도록 한다. 중요변수가 누락된 경우, 임상시험계획서 위반사항에 대한 기록을 작성하여 임상시험심사위원회에 보고될 수 있도록 조치한다.

근거문서나 증례기록서를 기록하면서 오류가 발생할 수도 있다. 근거문서 수정은 증례기록서 기록 및 수정에 대한 권한을 가진 사람이 수행하도록 한다. 수정은 잘못 기재된 곳에 한 줄을 긋고 정확한 자료를 입력한 후 날짜와 서명(이니셜), 수정 사유를 기록한다. 이때 수정하기 전 자료가 보여야 하므로 수정액을 사용하거나 겹쳐 쓰는 것은 허용되지 않는다.

모니터링 시 증례기록서와 근거문서 사이에 모순이 발견된다면 근거문서가 1차적인 연구자료를 기록한 것이므로 이를 기준으로 증례기록서가 수정되어야 한다.

이에 CRF를 작성하기 위한 기본적인 Case Report Form 작성 지침을 CRF 내에 기재해야 한다.

〈표 4-6〉 Case Report Form 작성 지침

일반적인 지침 사항
• 검정색 볼펜을 사용하여 기록하여 주십시오. • 가능하면 약어의 사용을 피하고 Full term으로 기록하여 주십시오. • 정해진 칸 이외의 여백에 기록하지 마십시오. • 증례 기록서 내에 기록하며, 모든 칸은 빈칸으로 두지 마십시오.

일반적인 지침 사항

- 자료를 기록할 수 없는 경우 "실시하지 않음(ND, Not Done)" 또는 "알 수 없음(UK, UnKnown)"과 같이 분명한 이유를 기록하여 주십시오.
- 서명은 반드시 시험책임자 혹은 시험 담당자가 서명하여 주십시오.

증례기록서 수정 방법

- 잘못 기입된 부분은 한 줄로 긋고, 수정날짜(YY/MM/DD)와 수정자 서명, 필요시 수정 사유에 대하여 기록하여 주십시오.
  [11.6 10/03/30 홍길동(오기)]
  ㉑ ~~Hb 8.6~~ → Hb 8.1
- 잘못 기입된 글자를 중복 기입(overwrite)해서 고치거나 수정액을 사용하여서는 안 됩니다.

증례기록서 작성에 대한 세부사항

- 대상자 이니셜과 대상자 번호를 모든 페이지에서 적절하게 기록하여 주십시오(탈락 또는 임상시험이 중지된 대상자의 경우 실시된 visit까지 기록함).
- 방문이 누락된 경우에는 해당 visit의 방문일란에 "ND"로 기록하여 주십시오.
- 임상시험이 종료(완료, 탈락 또는 중지)된 대상자의 경우, 증례결론란에 세부내용을 기록하여 주십시오.

2.6 모니터링

모니터링은 임상시험의 진행과정을 감독하고 해당 임상시험이 임상시험계획서, 표준작업지침서, 임상시험 관리기준 및 관련 규정에 따라 적절하게 실시되고 기록되는지의 여부를 검토하고 확인하는 활동을 말한다. 모니터 요원은 모니터링을 수행하기 위하여 과학적 · 임상적 지식이 있어야 하며, 임상시험용 의료기기, 임상시험계획서, 대상자 동의서 양식, 설명서, 의뢰자의 표준작업지침서(SOP), 임상시험 관리기준 및 관련 규정 등에 대해서도 충분한 지식을 가지고 있어야 한다.

모니터링은 임상시험과 관련된 데이터의 신뢰성을 보증하기 위한 필수적인 활동으로 그 책임은 의뢰자에게 있다. 모니터링의 범위와 강도는 임상시험의 목적, 디자인, 규모 등을 기준으로 결정된다.

모니터링의 목적은 다음과 같다.

① 대상자의 권리와 복지보호

② 보고된 관련 자료의 정확성 및 완전성 확인, 근거문서와의 대조 확인

③ 시험계획서, 의료기기 임상시험 관리기준(KGCP) 및 관련 규정의 준수 확인

모니터링을 실시하기에 앞서 사전에 모니터링에 대한 계획을 세우고 기관을 방문하여 효율적으로 모니터링을 수행해야 한다. 모니터링에 대한 시간 할애, 증례기록서의 적절한 작성, 기본문서와 근거문서의 제공, 모니터링 제공 등은 시험자 측의 협조가 필요하다.

모니터링의 과정은 다음과 같다.

① 모니터링 방문일, 시간 협의

② 모니터링 범위 확인

③ 모니터링 수행
  ㉮ 중대한 이상사례 검토
  ㉯ 대상자 동의서 확인
  ㉰ 시험계획서 준수 확인
  ㉱ 지난 모니터링 후의 수정사항 확인
  ㉲ 근거문서와 증례기록서 대조
  ㉳ 기본문서 및 관련 파일 검토
  ㉴ 임상시험용 의료기기 관리상황 확인
  ㉵ 검체 관리 검토
④ 모니터링 보고서(초안) 작성
⑤ 시험자와 모니터링 결과에 대해 논의
⑥ 모니터링 방문기록지 작성
⑦ 다음 방문에 대한 약속
⑧ 최종 모니터링 보고서 완성

모니터요원은 의뢰자의 요구에 따라 다음의 업무를 수행함으로써 임상시험이 적절히 실시되고 있는지 여부 및 관련 사항의 기록 유무를 확인하여야 한다.

① 의뢰자와 시험자 사이의 정보 전달
② 시험책임자의 자격 유무 및 임상시험기관 표준작업지침서에서 정한 자격요건을 갖춘 적절한 수의 시험담당자와 장비 및 시설을 확보하고 있는지 여부의 확인
③ 임상시험용 의료기기에 대한 다음 사항의 확인
  ㉮ 임상시험용 의료기기의 저장 조건, 사용기한 및 유효기한을 준수하고 있는지 여부 및 임상시험용 의료기기의 수량이 임상시험을 실시하기에 충분한지의 여부
  ㉯ 선정기준을 만족하는 대상자에게만 임상시험계획서에서 정한 적용기간, 조작방법 또는 사용방법대로 사용하고 있는지의 여부
  ㉰ 대상자가 임상시험용 의료기기의 사용·보관·반납에 관한 정보를 제대로 받고 있는지 여부
  ㉱ 임상시험기관에서 임상시험용 의료기기의 인수·사용·반납 등을 제대로 관리하고 그 내용을 기록하고 있는지 여부
④ 시험자가 승인된 임상시험계획서 또는 변경계획서를 준수하고 있는지 여부의 확인
⑤ 대상자의 사전 동의 여부
⑥ 시험자가 의뢰자로부터 최신의 임상시험자자료집, 관련 자료 및 임상시험용 의료기기를 포함한 그 밖의 물품을 수령하였는지 여부
⑦ 시험자가 임상시험의 제반 사항을 충분히 숙지하고 있는지 여부

⑧ 특정한 임상시험의 관련 기능을 권한 없는 자에게 위임·위탁하여 수행하는지 여부
⑨ 시험책임자가 선정기준에 적합한 대상자만을 임상시험에 참여시키고 있는지 여부
⑩ 대상자의 등록률 보고
⑪ 근거문서 및 그 밖의 임상시험관련 기록의 정확성, 완전성 및 임상시험과 관련된 최신 정보의 반영 여부
⑫ 시험자가 보고서·통보서·신청서 등을 임상시험 관련자에게 임상시험계획서, 관계 법령에 따라 제공하고 있는지 여부, 문서의 해당 임상시험 특정 여부, 문서의 정확성·완전성·가독성 여부, 문서의 적시 작성 여부 및 날짜 기재 여부
⑬ 증례기록서, 근거문서 및 그 밖의 임상시험관련 문서(전자문서를 포함한다)의 정확성·완전성·상호일치 여부 및 다음 사항에 대한 확인
  ㉮ 임상시험계획서에서 요구한 임상시험 자료를 증례기록서에 정확하게 기록하고 있는지 여부 및 증례기록서의 내용이 근거문서와 일치하는지 여부
  ㉯ 각 대상자별로 적용기간이나 조작방법 또는 사용방법 등의 변동사항을 제대로 기록하는지 여부
  ㉰ 이상사례, 병용요법 및 병발질환을 임상시험계획서에 따라 증례기록서에 기록하는지 여부
  ㉱ 각 대상자별로 빠뜨린 임상시험(대상자의 미방문, 대상자에 대한 시험 및 검사의 미실시를 말한다) 절차에 관한 사항 및 사유를 증례기록서에 명확히 기록하는지 여부
  ㉲ 대상자에 대한 투약 중지 또는 대상자의 탈락에 관한 내용 및 사유가 증례기록지에 기록되어 있는지 여부
⑭ 증례기록서의 오류, 누락 및 읽을 수 없는 부분의 시험자에 대한 통보 및 오류 등에 대한 정정 또는 첨삭이 제대로 이루어졌는지 여부의 확인. 이 경우 오류 등의 사유, 기재 사항 변경권자(시험책임자 또는 증례기록서상의 기재 사항에 대한 변경 권한을 갖고 있는 시험담당자를 말한다)의 서명 및 수정일자가 제대로 적혀있는지 확인하여야 한다.
⑮ 모든 이상사례를 임상시험계획서, 심사위원회에서 정한 보고기준 및 관계 법령에서 정한 바에 따라 보고하였는지 여부
⑯ 시험책임자가 기본문서를 「의료기기법 시행규칙」 [별표 3] 의료기기 임상시험 관리기준 제7호자목6) 및 제9호에 따라 보관하고 있는지 여부
⑰ 임상시험계획서, 의뢰자 표준작업지침서, 임상시험기관 표준작업지침서, 이 기준 및 제24조를 위반한 사항을 시험책임자에게 알리고, 위반사항이 재발되지 않도록 하는 적절한 조치
⑱ 모니터링 보고서는 특별히 정해진 서식은 없지만, 위의 확인사항에 대한 항목 및 결과를 토대로 「의료기기법 시행규칙」 [별표 3] 머목에서 모니터링보고서에 기재되어야 할 사항을 다음과 같이 정하고 있음
  ㉮ 모니터링을 실시한 날짜 및 장소
  ㉯ 모니터요원의 이름 및 시험자 또는 접촉한 사람의 이름

㉰ 모니터요원이 확인한 사항의 요약

㉱ 임상적으로 의미 있는 발견 또는 사건

㉲ 임상시험계획서, 의뢰자 표준작업지침서, 임상시험기관 표준작업지침서, 이 기준 및 제24조를 위반한 사항 또는 임상시험의 문제점

㉳ 결론

㉴ 임상시험계획서, 의뢰자 표준작업지침서, 임상시험기관 표준작업지침서, 법령을 위반한 사항이 재발되지 않도록 조치한 사항 및 조치가 필요한 사항

의뢰자는 모니터링보고서를 검토한 내용 및 사후조치를 기록하여야 한다.

2.7 이상사례 보고

가. 이상사례의 정의

임상시험 수행 중 관찰되는 이상사례들을 확인하고 적절하게 보고하는 것은 과학이나 사회적 이익에 앞서 임상시험에 참여하는 대상자를 보호한다는 측면에서뿐만 아니라 바람직한 의료기기 사용을 위해서 매우 중요하다. 이상사례는 제품개발을 계속해야 할 것인지의 여부를 결정하고 시판 후에도 임상적용의 제한점으로 작용하는 등 신제품 개발과정에서 유효성 검증 못지않게 매우 중요한 의미를 갖는다.

「의료기기법 시행규칙」 [별표 3] 의료기기 임상시험 관리기준에서는 이상사례와 관련하여 다음과 같이 정의하고 있다.

〈표 4-7〉 이상사례의 정의

구분	정의
이상사례 (AE, Adverse Event)	임상시험 중 대상자에서 발생한 모든 의도하지 않은 증후(症候, Sign, 실험실 실험결과의 이상 등을 포함한다), 증상(症狀, Symptom) 또는 질병을 말하며, 해당 임상시험용 의료기기와 반드시 인과관계를 가져야 하는 것은 아니다.
의료기기이상반응 (ADE, Adverse Device Effect)	임상시험용 의료기기로 인하여 발생한 모든 유해하고 의도하지 않은 반응으로서 임상시험용 의료기기와의 인과관계를 부정할 수 없는 경우를 말한다.
중대한 이상사례·의료기기이상반응 (Serious AE·ADE)	임상시험에 사용되는 의료기기로 인하여 발생한 이상사례 또는 의료기기이상반응 중에서 다음의 어느 하나에 해당하는 경우를 말한다. • 사망하거나 생명에 대한 위험이 발생한 경우 • 입원할 필요가 있거나 입원기간을 연장할 필요가 있는 경우 • 영구적이거나 중대한 장애 및 기능 저하를 가져온 경우 • 태아에게 기형 또는 이상이 발생한 경우
예상하지 못한 의료기기이상반응 (Unexpected Adverse Device Effect)	임상시험자 자료집 또는 의료기기의 첨부문서 등 이용 가능한 의료기기 관련 정보에 비추어 이상의료기기반응의 양상이나 위해의 정도에서 차이가 나는 것을 말한다.

* 출처 : 「의료기기법 시행규칙」 [별표 3] 의료기기 임상시험 관리기준, 〈개정 2024. 1. 16.〉

나. 이상사례의 인과관계 평가

이상사례는 정도(중증도), 시험기기와의 인과관계, 예측 가능성에 따라 신속하게 보고되어야 하기 때문에 임상시험용 의료기기와 이상사례의 인과관계를 평가하는 것은 매우 중요하다.

이상사례의 인과관계를 평가한 후 그 결과를 구분하는 방법 중 식약처와 세계보건기구(WHO)가 사용하는 분류체계는 다음과 같다.

〈표 4-8〉 이상사례 인과관계 분류

분류	내용
명확히 관련성 있음 (Certain)	• 의료기기 적용과 타당한 시간관계를 보인다. • 질환이나 다른 원인으로 설명될 수 없다. • 적용 중단 시에 반응이 있다. • 재적용(해당하는 경우) 시에 반응을 보인다.
관련 있을 가능성이 높음 (Probable/Likely)	• 의료기기 적용과 타당한 시간관계를 보인다. • 질환이나 다른 원인으로 설명이 어렵다. • 적용 중단 시에 반응이 있다. • 재적용이 불필요하다.
관련 있을 가능성 있음 (Possible)	• 의료기기 적용과 타당한 시간관계를 보인다. • 질환이나 다른 원인으로 설명할 수도 있다. • 적용 중단 시에 반응이 약하거나 불명확할 수 있다.
관련 없을 가능성 높음 (Unlikely)	• 의료기기 적용과 시간관계가 없을 것 같다(불가능한 것은 아님). • 질환이나 다른 원인으로 설명할 수도 있다.
분류되지 않음	• 적절한 평가를 위해 추가 자료가 필요하다. • 또는 추가적인 정보가 수집 중이다.
평가 불가함	• 정보가 불충분하거나 모순되어 평가가 불가능하다. • 자료가 보충되거나 확인될 수 없다.

* 출처 : 한국보건산업진흥원, 의료기기 임상시험 의뢰자과정 표준교육교재, 2013.

다. 이상사례의 보고

시험자는 임상시험이 진행되는 동안 모든 이상사례를 수집하고 평가하여 보고할 의무가 있다. 이상사례를 수집할 때는 시작일, 종료일, 지속기간, 중증도, 임상시험용 의료기기와 관련성, 중대한 이상사례 여부, 처치나 치료 여부 등을 조사한다. 모든 이상사례는 근거문서 및 증례기록서에 기록하며, 관련 규정 및 표준작업지침서에 따라 적절한 시기에 의뢰자 및 임상시험심사위원회에 보고해야 한다.

또한, 의뢰자는 임상시험이 진행되는 동안 임상시험을 수행하는 모든 실시기관의 안전성 정보를 확인하고 검토할 의무가 있다. 따라서 임상시험 중에 발생한 이상사례 중 중대한 이상사례가 발생한 경우에는 관련 규정 및 표준작업지침서에 따라 모든 시험자에게 보고해야 하며, 경우에 따라서는 식약처에도 보고해야 한다.

라. 중대한 이상사례의 보고

중대하지 않은 이상사례인 경우, 시험자가 근거문서와 증례기록서에 이상사례를 기록하면 모니터요원이 기록을 확인 및 검토한다. 중대한 이상사례인 경우에는 일반적으로 임상시험계획서에 정한 기한 내에 의뢰자에게 보고하도록 요구된다. 또한 임상시험심사위원회에도 해당 규정에 따라 중대한 이상사례를 보고해야 하는데, 실시기관에 따라 즉시(24시간 이내) 보고하거나 중간보고 시점에 정리하여 보고할 수 있다. 그러나 예상하지 못한 중대한 의료기기 이상반응일 경우 의뢰자와 심사위원회에 즉시 보고하는 것이 원칙이다.

의뢰자의 경우, 예상하지 못한 중대한 의료기기 이상반응을 신속하게 식약처에 보고해야 한다. 또한, 해당 임상시험을 수행하고 있는 모든 실시기관의 시험자에게도 주기적으로 보고할 의무가 있다.

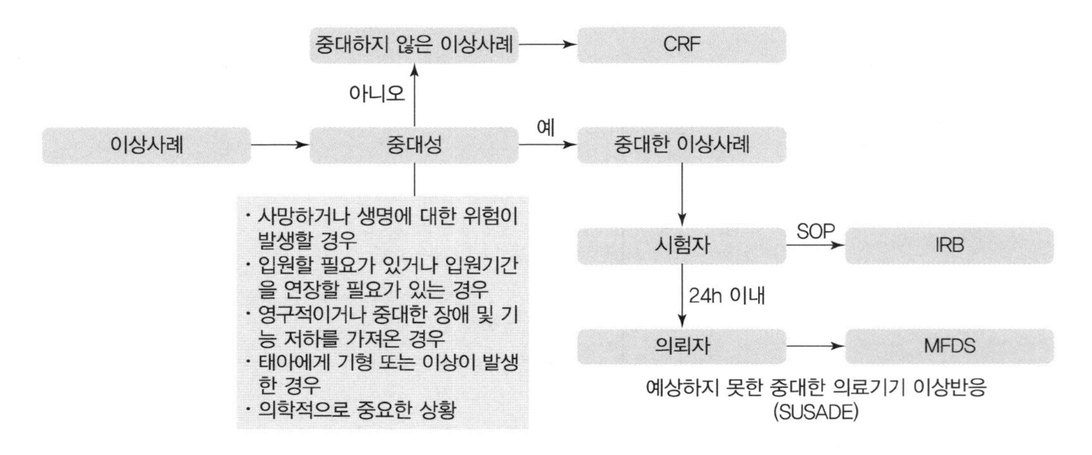

| 그림 4-1 | 이상사례의 중대성에 따른 보고절차

3 의료기기 임상시험 실시 후 업무

3.1 종료 방문 및 종료 보고

임상시험에서 목표한 대상자를 모집하여 계획한 임상시험 절차 및 검사 등을 모두 실시하고 계획한 모든 자료를 확보했다면 임상시험을 종료한다. 그러나 의뢰자, 연구기관, 환경적 요인에 의해 임상시험이 도중에 중단될 수도 있다. 임상시험이 종료되면 모니터요원이 시험기관에 임상시험 종료 방문을 함으로써 각 임상시험기관의 임상시험 업무가 공식적으로 종료된다. 종료 방문 시기는 임상시험기관 및 의뢰자의 내부규정이나 사정에 따라 조절될 수 있으며, 관련 자료가 완전히 정리된 이후 종료 방문을 실시한다. 종료 방문 시 모니터요원은 시험책임자, 시험담당자, 연구코디네이터, 의료기기 관리자 등을 만나게 된다.

종료 방문을 하기 최소 1~2주 전에 연구진과 방문 일정을 조율하고, 일정이 확정되면 종료 방문 시 확인해야 할 사항들에 대해 미리 알림으로써 필요한 사항들이 모두 완결될 수 있도록 사전에 준비를 요청해야 한다.

종료 방문 시에는 다음과 같은 사항들을 확인한다.

① 시험준수 : 시험계획서 및 관련 규정
② 증례기록서 : 증례기록서, 질의서 등의 완결 여부, 증례기록서 수거
③ 시험자파일 : 누락 문서 확인
④ 임상시험용 의료기기 : 재고 수량, 입출고 관련 서류
⑤ 시험종료보고서 : 임상시험심사위원회(IRB) 제출
⑥ 연구비 정산
⑦ 시험자 면담 : 미해결 사안 및 해결방안 논의
⑧ 근거자료 및 문서 보관 : 보관 문서 종류, 보관 장소, 기간 확인
⑨ 이상사례 : 진행 중 이상사례 확인

3.2 문서 보관

임상시험이 수행되는 동안에는 많은 문서에 대한 관리가 필요하다. 문서들은 관련 규정에 따라 적절한 장소에 보관되어야 한다. 보관장소는 안전하고 잠금 장치가 되어 있어 출입관리가 되어야 하고, 화재 등 재난상황으로부터 보호되고 외부와 차단되어야 한다. 문서 보관 책임자는 문서 보관 장소의 문서 입출고 기록을 작성하고 잠금장치에 대한 책임을 진다. 임상시험 관련 자료들은 식약처가 품목허가 인증을 위한 실태조사를 시행할 때 검토하게 된다.

임상시험 기본문서 파일은 임상시험 실시와 관련된 각종 자료 및 기록과 함께 별도의 장소에 보관하고 보안을 유지해야 한다. 보관 기간은 의뢰자 임상시험인 경우 의뢰자가 정한 기간을 따를 수 있으나, 의뢰자가 정한 기간이 「의료기기법 시행규칙」(제24조)에서 정한 기간보다 짧은 경우에는 「의료기기법 시행규칙」에 따른다.

① 제조허가·수입허가 또는 그 변경허가를 위한 임상시험 관련 자료 : 허가일로부터 3년
② 그 밖의 임상시험 관련 자료 : 임상시험이 끝난 날부터 3년

의뢰자는 자료 보존의 필요성과 보존 기간에 대해 시험자에게 문서로 알려야 하고, 더 이상 자료의 보존이 필요 없다고 판단한 경우 반드시 이 사실을 문서로 시험책임자에게 알려야 한다.

3.3 점검(Audit)

임상시험은 임상시험계획서, 임상시험 실시기준 및 기타 관련 규정에 따라 실시해야 한다. 또한 임상시험과 관련된 자료의 수집 · 기록 · 문서 · 보고 등에 관한 제반 사항이 임상시험 실시기준과 관련 규정을 준수하였음을 확인하기 위해 의뢰자는 임상시험의 신뢰성 보증(QA, Quality Assurance)을 실시해야 하며, 신뢰성 보증 체계에 따라 구체적으로 임상시험 자료의 품질관리(QC, Quality Control)를 실시해야 한다.

점검은 해당 임상시험에서 수집된 자료의 신뢰성을 확보하기 위해 해당 임상시험이 임상시험계획서, 의뢰자의 표준작업지침, 임상시험 실시기준, 관련 규정에 따라 수행되고 있는지를 의뢰자 등이 체계적 · 독립적으로 실시하는 조사이다. 의료기기 임상시험 관리기준에 따라 의뢰자는 임상시험 자료의 품질관리 체계를 확립하고 유지해야 한다. 점검은 임상시험 중 일상적으로 실시하는 모니터링이나 품질관리 수행과는 구분하여 독립적으로 실시되어야 한다.

일반적으로 점검은 의뢰자 내부의 신뢰성 보증 부서에서 적절한 자격을 갖춘 점검자(Auditor)가 실시하며, CRO나 별도의 전문가에게 의뢰할 수 있다. 점검자의 역할은 다음과 같다.

① 점검 시 규정 및 기준에 적합하지 않은 주요 위반사항 발견
② 발견된 위반사항에 대해 적절한 대처방법 제시
③ 위반사항에 대한 수정 및 재발방지 계획 수립(CAPA, Corrective & Preventive Action Plan)에 도움
④ 사후관리 및 관련된 교육에 관여

점검은 임상시험 진행 중이나 종료 후에 의뢰자의 신뢰성 보증 부서의 계획하에 주기적으로 실시하는 Routine Audit과 임상시험이 적절하게 수행되지 않고 있음이 확인된 경우에 예측되는 위반에 초점을 맞추어 실시하는 For-Cause Audit으로 목적에 따라 구분할 수 있다.

점검 절차는 다음과 같다.

① 의뢰자는 점검대상, 점검방법, 점검빈도, 점검보고서의 서식 및 점검보고서에 적어야 하는 내용 등에 관한 점검지침을 마련하여야 한다.
② 의뢰자는 임상시험의 중요도, 대상자 수, 임상시험의 종류와 복잡성, 대상자에 대한 위험성 및 임상시험의 실시와 관련하여 이미 확인된 문제점을 고려하여 점검 계획과 점검 절차를 정하여야 한다.
③ 의뢰자는 점검결과를 기록하여 보존하여야 한다.
④ 식품의약품안전처장은 점검이 독립적이며 자율적으로 이루어질 수 있도록 임상시험이 규정 및 임상시험 관리기준을 심각하게 위반하였다는 증거가 있거나 또는 임상시험과 관련한 법적 분쟁이 발생한 경우에만 의뢰자에게 점검보고서의 제출을 요구하여야 한다.
⑤ 식품의약품안전처장은 의뢰자에게 점검확인서의 제출을 요구할 수 있다.

3.4 실태조사(Inspection)

실태조사는 수행 목적 및 수행 방법이 점검과 유사하지만 정부기관(식약처)이 수행의 주체가 되어 수행되는 것으로, 시험기관, 의뢰자, CRO 등 모든 시설, 문서, 기록 등을 현장에서 공식적으로 조사하는 행위이다.

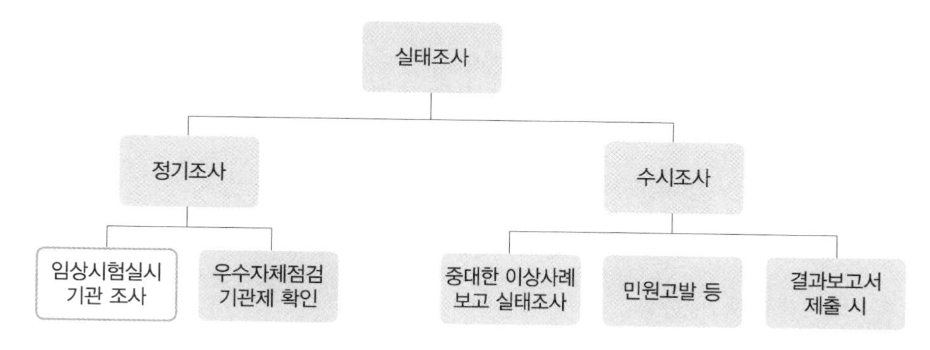

❙ 그림 4-2 ❙ 실태조사의 종류

대상자의 권익과 안전을 보호하고, 임상시험 자료의 신뢰성을 확인하며, 임상시험의 수준을 평가하는 것이 목적이므로 자료가 사실인지 여부와 관련 규정이 준수되었는지 여부, 대상자의 권익과 안전, 복지가 보호되었는지 여부 등을 확인한다.

시험자는 실태조사에 필요한 공간, 임상시험기관 및 시험자가 보관하도록 되어 있는 기본문서, 임상시험용 의료기기 수불 현황 및 적용 기록지를 준비하여야 하며, 관련 담당자가 참석할 수 있도록 미리 준비해야 한다.

임상시험기관에 대한 실태조사가 실시되면 시험자는 실태조사자의 질의에 성실히 답변해야 한다. 실태조사자와의 대화 및 행동은 협조적이고 합리적이어야 한다. 임상시험기관에 대한 실태조사가 종료되면 실태조사자는 시험자와 함께 그 결과를 검토한다. 이때 시험자는 실태조사자의 오해나 부정적 발견에 대해 충분히 설명할 수 있다. 만약 중요한 사항이 발견되었다면 확인서 등이 작성될 수 있다. 임상시험 의뢰자에 대한 실태조사는 임상시험기관의 실태조사와 병행하여 실시되므로 의뢰자도 실태조사를 준비하고 협조해야 한다.

실태조사 종료 후에는 실태조사 시 발견된 사항에 대해 임상시험 관련자들과 함께 다시 한 번 확인하고 해결 방법을 논의하도록 한다. 또한, 실태조사 결과에 대해 통지서를 받은 후 후속조치에 대한 답변서를 제출해야 할 경우가 있다. 이때는 시험책임자 및 연구담당자와 점검 평가 회의에서 점검 시 발견된 위반 사항 등에 대해 토의하고 이에 대한 수정과 수정완료 시점 등에 대해 협의한다. 실태조사 후속조치로는 점검 실시 후 15일(Working Day) 이내 점검 결과에 대해 점검 결과 보고서를 작성하여 담당자(CRA, 과제담당자 등)에게 전달한다.

담당자는 보고서에 포함된 시정 요청 사항 및 문제점 등을 파악하여 시정 및 반영될 수 있도록 하며 기관의 QA 부서에 보관한다. 또한, 식약처의 최종 점검보고서 요청이 있는 경우 제출하도록 한다. 실태조사의 결과는 그 위반의 정도에 따라 다음과 같이 구분된다.

〈표 4-9〉 실태조사 평가 기준

구분	내용	후속 조치
위반사항 (Critical findings)	• 「의료기기법」 관련 규정, 임상시험 관리기준의 심각한 미준수 및 임상시험 결과 품질에 심각한 부정적인 영향을 미친 경우 • 연구 참여 대상자의 안전, 복지 또는 비밀 유지에 심각한 위험을 초래한 경우 • 임상시험 자료의 신뢰성과 정확성이 결여된 경우 • 근거자료의 부재 및 조작	• 관련 규정에 따라 행정처분 등 적의 조치 • 품목허가 관련 수시점검의 경우, 결과보고서의 신뢰성 불인정 가능
시정사항 (Major findings)	• 시설 또는 운영 상태 등이 일부 미흡하나 개선, 시정을 통하여 임상시험 진행 가능한 경우 • 개선 등 보완자료 제출을 공문으로 요청 후 이행 여부 확인이 가능한 경우 • 반드시 재조사를 요하는 것은 아니며 사진, 근거문서 등으로 확인 가능한 경우	• 기한 내 조사 결과 또는 재발방지 계획 등 제출 요청 • 불이행 시행정처분 진행 또는 결과보고서의 신뢰성 불인정 가능
주의 (Minor findings)	• 의료기기 임상시험 관리기준 미준수이나 심각하거나 주요하지 않은 사항 • 대상자의 안전, 자료의 신뢰성에 크게 영향을 미치지 않는 경미한 내용	기한 내 조치 결과 또는 재발방지 계획 등 제출 요청
권고 (Recommendation)	향후 임상시험의 품질을 높이고 미준수 가능성을 줄이기 위한 제안	자발적 조치 권고

3.5 자료관리

임상시험 자료관리는 추후의 자료 추출과 분석이 용이하도록 정해진 방법대로 자료를 수집하고 배분하고 정보를 다루는 모든 활동이다. 여기에는 종이 기반의 자료뿐만 아니라 전자화한 자료의 운영까지 포함된다. 자료관리 과정은 임상시험계획서 작성과 증례기록서 양식 고안 시부터 임상시험 종료 후 결과 분석 시까지 지속된다. 자료입력, 타당성 검토 및 확인 과정 등을 포함한 자료관리의 수준은 통계분석과 보고서 작성 과정에서 질 높은 자료를 제공하기 위한 기초가 되며, 임상시험 전체의 질을 결정하는 중요한 요소 중 하나이다.

자료관리 과정이 완료된 후에는 분석이 가능한 데이터로 변환한다. 자료관리계획(DMP, Data Management Plan)을 기반으로 투명성이 보장되도록 자료의 정확성, 완전성, 일관성의 원칙을 가지고 자료관리 과정의 각 단계를 수행한다. 자료관리 과정 후에는 추적기록과 재료의 재현성이 가능해야 한다.

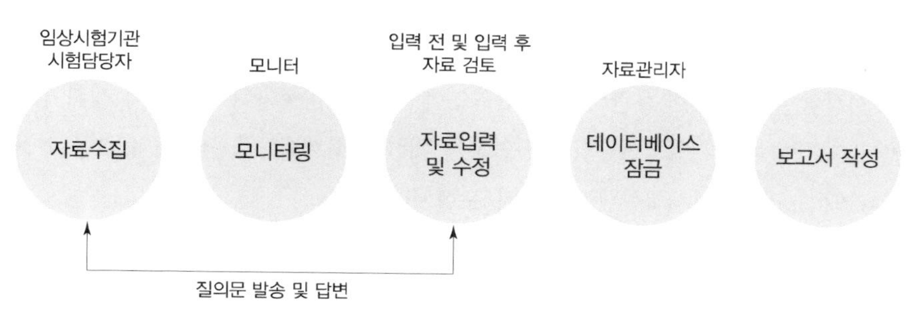

▎그림 4-3 ▎ 자료관리의 흐름도

의료기기 임상시험관리기준(KGCP)에는 자료의 처리에 대해 다음과 같이 규정하고 있다.

〈표 4-10〉 의료기기 임상시험 관리기준 자료의 처리

제24조(바. 자료의 처리) • 임상시험 자료를 전자적으로 처리하거나 원거리전산시스템을 이용하려는 의뢰자는 다음의 사항을 준수하여야 한다. - 임상시험 자료를 전자적으로 처리하기 위한 시스템 및 원거리전산시스템의 완전성, 정확성, 신뢰성 및 일관성이 의뢰자가 설정한 요구 사항에 맞는지 확인하고 확인사항을 기록하여야 한다. - 임상시험 자료를 전자적으로 처리하기 위한 시스템 및 원거리전산시스템의 사용 방법 등을 의뢰자 표준작업지침서에 정하여야 한다. - 임상시험 자료를 전자적으로 처리하기 위한 시스템 및 원거리전산시스템의 자료 수정 방식은 자료의 수정과정을 기록하고 기존에 입력한 자료는 삭제하지 않도록 설계되어야 하며, 의뢰자는 이를 확인하여야 한다. - 인가되지 않은 자에 의한 자료의 접근을 막을 수 있는 보안체계를 마련하여야 한다. - 자료 수정이 인가된 자의 명단을 갖추어 두어야 한다. - 자료의 복사본(backup)을 갖추어 두어야 한다. - 해당 임상시험과 관련하여 눈가림이 필요한 경우 자료입력 및 처리과정에서 눈가림 상태를 유지하여야 한다. • 자료처리 과정에서 자료의 형태를 변경하는 경우에는 원래 자료와 변형한 자료를 항상 비교할 수 있도록 하여야 한다. • 의뢰자는 각 대상자에 대한 자료를 확인할 수 있도록 대상자식별코드를 사용하여야 한다.

가. 종이 증례기록서(paper CRF) 사용의 경우

임상시험 기간 동안 증례기록서(CRF)를 통해 수집된 자료는 자료관리 과정 단계에서 입력을 통해 데이터베이스에 저장한다. 중앙실험실 등 외부 기관의 자료를 전자적으로 받는 경우에는 사전에 계획된 절차에 따라 데이터베이스에 추가되어야 한다.

1) 임상자료관리 시스템(Clinical Data Management System) 검증

자료관리에 사용하는 시스템의 신뢰성은 자료의 신뢰 및 품질과 직접적인 연관이 있으므로 임상시험 자료 관리에서 검증되고 품질이 보증된 시스템을 사용하면 시스템 오류에 따른 임상시험 자료의 손실과 오류를 사전에 방지할 수 있다. 종합하고 완벽한 시스템 지원을 위해 사전 계획된 테스트 계획에 따라 점검 관리해야 한다.

2) 자료관리계획(DMP, Data Management Plan) 개발

임상시험을 시작할 때는 임상자료관리 실무와 규정에 적합한 문서화된 자료관리 계획이 필요하다. 자료관리 단계별로 수행할 업무, 업무별 책임자, 업무에 대한 일정계획, 각 단계마다 적용할 표준작업지침서(SOP) 또는 가이드라인, 문서화할 내용 등이 포함된다.

3) 데이터베이스 구조(Database Structure) 개발

수집된 증례기록서 자료를 전자화하기 위하여 입력 화면을 만드는 과정이다. 자료 입력자는 개발된 화면을 이용하여 증례기록서의 자료를 입력하고, 입력된 자료는 데이터베이스에 저장된다.

데이터베이스 구조 개발은 CRF 각 항목의 데이터를 최적화하여 데이터베이스화하기 위해 도메인(Domain)명, 항목별 변수(Variable)명, 변수속성, 변수길이, 값(Value)을 정의하는 과정이다.

데이터베이스 구조는 종료 후 수집된 모든 자료를 통합해야 하기 때문에 표준화하는 것이 바람직하며, 입력뿐 아니라 데이터클리닝, 프로그램의 추출이나 리스팅, 분석에 영향을 미칠 수 있기 때문에 그에 대한 검토가 매우 중요하다.

4) 자료검증방안(DVS, Data Validation Specification) 개발

임상시험계획서 또는 증례기록서 작성 지침에 따라 수집되어야 할 자료의 누락 또는 수집된 자료 간에 일치하지 않는 항목에 대해 질의(Query)를 발행하기 위해 사전에 정의하여 미리 목록화하는 과정이다. Data Validation Plan 또는 Data Editing Specification이라고도 한다. 목록화 과정이 완료되면 해당 문서를 기반으로 프로그래밍하여 데이터를 검증한다. 자료 입력 전의 검토 결과, 자료 입력, 입력된 자료에 대한 검토 등 여러 단계에서 오류로 의심되는 자료를 확인한다.

5) 자료입력(Data Entry)

종이 증례기록서 형태로 수집된 자료들을 전자자료로 변환하여 데이터베이스에 저장하기 위해 자료입력 화면을 이용하여 입력하는 과정이다. 입력 오류를 최소화하기 위해 이중자료 입력(Independent Double Data Entry)과 같은 방법을 사용하는데, 동일한 자료를 두 사람이 각각 독립적으로 입력한 후 제3자가 입력 자료의 일치 여부를 확인한다.

6) 불일치 자료 확인(Unmatched Check File Comparison)

이중 자료입력 방식으로 입력된 두 데이터셋(Dataset) 간에 불일치하는 항목을 증례기록서와 비교하여 검토하고 올바른 자료로 데이터베이스에 수정하는 과정이다. 이는 오류를 최소화하여 자료의 정확도를 높이기 위한 과정이다.

7) 질의문(DCF, Data Clarification Form)

자료검증 방안 개발 단계에서 완성된 프로그램을 실제 자료에 적용하여 오류로 검출되는 자료들을 증례기록서 원본과 비교하고 검토하도록 시험책임자에게 질의하고 이에 대한 답변에 따라 자료를 수정하기 위해 사용하는 양식이다. 자료 입력 전 검토 결과, 자료 입력, 입력된 자료에 대해 자료관리자나 모니터요원이 시험자에게 질의문을 발송하고, 이후 서명된 답변을 받아 의심되는 자료를 명확하게 확인한다.

즉 입력 자료 중 누락된 값, 부적절한 값이 들어간 항목, 전후 내용이 논리적으로 맞지 않는 것 등 확인이 필요한 자료를 일정한 양식에 따라 작성하여 시험자에게 보내 올바른 값으로 정정한 후 자료관리자에게 다시 전달한다.

8) 의학적 코딩(Medical Coding)

임상시험 과정에서 수집된 이상사례, 병력, 약물 자료 등을 표준화한 용어체계로 일관된 용어를 통해 자료 저장, 검색, 분석, 표현을 용이하게 하면 자료 활용도를 높이고 신속하고 정확한 정보교환을 할 수 있다.

임상시험 자료관리에서 자주 사용되는 용어들은 다음과 같다.

〈표 4-11〉 의학적 코딩 용어

구분	내용
이상사례	• MedDRA(Medical Dictionary for Regulatory Activities) • WHO-ART(World Health Organization Adverse Reaction Terminology)
병력	• MedDRA • 질병분류체계(International Classification of Disease, ICD)
약물	• ATC(Anatomical Therapeutic Chemical Classification System) code • Kims 분류 • 보건복지부 분류

9) 데이터베이스 잠금(Database Locking)

데이터베이스에 입력된 자료에 대한 정확성, 타당성, 완결성의 검증 및 확인 과정이 완료된 이후 더 이상 자료의 수정, 추가, 삭제 등을 위해 접근할 수 없도록 자료 접근 권한을 제한하는 일련의 절차 및 업무다. 임상시험에서 수집된 자료를 전자자료로 변환한 후 더 이상의 자료 수정이 불가능하도록 관련자들의 권한을 삭제하고 차단하여 분석 가능한 자료를 생성, 저장, 보관하고 데이터의 무결성을 확보하기 위해 시행한다.

10) 관련기록 보관(Archiving)

관련기록 보관은 자료 처리의 단계별 수행 과정을 확인할 수 있는 문서 및 전자파일의 보관계획 및 유지, 폐기에 관한 기준에 따라 수행해야 한다. 관련기록 보관 시에는 보관 대상 자료를 정의하고 이에 따라 마스터 파일을 제작한다. 보관된 자료는 자료처리 과정이 타당하고 정확하게 수행되었는가를 확인하는 근거가 될 수 있다.

나. 전자 증례기록서(e-CRF, electronic-CRF) 사용의 경우

전자 증례기록서(e-CRF, electronic-CRF) 사용의 경우 자료관리 단계는 크게 Setup 단계, Data Management 단계 그리고 Closing 단계의 과정을 거친다([그림 4-4, 4-5]).

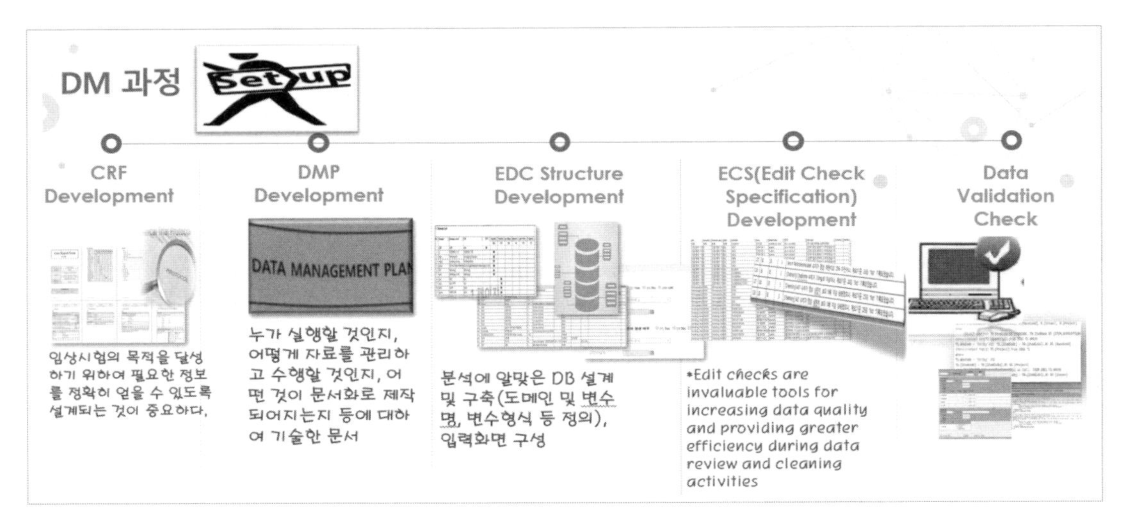

| 그림 4-4 | 자료관리 과정 중 Setup 단계

| 그림 4-5 | 자료관리 과정 중 Data Management와 Closing 단계

자료관리 업무의 절차는 계획서의 숙지에서 시작되어 계획서에 따른 CRF 개발 및 해당 과제의 자료관리를 어떻게 수행할지에 대해서 자료관리계획(Data Management Plan)을 작성한다. 자료관리계획이 최종화되면 자료관리계획에 따라 업무를 수행한다.

Setup 단계에서는 데이터베이스 개발을 포함한 EDC(Electronic Data Capture) 시스템의 구축 및 검증을 거쳐 UAT(User Acceptance Testing)를 통해 이상이 없으면 임상시험을 진행할 Setup 단계가 완료되었다고 할 수 있다. 이후 시스템에 접속하는 사용자의 계정을 전달받아 접속자 관리를 시행하게 된다.

Setup 단계가 완료되면 EDC 시스템은 Go-live되고, 임상시험 기관에서 데이터를 입력할 수 있도록 시스템이 오픈된다.

Data Management 단계는 임상시험에 들어가면 데이터가 입력되기 시작해서 마지막 데이터가 입력되는 시기라고 볼 수 있다. 이 단계에서는 임상시험 기관에서 수집된 정보를 직접 EDC 시스템에 입력하게 되고, 입력된 data에 대해서 오류가 없는지 검증하는 Data Cleaning 작업을 거치게 된다. 이 과정에서 자료검증방안(DVS)에 정의된 항목을 기준으로 질의문(DCF) 발행 및 기관에서 질의문(DCF)에 따른 Resolution을 시행한다.

또한 의학적 코딩(Medical Coding) 등을 통해 불일치한 데이터들에 대해 질의문(DCF)이 발행되고 Data Cleaning이 진행된다. 모든 데이터 수집 및 데이터의 무결성이 만족스럽게 해결되고, 의학적 코딩(Medical Coding)이 완료되면 자료관리가 완료된다.

마지막으로 Closing 단계로 데이터베이스의 무결성이 선언된 이후 데이터의 무단변경을 방지하기 위해 데이터베이스 잠금(DB Lock)을 진행하고 관련기록 보관(Archiving)을 시행한다.

3.6 통계분석(Statistical Analysis)

임상시험 기간 동안 수집된 자료는 임상시험계획서의 통계분석 부분에 기술된 내용에 따라 분석되어야 한다. 최종 통계계획은 자료에 대한 눈가림 상태에서의 검토 결과에 따라 재검토 또는 갱신되어야 하며, 눈가림 해제 이전에 최종 결정되어야 한다.

의료기기 임상시험에서 얻은 자료를 분석하는 원칙도 의약품의 경우와 크게 다르지 않으나, 임상시험용 의료기기의 특성에 따라 시험설계가 매우 다양하고 윤리적인 이유로 무작위배정 또는 눈가림이 불가능한 경우가 많다. 또한, 이중 눈가림 무작위 배정이 이루어진 임상시험에서도 임상시험 수행 도중 다양한 이유 때문에 비순응, 결측 등으로 인한 무작위 배정의 위반이 발생할 수 있다. 이런 비순응, 결측 자료를 제외하고 분석을 실시하면 시험효과의 추정에 비뚤림이 발생할 수 있다. 게다가 주어진 정보를 모두 사용하지 않으므로 정보 손실로 인한 검정력의 약화가 발생할 수 있다. 따라서 비뚤림을 최소화하는 적절한 분석방법을 자료수집 이전에 임상시험계획서에 명시하는 것이 매우 중요하다.

3.7 임상시험 결과보고서(CSR) 작성

임상시험 결과보고서는 임상시험의 모든 과정을 관련 규정에 따라 수행한 후 최종적으로 분석한 결과를 계획서의 내용을 위배하지 않고 보고서 형식으로 작성하는 것이다.

임상시험 결과보고서는 의료기기의 안전성 및 유효성을 증명하기 위하여 사람을 대상으로 시험한 임상시험의 통합된 전체 보고서로, 임상적 · 통계적 기술 및 분석이 포함되어 있어야 한다. 표와 그림은 결과보고서의 본문에 기재하거나, 본문의 말단에 위치할 수 있으며 임상시험계획서, 증례기록서 양식, 시험자 관련 정보, 임상시험용 의료기기의 정보, 기술 통계 문서, 관련 문헌, 시험대상자 자료 목록, 기술 통계 세부사항(도출, 계산, 분석, 컴퓨터 결과 등) 등은 부록으로 첨부한다. 이와 같은 통합된 전체 보고서는 '임상보고서'와 '통계분석 보고서'를 단순히 합쳐놓은 것을 의미하는 것이 아니다. 결과보고서는 통계분석 결과만 기술하는 것이 아니라 임상적인 측면에서 적절한 해석과 합당한 결론을 제시할 수 있어야 하기 때문에 통계분석에 대해 책임을 지는 의학통계학자뿐 아니라 의학적 전문성을 가진 시험책임자의 역할도 중요하다. 안전성 측면은 모두 기술되어야 한다.

결과보고서는 임상시험의 주요 설계 특징을 어떻게 선택하였는지에 대한 명확한 설명을 비롯하여, 임상시험계획의 정보, 방법, 임상시험의 수행에 대한 충분한 정보를 담아 임상시험이 어떻게 실시되었는지에 대한 모호함이 없도록 작성되어야 한다. 또한 결과보고서의 부록에는 주요 분석의 재현이 가능할 수 있도록 인구학적 자료, 기저치 자료가 포함된 개별 시험대상자의 자료 및 상세한 분석 기법을 충분히 포함하고 있어야 한다. 평균이나 비율 등과 같은 집단에 대한 통계자료뿐만 아니라, 임상시험 대상자인 개별 대상자들에 대한 정보들도 함께 제시해야 한다.

결과보고서에 수록되어야 할 세부 목차 및 목차별 작성방법은 식품의약품안전처에서 2019년 12월 마련한 「의료기기 임상시험 결과보고서 작성 가이드라인」에 다음과 같이 제시되어 작성을 위한 중요한 지침이 될 수 있다.

임상시험 결과보고서의 구성

1. 표지
2. 개요
3. 임상시험 결과보고서 목차
4. 약어 목록 및 용어의 정의
5. 윤리
6. 시험자 및 임상시험 지원조직
7. 임상시험 배경
8. 임상시험 목적
9. 임상시험 계획
10. 시험대상자
11. 유효성 평가
12. 안전성 평가
13. 고찰 및 결론
14. 본문에 수록되지 않은 표, 그림 및 그래프
15. 참고문헌
16. 부록
17. 별첨

제 5 장

의료기기 임상시험계획 승인 절차

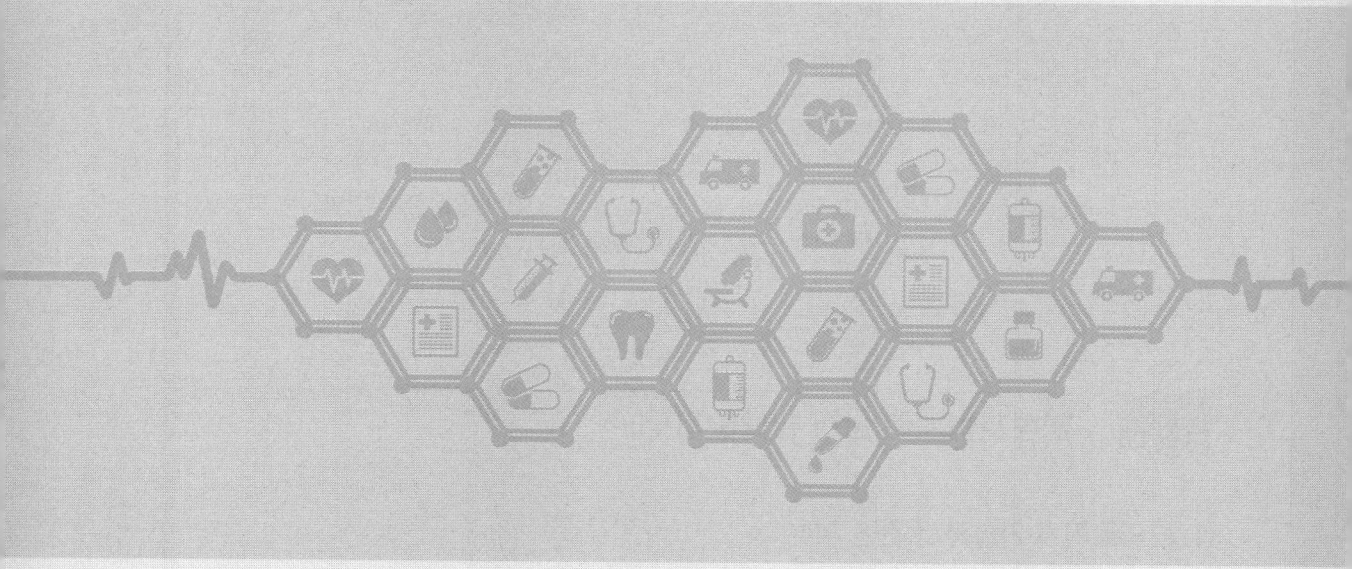

1. 임상시험계획 승인 필요문서
2. 임상시험계획 승인 신청

05 의료기기 임상시험계획 승인 절차

학습목표 — 품목허가용 임상시험 수행 시 필요한 절차 및 관련 서류의 이해를 통해 확증 임상시험수행 전단계에 대해 학습한다.

NCS 연계 —

목차	분류 번호	능력단위	능력단위 요소	수준
1. 임상시험계획 승인 필요문서	1903090203_15v1	임상시험	임상시험 허가 취득하기	6
2. 임상시험계획 승인 신청	1903090203_15v1	임상시험	임상시험 허가 취득하기	6

핵심 용어 — 임상시험계획 승인 필요문서, 기술문서, 제조및품질관리적합인정서, 임상시험계획서, 임상시험계획 승인 신청, 전자민원신청

1 임상시험계획 승인 필요문서

1.1 의료기기 기술문서 관련 서류

수행하고자 하는 의료기기 임상시험이 식약처 의료기기 임상시험계획 승인 대상인 경우 의료기기 품목허가 제출 시 동일한 자료의 기술문서 관련 서류가 필요하다. 식약처에 제출해야 하는 서류는 다음과 같다.

① 이미 허가받은 제품과 비교한 자료

② 사용 목적에 관한 자료

③ 작용 원리에 관한 자료

④ 제품의 성능 및 안전을 확인하기 위한 다음 각 목의 자료로서 시험규격 및 그 설정근거와 실측치에 관한 자료. 다만, 국내 또는 국외에 시험규격이 없는 경우에는 기술문서 등의 심사를 받으려는 자가 제품의 성능 및 안전을 확인하기 위하여 설정한 시험규격 및 그 근거와 실측치에 관한 자료

㉮ 전기·기계적 안전에 관한 자료

㉯ 생물학적 안전에 관한 자료

㉰ 방사선에 관한 안전성 자료

㉣ 전자파 안전에 관한 자료
㉤ 성능에 관한 자료
㉥ 물리·화학적 특성에 관한 자료
㉦ 안전성에 관한 자료
⑤ 기원 또는 발견 및 개발 경위에 관한 자료
⑥ 임상시험에 관한 자료
⑦ 외국의 사용 현황 등에 관한 자료

단, 체외진단용 의료기기의 경우 기술문서 등의 심사를 받으려는 자는 다음에 해당하는 자료(전자문서로 된 자료를 포함한다)를 첨부하여 식약처장 또는 기술문서 심사기관의 장에게 제출하여야 한다.
① 개발 경위, 측정 원리·방법 및 국내외 사용 현황에 관한 자료
② 원자재 및 제조 방법에 관한 자료
③ 사용 목적에 관한 자료
④ 저장 방법과 사용기간 또는 유효기간에 관한 자료
⑤ 성능시험에 관한 자료
⑥ 체외진단용 의료기기의 취급자 안전에 관한 자료
⑦ 이미 허가받은 제품과 비교한 자료

1.2 임상시험용 의료기기에 따른 시설과 제조 및 품질관리체계의 기준에 적합하게 제조되고 있음을 증명하는 자료

해당 서류는 「의료기기법 시행규칙」 [별표 2] 시설과 제조 및 품질관리체계의 기준에 따른 의료기기 제조 및 품질관리적합인정서 또는 임상시험용 의료기기 제조 및 품질관리적합인정서를 함께 제출해야 한다.

1.3 임상시험계획서 또는 임상시험변경계획서

수행하고자 하는 의료기기 임상시험계획에 관해 다음과 같은 내용이 포함된 계획서를 제출해야 한다.
① 임상시험의 제목
② 임상시험기관의 명칭 및 소재지[법 제10조제4항제1호 단서에 따라 임상시험을 실시하는 임상시험기관이 아닌 기관(이하 "임상시험 참여기관"이라 한다)이 있는 경우에는 그 사유와 해당 기관의 명칭, 소재지 및 해당 기관에 대한 관리·감독에 관한 사항을 포함한다]
③ 임상시험의 책임자·담당자 및 공동시험자의 성명 및 직명

④ 임상시험용 의료기기를 관리하는 관리자의 성명 및 직명
⑤ 임상시험을 하려는 자의 성명 및 주소
⑥ 임상시험의 목적 및 배경
⑦ 임상시험용 의료기기의 개요(사용 목적, 대상질환 또는 적응증을 포함한다)
⑧ 임상시험 대상자(이하 '대상자')의 선정기준 · 제외기준 · 인원 및 그 근거
⑨ 임상시험 기간
⑩ 임상시험 방법(사용량 · 사용 방법 · 사용기간 · 병용요법 등을 포함한다)
⑪ 관찰항목 · 임상검사항목 및 관찰검사방법
⑫ 예측되는 부작용 및 사용 시 주의사항
⑬ 중지 · 탈락 기준
⑭ 유효성의 평가기준, 평가방법 및 해석방법(통계분석방법에 따른다)
⑮ 부작용을 포함한 안전성의 평가기준 · 평가방법 및 보고방법
⑯ 대상자동의서 서식
⑰ 피해자 보상에 대한 규약
⑱ 임상시험 후 대상자의 진료에 관한 사항
⑲ 대상자의 안전보호에 관한 대책
⑳ 그 밖에 임상시험을 안전하고 과학적으로 하기 위하여 필요한 사항

1.4 체외진단의료기기 임상적 성능시험 계획 승인

「체외진단의료기기법」 제7조에 따라 체외진단의료기기로 임상적 성능시험을 하려는 경우, 계획서를 작성하여 임상적 성능시험기관에 설치된 임상적 성능시험 심사위원회의 승인을 받아야 한다. 다만, 다음의 경우에는 식품의약품안전처장의 승인을 받아야 한다.

① 인체로부터 검체를 채취하는 방법의 위해도가 큰 경우
② 이미 확립된 의학적 진단 방법 또는 허가 · 인증받은 체외진단의료기기로는 임상적 성능시험의 결과를 확인할 수 없는 경우
③ 동반진단의료기기*로 임상적 성능시험을 하려는 경우
* 다만, 이미 허가 · 인증받은 의료기기와 사 용목적, 작용원리 등이 동등하지 아니한 동반진단의료기기에 한함

「체외진단의료기기법」 제7조(임상적 성능시험 등) ① 체외진단의료기기로 임상적 성능시험을 하려는 자는 임상적 성능시험 계획서를 작성하여 제8조제2항에 따라 임상적 성능시험기관에 설치된 임상적 성능시험 심사위원회의 승인을 받아야 하며, 임상적 성능시험 계획서를 변경할 때에도 또한 같다. 다만, 다음 각 호의 어느 하나에 해당하는 임상적 성능시험의 경우에는 식품의약품안전처장으로부터 임상적 성능시험 계획 승인 또는 변경 승인을 받아야 한다.
1. 인체로부터 검체를 채취하는 방법의 위해도가 큰 경우

2. 이미 확립된 의학적 진단방법 또는 허가 · 인증받은 체외진단의료기기로는 임상적 성능시험의 결과를 확인할 수 없는 경우
3. 동반진단의료기기로 임상적 성능시험을 하려는 경우. 다만, 이미 허가 · 인증받은 의료기기와 사용목적, 작용원리 등이 동등하지 아니한 동반진단의료기기에 한정한다.

2 임상시험계획 승인 신청

의료기기 임상시험계획승인 신청은 식약처 의료기기 전자민원시스템(https://emedi.mfds.go.kr/msismext/emd/min/mainView.do)을 통해 진행한다.

① 로그인 후 '전자민원안내 및 신청'에서 검색하여 수행하고자 하는 민원사무 선택

② 기본정보 입력

③ 신청정보 입력

④ 신청파일 업로드

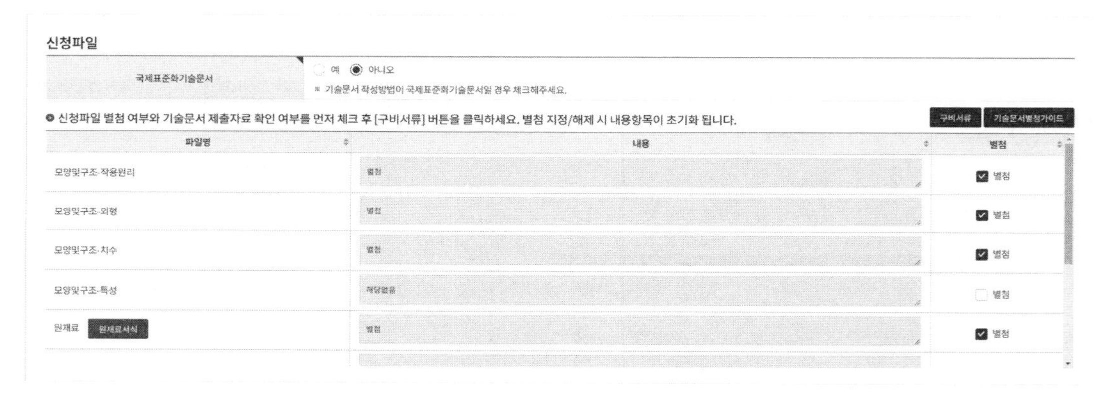

⑤ 기술문서 제출자료 여부 확인

⑥ 상세정보 입력

상세정보

● 모델명정보

엑셀다운로드 엑셀업로드 + 추가 - 삭제

순번	모델명

● 포장단위정보

+ 추가 - 삭제

순번	포장단위

실시기관정보

● 실시기관정보관리 목록

+ 추가 - 삭제

순번	기관	시험책임자

● 알림) 입력 된 내용을 수정하려면 실시기관정보관리 목록을 '선택' 하세요.

● 실시기관정보관리

기관	검색
대표자	
시험책임자 성명	
전화번호	
주소	검색 상세주소

● 알림) 입력한 내용을 추가하려면 해당항목을 입력 후 저장 버튼을 '클릭'해야 실시기관정보가 추가됩니다.

저장

제 6 장

의료기기 임상시험의 통계적 원칙 및 관련 문서

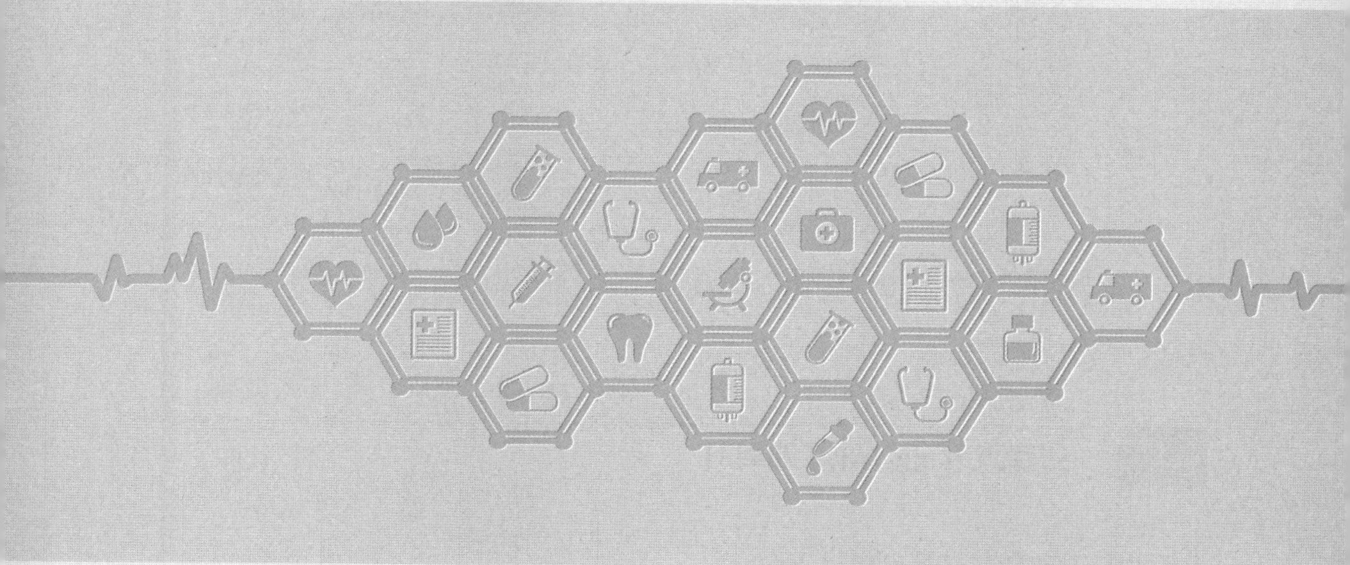

1. 의료기기 임상시험 계획서
2. 의료기기 임상시험 자료분석
3. 의료기기 임상시험 결과보고서

06 의료기기 임상시험의 통계적 원칙 및 관련 문서

학습목표 — 의료기기 임상시험 수행을 위한 디자인 설계 및 임상시험계획서 개발 시 통계적으로 고려해야 하는 사항 등을 학습한다.

NCS 연계 —

목차	분류 번호	능력단위	능력단위 요소	수준
1. 의료기기 임상시험 계획서	1903090203_15v1	임상시험	임상시험계획서 작성하기	6
2. 의료기기 임상시험의 자료분석	1903090203_15v1	임상시험	임상시험계획서 작성하기	6
3. 의료기기 임상시험 결과보고서	1903090203_15v1	임상시험	임상시험계획서 작성하기	6

핵심 용어 — 임상시험계획서, 임상시험설계, 통계적 고려사항, 분석군, 통계분석, 결과보고서

1 의료기기 임상시험 계획서

1.1 의료기기 임상시험 계획서 작성

임상시험의 설계와 계획서 작성에는 과학적 방법과 지식, 관련 규정에 관한 이해가 필요하다. 예외적인 경우도 있으나 일반적인 임상시험은 직접 사람을 대상으로 하는 실험적 연구이기 때문에 윤리적 측면에서 문제가 없을 것인지를 우선적으로 고려해야 한다.

가. 관련자료 검토

임상시험을 설계하는 경우에는 우선 관련 자료를 모두 수집하여 제품을 이해하고 계획서 작성에 유용한 참고문헌 등의 자료를 검토하는 과정이 필요하다. 관련 자료는 해당 제품의 동물연구자료, 성능연구자료, 선행연구자료 등이며, 이미 허가받은 유사제품이 시장에서 판매되고 있다면 유사제품의 연구논문이나 각종 문헌자료들도 모두 포함된다.

인터넷을 통해 유용한 정보를 얻을 수 있는데, 관련 연구논문을 통해서는 임상의 배경, 목적, 임상시험의 방법과 절차, 결과 및 제언 등을 포함한 전반적인 내용을 확인할 수 있다. 미국 FDA 등에서는 모든 임상시험을 공개적으로 등록한 제품에 대해서만 허가하고 있으며, 해당 웹사이트(www.clinicaltrials.gov)를

통해 유사제품 또는 선행제품들의 임상시험 디자인과 진행 현황을 확인할 수 있다. 구체적인 연구의 목표, 연구 단계, 대상자 수, 예상 기간, 선정·제외기준 및 평가변수 등 비교적 상세한 정보가 있으므로 임상시험을 설계하는 데 유용한 참고자료가 된다.

전략개발 단계에서 향후 해외진출 계획이 있거나 임상시험 결과를 의학저널에 발표할 계획이 있다면 해당 임상시험을 등록할 필요가 있다.

또한, 최근에는 대부분 국내 허가 외에도 유럽, 중국 미국 등 다양한 해외 인증/허가를 목표로 다국가 임상시험을 진행하는 경우가 많으며 이런 경우 각 국가별로 인정하는 기준이 다를 수 있으므로 각 국가별 규정과 Guidance document 또는 Recognized consensus standard 등을 참고할 필요가 있다.

나. 임상시험 디자인 설계

과학적이고 의학적인 요소들을 고려하여 가장 적절한 임상시험 디자인을 설계하기 위해서는 어떤 질환의 환자군을 대상으로 할 것인지, 기기의 효능을 우월성 검정(시험기기가 대조기기보다 더 좋다고 가정하는 경우)으로 할 것인지 비열등성 검정(시험기기가 대조기기보다 열등하지 않다고 가정하는 경우)으로 할 것인지, 대조군은 무엇으로 할 것인지, 유효성 확인은 어떤 방법으로 평가 할 것인지 등을 결정해야 한다. 이러한 결정 시에는 이전에 검토했던 관련 자료를 근거로 의뢰자, 시험자, 통계학자 등이 함께 모여 심도 있게 논의하여 전략을 수립해야 한다.

임상시험 디자인의 설계는 향후에 진행될 임상시험의 비용과 시간을 결정하고 임상시험 성공의 가능성을 높일 수 있다. 또한 그 결과로 인해 향후 보험급여 및 마케팅에도 영향을 미칠 수 있다.

다. 임상시험계획서 초안 작성

임상시험의 구체적 목표와 전략이 수립되었다면 임상시험 계획서 초안을 작성한다. 임상시험 계획서에는 관련 규정(「의료기기법 시행규칙」 제20조(임상시험계획의 승인 등) 제2항)에 따라 다음과 같은 항목들이 반드시 포함되어야 한다.

① 임상시험의 명칭
② 임상시험기관의 명칭 및 소재지[법 제10조제4항제1호 단서에 따라 임상시험을 실시하는 임상시험기관이 아닌 기관(이하 "임상시험 참여기관"이라 한다)이 있는 경우에는 그 사유와 해당 기관의 명칭, 소재지 및 해당 기관에 대한 관리·감독에 관한 사항을 포함한다]
③ 임상시험의 책임자, 담당자 및 공동시험자의 성명 및 직명
④ 임상시험용 의료기기를 관리하는 관리자의 성명 및 직명
⑤ 임상시험 의뢰자의 성명 및 주소
⑥ 임상시험의 목적 및 배경
⑦ 임상시험용 의료기기 개요(사용 목적, 대상 질환 또는 적응증 포함한다)
⑧ 대상자의 선정기준·제외기준·인원 및 근거

⑨ 임상시험기간
⑩ 임상시험방법(사용량 · 사용기간 · 병용요법 등을 포함한다)
⑪ 관찰항목, 임상검사항목 및 관찰검사방법
⑫ 예측되는 부작용 및 사용 시 주의사항
⑬ 중지 · 탈락 기준
⑭ 성능의 평가기준, 평가방법 및 해석방법(통계분석방법에 의한다)
⑮ 부작용을 포함한 안전성의 평가기준 · 평가방법 및 보고방법
⑯ 대상자동의서 서식
⑰ 피해자 보상에 대한 규약[작성 연월일, 소속, 직책, 성명(인)을 포함한다]
⑱ 임상시험 후 대상자의 진료에 관한 사항(후속처치 등을 포함한다)
⑲ 대상자의 안전보호에 관한 대책
⑳ 그 밖의 임상시험을 안전하고 과학적으로 실시하기 위하여 필요한 사항

임상시험계획서에는 의뢰자가 제공할 수 있는 제품 관련 정보들, 시험자가 제공할 수 있는 병원의 임상현장의 정보들이 포함되어야 한다. 특히, 연구 가설 설정, 대상자 수 산출, 통계적 분석방법 등에 관한 내용은 향후 품목허가를 위한 임상적 유효성에 대한 통계적 입증이 중요하기 때문에 전문적인 통계학자가 작성해야 하는 부분이다.

라. 임상시험계획서 검토 및 수정

임상시험계획서는 초안 작성부터 최종본이 나올 때까지 여러 번의 검토와 보완 및 수정을 거치게 된다. 의뢰자, 시험자, 통계학자, QC 담당자 등의 검토 의견을 반영하여 완성도를 높인다. 그리고 식약처의 임상시험계획 승인 과정에서 예상하지 못한 문제점이 발견될 수도 있다. 이를 방지하기 위해 식약처와 사전 논의를 할 수 있다. 사전 논의를 하게 되면, 임상 디자인 등을 협의할 수 있어 시행착오로 인한 계획에 차질이 생기거나 일정이 지연되는 것을 방지할 수 있다.

마. 최종 임상시험계획서

여러 번의 검토를 통해 더 이상의 질문이나 수정이 필요 없다면 임상시험계획서는 최종본으로 승인절차를 거쳐 임상시험에 사용될 수 있다. 이후에도 임상시험계획서는 식약처나 임상시험심사위원회(IRB)의 요청 또는 연구 진행 도중의 필요에 따라 변경될 수 있기 때문에 각 문서는 일련의 문서번호(버전)를 사용하여 관리해야 한다.

1.2 의료기기 임상시험 설계

임상시험 설계는 시험군과 대조군의 배치 방법에 따라 구분할 수 있는데, 크게 평행설계(Parallel Design), 교차설계(Crossover Design) 등으로 구분된다.

가. 평행설계

평행설계는 의료기기 임상시험뿐만 아니라 대부분의 확증적 비교 임상연구에서 사용되는 가장 일반적인 설계 방법이다. 평행설계에서 연구 대상자는 무작위 배정에 의하여 서로 다른 처리군(두 집단 또는 세 집단 이상)으로 배정되고, 연구가 종료될 때까지 처음 배정된 의료기기 처리군에 속하며 다른 의료기기 처리군으로 배정되지 않는다.

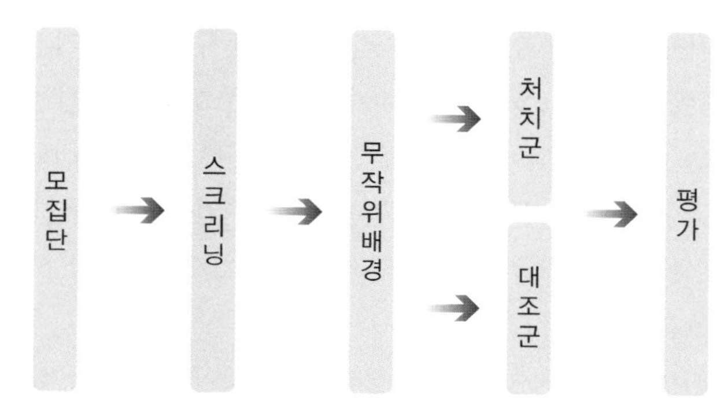

* 출처 : 한국보건산업진흥원. 의료기기 임상시험 의뢰자과정 표준교육교재, 2013.

▌그림 6-1▐ 일반적인 평행설계

평행설계는 매우 직관적이며 배치 체계가 단순하여 분석이 비교적 덜 복잡하고 해석이 명확하다는 장점이 있다. 그러나 연구 진행 도중의 탈락, 결측자료, 처리 비순응 등의 무작위배정 위반과 반복측정에 따른 상호작용 등 발생할 수 있는 문제점에 대비해야 한다. 평행설계는 다른 설계 방법에 비해 같은 검정력을 유지하기 위해 좀 더 많은 표본이 필요할 수 있다.

나. 교차설계

교차설계에서는 임상시험에 사용되는 모든 의료기기를 동일한 대상자에게 시차를 두어 적용한 후 결과를 측정한다. 예를 들어, 시험기기와 대조기기 두 군만 있는 경우(2×2 교차설계) 같은 대상자에게 시험기기와 대조기기를 시간 차이를 두고 모두 적용한다. 이때 시험기기와 대조기기의 적용 순서는 무작위로 배정한다.

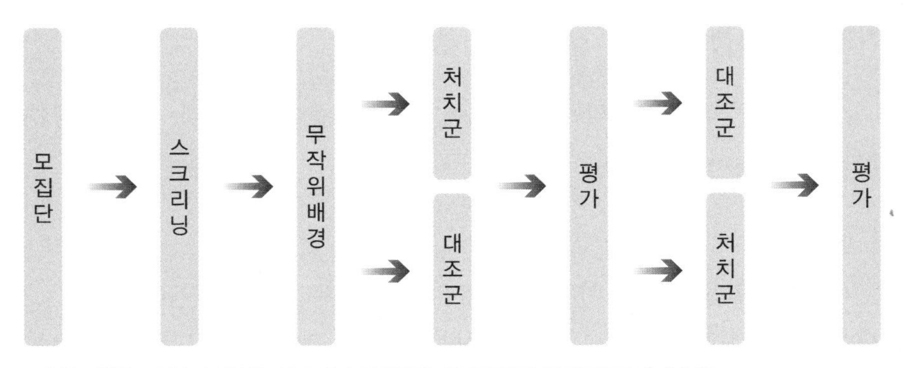

* 출처 : 한국보건산업진흥원. 의료기기 임상시험 의뢰자과정 표준교육교재, 2013.

❙ 그림 6-2 ❙ 교차설계

교차설계는 같은 대상자에서 대조군과 시험군을 직접 비교할 수 있어 자기 대조군이 된다는 장점이 있다. 검정력이 같다면 평행설계와 비교하여 표본 수가 줄어드는 것 또한 장점이다. 하지만 먼저 적용한 기기의 효과가 이후 적용한 기기의 효과에 영향을 줄 수 있는 잔류효과(Residual, Carry-Over Effect)가 발생할 수 있다. 이는 두 기기의 효과 비교에 비뚤림을 발생시킨다. 이러한 잔류효과가 발생하지 않도록 하려면 두 군 적용 사이에 충분한 기간을 두어 먼저 적용한 기기의 효과가 사라지게 해야 한다. 이런 기간을 휴약기(Wash-Out Period)라고 한다.

이런 교차설계는 의약품 임상시험의 경우 1상 임상시험에서 많이 사용한다. 하지만 의료기기 임상시험에서도 제한적인 상황에서 사용할 수 있다.

다. 대응짝 설계(Matched Pair Design)

의료기기 임상시험에서는 의료기기의 특성으로 인해 평행설계나 교차설계 같은 통상적인 설계 형태 외에 한 명의 대상자에게 두 가지 의료기기를 동시에 적용하거나 쌍을 이루어 적용하는 경우가 흔히 발생한다. 대응짝 설계는 의약품 임상시험에서는 거의 나타나지 않는 특별한 예인데, 통계적 측면에서는 대조군과 시험군의 측정값이 상관되어 있어 분석에서 이런 상관을 고려해야 한다.

예를 들어, 주름제거 필러제 A와 B를 비교하는 임상시험에서 A와 B를 무작위로 오른쪽 뺨과 왼쪽 뺨에 배정하면 동시에 A와 B의 효과가 평가되기 때문에 결과 자료가 서로 연관될 수 있다. 이 경우 앞서 언급한 평행설계에서와의 차이점은 무작위 배정의 기준이 대상자가 아니라 의료기기가 적용될 국소 부위에 해당한다는 점과 질병 특성에 따라 서로 독립적인 표본이라고 할 수 없는 점이다. 이 경우에는 일반적인 독립표본에 대한 통계적 분석방법을 적용할 수 없다.

또 다른 예로는 콘택트렌즈 A와 B의 안전성을 평가하는 임상시험에서 A와 B를 무작위로 오른쪽 눈과 왼쪽 눈에 배정하는 경우이다. 이때 한쪽 눈의 시력 향상 또는 이상사례 발생과 다른 쪽 눈의 시력 향상 또는 이상사례 발생이 서로 연관이 있는지에 대한 임상적 판단이 필요하다. 만일 서로 연관되어 있는 경우는 상관을 고려한 분석을 해야 하고, 연관이 없다고 임상적 판단을 하는 경우는 독립적 단위로 가정하여 분석을 할 수 있다.

이와 같은 판단에서는 통계적 지식에 근거하기보다 임상적 판단 기준을 면밀히 조사해야 하며, 만약 독립적 단위로 판단하는 경우에는 이에 대한 근거자료를 충분히 마련해야 한다. 그 외에 둘 이상의 치료를 동시에 비교하는 요인설계도 있다.

1.3 의료기기 임상시험 계획서의 통계적 고려사항

가. 임상시험의 모집단

모집단은 관찰의 대상이 되는 집단 전체를 의미한다. 연구 대상의 모집단은 임상시험이 시작되기 전에 선정 및 제외 기준을 명확하게 제시하고 전문적인 의학적 판단에 따라 신중하게 결정해야 한다. 선정 및 제외 기준은 처치의 잠재적 효과는 크게 하고 위험은 최소화하도록 설정한다. 결정된 연구 모집단은 미래의 의료기기 사용자 집단과 특징이 비슷해야 한다.

연구 대상 모집단이 장차 의료기기를 사용할 모집단에 속한 환자들의 특성을 잘 나타낸다면 임상시험 결과는 유효하게 사용될 수 있다. 이런 특성을 가진 표본을 대표성 표본이라고 한다.

나. 1차 평가변수 및 2차 평가변수

임상시험에서 평가하고자 하는 의료기기의 효과를 명확히 반영할 수 있는 가장 중요한 결과변수를 1차 평가변수라고 한다. 확증시험의 주요 목적은 유효성에 대한 과학적 증거를 제시하는 것이기 때문에 1차 평가변수는 대부분 유효성 평가 변수이다. 때때로 안전성 평가가 1차 평가변수가 될 수도 있고 삶의 질을 나타내는 척도나 의료비용의 측정도 1차 평가변수가 될 수 있다. 일반적으로 1차 유효성 평가변수는 의학적 중요도, 객관적 측정 가능도 등에 근거하여 기존의 비슷한 임상시험이나 의학연구에서 이미 사용되어 검증을 거친 변수를 선택한다.

임상시험의 1차 목적 외에 추가적으로 측정하는 변수나 2차 목적을 측정하는 변수를 2차 평가변수라고 한다. 2차 평가변수도 연구 시작 단계에서 미리 정해야 하고, 임상시험과 관련된 변수를 선택해야 한다.

1차 평가변수에 근거하여 대상자 수를 계산하게 되고, 1차 유효성 목표가 성공하면 임상시험의 결과가 성공하는 것이다.

다. 대조군

임상시험에서 의료기기의 효과는 처리군과 대조군에 배정된 연구 대상자들의 차이를 비교하여 확인한다. 그러므로 대조군이 없다면 임상시험의 확증적인 효과의 크기 및 안전성을 해석하기가 매우 어렵다. 대조군은 기본적으로 시험군과 성격이 동일한 환자군을 선택해야 한다. 윤리적인 문제로 대조군을 설정하기 어려운 경우를 제외하면 일반적으로 대조군을 설정하고 무작위배정 방법을 통해 동질성을 확보할 수 있다.

의료기기 임상시험에 사용되는 대조군

- 샴(Sham)기기 대조군 : 처치의 효과가 없는 기기 사용
- 무처리 대조군 : 처리(처치)하지 않은 대조군
- 활성 대조군 : 이미 사용되고 있는 표준기기 또는 처치를 사용
- 과거 대조군 : 이전의 임상시험의 자료나 결과를 적용
- 자기 또는 교차 대조군 : 동일 대상자에게 시험기기(또는 대조기기)를 적용하고 일정한 시차를 두고 대조기기(또는 시험기기)를 적용
- 시차 대조군 : 같은 조건을 만족하지만 시간 또는 장소의 차이를 두고 적용

라. 눈가림(Blinding, Masking)

눈가림(Blinding)은 시험대상자, 시험자(시험담당자), 시험결과 측정자, 제3의 평가자 등에 의해 발생하는 편향(Bias)을 배제, 혹은 줄이기 위하여 사용되는 방법이다. 시험대상자에게 처리에 관한 정보를 제공하지 않는 눈가림은 반응변수가 주관적으로 측정될 때 특히 중요하다. 예를 들어, 시술 후 시험대상자의 고통 완화 정도를 측정하는 경우 시험대상자의 눈가림은 측정의 객관성을 높일 수 있다. 시험담당자에게 처리에 관한 정보를 제한하는 눈가림은 처리의 할당, 자료 분석의 객관성을 증대시킨다. 편향(Bias)을 최소화하기 위해 다음과 같은 네 가지 눈가림 방법들이 사용될 수 있다.

눈가림 방법

- 단일 눈가림(Single Blind) : 시험자나 대상자 중 한쪽에만 눈가림법이 행해지는 방법이다. 일반적으로 많이 행해지는 단일 눈가림법은 시험자가 시험의 처리에 관한 정보를 제공받지만 대상자는 처리에 관한 정보를 제공받지 못하는 방법이다. 이 경우, 대상자는 어떠한 처리가 자신에게 행해지는지 모르기 때문에 위약효과(Placebo effect)를 배제할 수 있다. 하지만 시험자가 처리에 관한 정보를 가지고 있기 때문에 대상자들에 따라 다른 처리방법을 사용할 수 있고, 처리에 관한 정보를 대상자에게 유출시킬 가능성이 있다는 한계점이 있다.
- 이중 눈가림(Double Blind) : 시험자와 대상자 모두에게 대상자가 받는 처리를 모르게 하며 제3의 평가자가 대상자에게 어떠한 처리가 행해지는지를 결정하고 기록하는 방법이다. 이러한 경우, 위약효과(Placebo effect)나 처리에 관한 정보 유출을 배제할 수 있어 객관적인 결과를 가져올 수 있다.
- 제3자 눈가림(Third Party Blind) : 시험자와 대상자는 어떠한 처리를 받는지 알지만 측정자에게는 모르게 하는 방법이다. 의료기기 임상시험의 경우 처치방법을 시험자나 대상자에게 눈가림하는 것이 현실적으로 매우 어려운 경우가 많다.
- 삼중 눈가림(Triple Blind) : 시험의 구성방법에 따라 의미는 변할 수 있지만 일반적으로 시험자, 대상자뿐만 아니라 제3의 평가자까지 어떠한 처리가 사용되고 있는지를 모르게 하는 방법이다. 때로는 시험 결과에 대한 객관성을 높이기 위해 제3의 평가자에 대한 눈가림이 대상자에 대한 눈가림보다 더 중요할 수 있다.

※ 임상시험에서 대표적으로 사용하고 있는 예시에 해당하며, 실제 진행하는 임상시험 설계에 따라 사용하는 눈가림법이나, 각 눈가림법에서 눈가림이 되는 대상자는 다르게 설정될 수 있음

* 출처 : 식품의약품안전평가원. 의료기기 임상통계 질의응답집(민원인안내서), 2020.

▌그림 6-3▐ 눈가림법의 대표적인 예시

그러나 현실적으로 의료기기 등의 특성상 눈가림이 불가능한 경우에 눈가림을 하지 않는 시험을 공개시험이라고 하며, 이 경우는 효과나 안전성 측정변수를 최대한 객관적인 변수로 선택해야 비뚤림의 발생을 최소화할 수 있다.

마. 무작위배정

처리나 의료기기 등을 연구대상자들에게 할당할 때, 선택편향(Selection bias)을 최소화 하도록 노력해야 한다. 시험결과와 연관성이 높은 예후인자(Prognostic factor)를 가진 시험대상자들이 대조군에 많이 속하고 그렇지 않은 시험대상자들이 시험군에 많이 속하게 되는 경우에는 편향이 발생할 수 있다. 이러한 선택편향을 줄이기 위하여 가장 흔히 사용하는 방법이 무작위배정(Randomization) 방법이다.

이 방법을 사용하면 시험대상자가 각 군에 할당될 확률은 동일하며 처치를 제외한 어떤 다른 변수에도 영향을 받지 않게 된다. 특히, 비교대상이 되는 그룹의 수가 적고 시험대상자의 수가 클수록 균형 있게 배분되며 시험자(시험담당자)에 의한 의식적 또는 무의식적 편향도 제거할 수 있다. 대표적으로 다음과 같은 방법들이 있으며 이외에도 해당 임상시험에 적합한 방법을 적용하여야 한다.

※ 다음 제시된 각 방법에 대한 예시는 해당 방법에 대한 일반적인 예이며, 실제 임상시험 설계에 따라 무작위방법은 다르게 적용될 수 있음

1) 단순배정방법

무작위번호 또는 난수표를 사용하여 시험대상자를 시험군, 대조군에 무작위로 배정하는 방법이다. 예를 들어 시험대상자가 무작위번호 1이 나오면 대조군으로 배정되고, 무작위번호 2가 나오면 시험군으로 배정된다. 대조군과 시험군의 수는 동일하게 배정되지 않을 수 있다.

* 출처 : 식품의약품안전평가원. 의료기기 임상통계 질의응답집(민원인안내서), 2020.

❙ 그림 6-4 ❙ 무작위배정방법의 대표적인 예시

2) 블록 무작위배정방법

처리집단(대조군과 시험군) 간에 할당되는 시험대상자의 수를 같거나 또는 거의 비슷하게 만들어 주는 방법이다. A가 시험군, B가 대조군이라고 정의하고 4블록에 대해서 시험대상자를 배정하고자 한다면, 시험군과 대조군이 나열될 수 있는 모든 배열 중에서 무작위로 하나의 배열을 선택하여 시험대상자를 선택된 배열에 따라서 배정하는 방법이다. 예를 들어 무작위로 선택한 배열이 대조군, 대조군, 시험군, 시험군(BBAA)일 경우 처음 4명의 시험대상자를 순서대로 대조군, 대조군, 시험군, 시험군에 배정하고, 두 번째로 선택한 배열이 시험군, 대조군, 대조군, 시험군(ABBA)일 경우 다음 4명의 시험대상자를 시험군, 대조군, 대조군, 시험군에 배정하는 방법이다. 블록 무작위방법을 블록 수의 설정에 따라 시험군과 대조군이 나열될 수 있는 배열의 경우의 수가 다르게 나타나며, 이는 실시하고자 하는 임상시험 방법에 따라 다르게 적용될 수 있다.

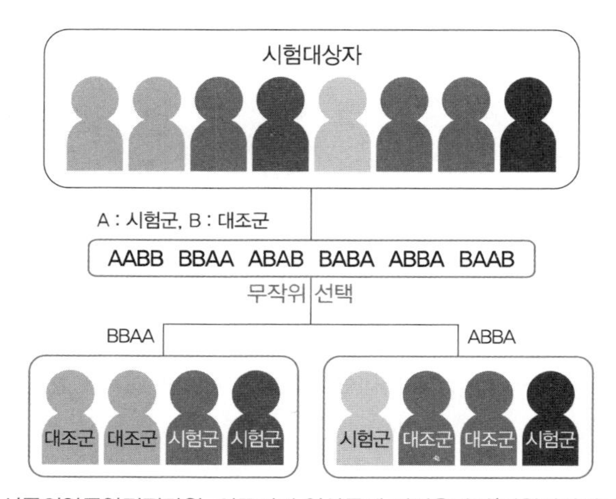

* 출처 : 식품의약품안전평가원. 의료기기 임상통계 질의응답집(민원인안내서), 2020.

❙ 그림 6-5 ❙ 블록 무작위배정방법의 대표적인 예시

3) 층화 무작위배정방법

시험대상자들을 여러 개의 층으로 분할한 후 각 층별로 무작위 할당하는 방법으로, 예를 들어 시험대상자 10명에 대해 성별에 따라 1차로 층화를 한 후 시험군과 대조군으로 무작위 배정하는 방법이다. 층화에 대한 조건은 임상시험 설계에 따라서 다르게 설정될 수 있다.

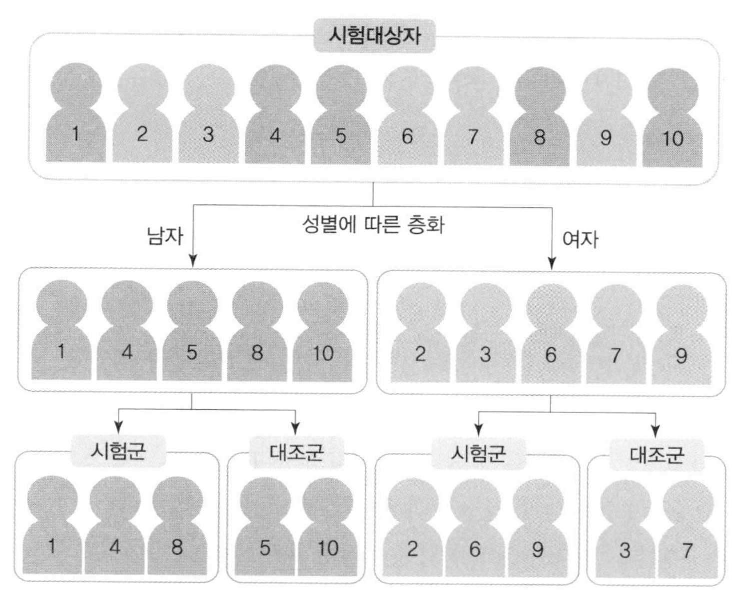

* 출처 : 식품의약품안전평가원. 의료기기 임상통계 질의응답집(민원인안내서), 2020.

▌그림 6-6▐ 층화 무작위배정방법의 대표적인 예시

바. 비교검정

통계적 가설이란 연구와 관련된 모집단의 분포 또는 모수 등에 관한 어떤 주장이나 설명이다. 통계적 가설은 귀무가설과 대립가설 둘로 나눌 수 있다.

① 대립가설(H1) : 시험자가 임상시험을 통해 증명하려는 가설

② 귀무가설(H0) : 대립가설 입증에 실패해서 채택할 수밖에 없는 가설

예를 들어, 고혈압의 시험용 치료기기로 A라는 레이저기기와 대조용 Sham 기기를 비교하는 임상시험에서 A기기의 치료효과는 Sham 기기의 치료효과와는 다를 것이라는 것이 연구가설, 즉 대립가설일 것이다. 치료효과가 다르지 않을 것, 즉 치료효과의 차이가 없을 것이라는 것이 귀무가설이 된다. 이를 좀 더 구체적으로 보면 만약 1차 유효성 평가변수를 평균 수축기혈압이라고 한다면 귀무가설과 대립가설은 다음과 같이 표현할 수 있다.

$$H_0: \mu t = \mu c \text{ vs } H_1: \mu t \neq \mu c$$

여기서, μt는 시험용 기기에서의 평균 수축기혈압이고 μc는 대조용기기에서의 평균 수축기혈압이다.

통계적 검정은 주장에 관한 결정을 하는 과정이다. 결정을 하는 과정에서는 두 가지 오류를 범할 수 있다. 즉, 귀무가설이 정말로 참인 경우 귀무가설을 기각하는 오류와 귀무가설이 참이 아닌데 귀무가설을 기각하지 못하는 오류가 있을 수 있다.

다시 말하면 치료기기의 효과가 없는데 효과가 있다고 결정할 오류와 치료기기의 효과가 있는데 효과가 없다고 결정할 오류이다.

〈표 6-1〉 통계적 가설검정의 결정에서 나타나는 오류의 종류

Decision \ Reality	H_0 is True	H_1 is True
H_0 is True	Correct	Type Ⅱ error[2]
H_1 is True	Type Ⅰ error[1]	Correct(Power)

1) Type Ⅰ error : 제1종 오류
2) Type Ⅱ error : 제2종 오류
* 출처 : 식품의약품안전처. 의료기기 임상시험 관련 통계기법 가이드라인, 2010.

〈표 6-1〉의 내용을 살펴보면 첫 번째 종류의 오류를 제1종의 오류라고 하며, 이런 1종의 오류를 범할 확률을 α라고 표시한다. 두 번째 종류의 오류를 제2종의 오류라고 하며, 이런 2종의 오류를 범할 확률을 β라고 한다. 결정 과정에서 α와 β를 모두 최소화하면 좋지만, 실제로 α를 작게 하면 β가 증가하고, β를 작게 하면 α가 증가한다. 따라서 통계적 가설 검정에서는 α를 미리 작게 통제한 상태에서 β를 작게 하는 방법을 선택한다. 미리 통제한 α를 유의수준이라고 하고, 일반적으로 0.05를 선택한다.

시험자는 연구 설계에 따라 자료를 모으고 귀무가설이 참이라는 가정 아래에서 자료의 결과로부터 제1종의 오류를 범할 확률을 구한다. 이를 p-값(P-Value)이라고 한다. 이 p-값과 미리 정한 유의수준과 비교하여 p-값이 유의수준보다 작은 경우 귀무가설을 기각하고, 만일 p-값이 유의수준보다 큰 경우는 귀무가설을 기각하지 못한다.

이러한 통계적 검정 과정을 정리하면 다음과 같다.

① 통계적 가설에 맞는 모수를 선택한다.
② 이 모수를 이용하여 귀무가설과 대립가설을 세운다.
③ 유의수준 α를 선택한다. 일반적으로 0.05로 정한다.
④ 검정에 사용할 검정통계량을 지정한다.
⑤ 자료로부터 검정통계량 값을 구하고 귀무가설이 참이라는 가정 아래 p-값을 구한다.
⑥ p-값과 유의수준을 비교하여 유의수준보다 작으면 귀무가설을 기각하고 유의수준보다 크면 귀무가설을 기각하지 못한다.
⑦ 검정결과로부터 결론을 도출한다.

사. 우월성(Superiority) 검정

비교연구에서 우월성 비교는 연구 목표가 처리군(임상시험용 의료기기)의 효과가 대조군(Sham 또는 활성의료기기)보다 더욱 뛰어남을 보이는 경우에 해당한다. 그러나 우월성 검정을 고려할 경우 연구 대상자의 질병이 심각하거나 사전에 행한 우월성 시험에 의해 유효성을 검증받은 대조 의료기기가 있다면 Sham 대조군을 고려한 우월성 비교는 윤리적으로 문제가 발생할 수 있다. 이때는 대조 의료기기를 표준화된 시험으로 사용해야 한다. 표준화된 시험으로 사용되는 의료기기를 활성대조군이라고 한다. 우월성 검정이 목적인 임상시험을 우월성 임상시험이라고 한다. 우월성 검정에서 중요한 점은 임상적으로 우월하다 일정할 만한 차이인 우월성 한계점을 연구 계획 단계에서 미리 결정해야 한다는 것이다. 일반적인 우월성 한계점은 '0'을 많이 사용하고 있지만 모두 그런 것은 아니고, 해당 임상시험의 특징에 맞춰 임상적으로 정당하고 통계학적으로 타당한 값을 선정해서 사용할 수 있다.

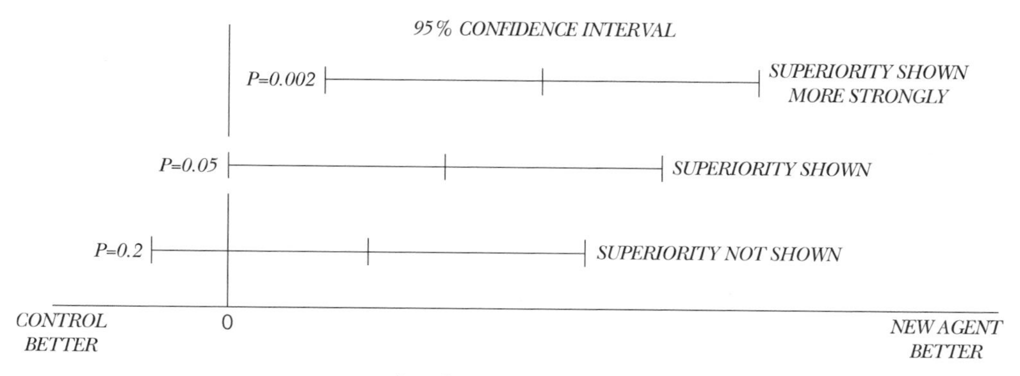

▎그림 6-7▎ 우월성 비교

아. 비열등성(Non-Inferiority) 또는 동등성(Equivalence) 비교 검정

처리군의 효과가 대조군과 유사하거나 열등하지 않음을 입증하는 경우로 시험군을 활성대조군과 비교하는 경우에는 시험군의 효과가 활성대조군보다 못하지 않음을 보이는 것이 임상시험의 목적이다. 이러한 검정을 비열등성 검정이라고 하며, 비열등성 검정이 목적인 임상시험을 비열등성 임상시험이라고 한다.

비열등성 검정에서 중요한 점은 임상적으로 무시할 만한 차이인 비열등성 한계점을 연구 계획 단계에서 미리 결정해야 한다는 것이다. 정해진 규칙은 없으나 "적어도 Sham군의 효과와 활성대조군의 효과 또는 예상되는 시험용 의료기기의 효과의 차이의 절반 이하여야 한다."는 일반적인 규칙이 있다. 그러나 항상 이 규칙을 적용할 수 없으므로 한계점은 활성대조군의 이전 임상시험 결과와 임상의의 판단을 근거로 신중하게 결정해야 한다.

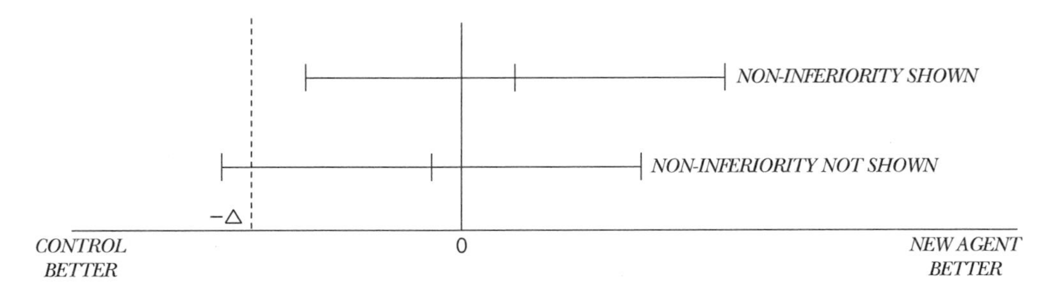

❙ 그림 6-8 ❙ 비열등성 비교

자. 대상자 수의 결정

임상시험에서 대상자 수는 연구 목표를 분석할 수 있을 정도로 충분히 보장되어야 한다. 다만, 식약처에서 승인하는 의료기기 임상시험계획은 시험자 임상시험, 안전성 및 유효성 탐색임상시험, 안전성 및 유효성 확증 임상시험으로 세 가지 종류이다. 확증용 임상시험에서는 시험대상자 수를 반드시 통계적으로 산출하여야 하지만 탐색임상시험에서는 제외할 수 있다.

임상시험계획서에는 임상시험에 참여하는 대상자 수의 결정 방법과 그 근거가 기술되어야 한다. 대상자 수를 결정하기 위해 사전에 필요한 필수 정보는 다음과 같다.

① 연구가설

② 유의수준

③ 통계적 검정력

④ 사용될 통계적 방법(즉, 연구 디자인과도 관련됨)

⑤ 선행연구 또는 참고문헌 검토를 통해 예상되는 효과 차이(및 표준편차)

임상시험 계획승인 민원 중 승인된 사례를 두 가지 제시하였다. 특정 통계프로그램을 적용하여 시험대상자 수를 산출한 설정화면 및 결과값을 확인할 수 있는 화면에는 효과 크기, 제1종오류, 검정력, 대조군과 시험군의 대상자 수, 표준편차, 한계값(margin) 등을 포함한다. 다음 그림은 특정 통계프로그램의 설정화면의 예시이며, 실제 임상시험에서 사용하는 통계프로그램에 따라 설정화면이 상이할 수 있다.

따라서 실제 임상시험에서 시험대상자 수 산출 시 사용한 통계프로그램의 설정화면 또는 산출에 대한 근거 문헌을 제시하여야 한다.

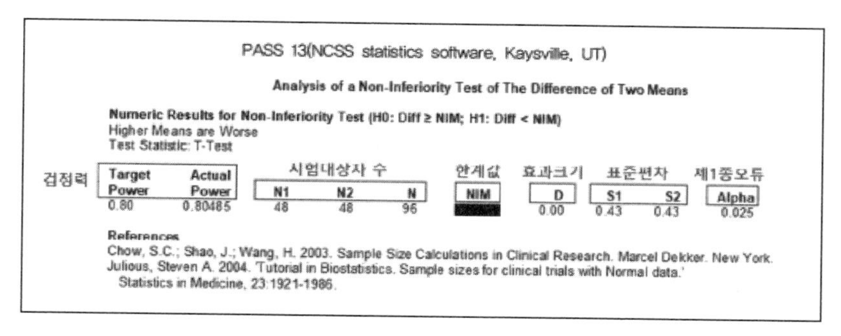
PASS 13(NCSS statistics software, Kaysville, UT)

Analysis of a Non-Inferiority Test of The Difference of Two Means

Numeric Results for Non-Inferiority Test (H0: Diff ≥ NIM; H1: Diff < NIM)
Higher Means are Worse
Test Statistic: T-Test

검정력		시험대상자 수			한계값	효과크기	표준편차		제1종오류
Target Power	Actual Power	N1	N2	N	NIM	D	S1	S2	Alpha
0.80	0.80485	48	48	96		0.00	0.43	0.43	0.025

References
Chow, S.C.; Shao, J.; Wang, H. 2003. Sample Size Calculations in Clinical Research. Marcel Dekker. New York.
Julious, Steven A. 2004. 'Tutorial in Biostatistics. Sample sizes for clinical trials with Normal data.' Statistics in Medicine, 23:1921-1986.

▌그림 6-9▐ 통계프로그램 설정화면 및 결과값 관련 임상시험계획승인 사례

총 예상 모집 임상시험 대상자수: 128명(중도탈락률: 20% 고려)

본 임상시험은 신생 관상동맥 병변을 가진 임상시험대상자를 대상으로 시험기기인 △△△가 대조기기인 ㅁㅁㅁ에 비해 임상적으로 열등하지 않음을 보이고자 하며, 일차 유효성 평가변수는 시술 후 1년 시점의 분절 내 후기 내강 소실로 설정하였다. 본 임상시험의 연구목적을 검증하기 위한 통계적 가설은 다음과 같다.

$$H_0 : \mu_r - \mu_c \geq \delta \ vs. \ H_1 : \mu_r - \mu_c < \delta$$

μ_r = 시험군에서의 시술 후 1년 시점의 분절 내 LLL평균

μ_c = 대조군에서의 시술 수 1년 시점의 분절 내 LLL평균

δ = 비열등성 마진

본 임상시험의 대조기기인 ㅁㅁㅁ를 사용한 다수의 약물방출 관상동맥 스텐트 연구 및 ●●● 연구에서 XXX 를 비열등성 마진으로 적용하고 있는바, 이를 본 임상시험의 비열등성 마진으로 설정하였다. ●●●과 ○○○연구에서 보고된 in-segment LLL의 표준편차는 ●●●의 경우 XXX 와 XXX, ㅁㅁㅁ의 경우 XXX 와 XXX로, 이들 연구에 포함된 임상시험대상자 수를 가중치로 고려한 합동표준편차인 XXX 를 본 임상시험의 표준편차로 설정하였다.
이를 바탕으로 단측 유의수준 2.5%, 검정력 80% 가정 하에 아래 표본 수 공식으로 산출된 각 군 별 임상시험대상자 수는 51명이며, 20%의 중도 탈락률을 고려하여 각 군별 64명, 총 128명의 임상시험 대상자를 본 임상시험에 등록시키고자 한다.

$$n = \frac{2\sigma^2(z_{1-\alpha}+z_{1-\beta})^2}{\delta^2} = \frac{2\times 0.35^2(1.96+0.842)^2}{XXX^2} = 51$$

* 출처 : 식품의약품안전평가원. 의료기기 임상통계 질의응답집(민원인안내서), 2020.

▌그림 6-10▐ 시험대상자 수 산출근거 관련 임상시험계획승인 사례

임상시험은 임상적 유의성과 통계적 유의성을 동시에 보일 수 있도록 충분히 규모가 커야 한다. 대상자 수가 너무 작은 임상시험은 유용한 결과를 탐지할 수 없으므로 시험용 의료기기의 효과가 있더라도 충분하지 못한 대상자 수로 인해 효과가 없다고 결론내릴 수 있어서 자원 낭비가 될 수도 있다. 반면, 너무 많은 수의 대상자를 대상으로 하는 임상시험은 임상적 유의성을 보일 수 없음에도 많은 시간과 자원을 소모하고 대상자들이 더 나은 처치를 받을 수 있는 기회를 박탈하고 잠재적 위험에 노출되는 윤리적 문제가 발생할 수 있다.

대상자 수를 결정하는 공식은 연구 디자인, 주 효과 변수의 종류, 분석 방법에 따라 다양한 형태로 구성되어 있기 때문에 전문적인 통계적 지식이 필요하다. 또한 두 독립 표본의 비율 검정에 대한 연구 대상자 수 계산 공식도 그 특징에 따라 종류가 다양하다.

차. 검정력(Power)의 크기 설정

검정력이란 임상시험에서 실제로 존재하는 효과를 입증하는 힘(확률)을 말한다. 검정력의 크기는 임상시험의 성공과 실패에 결정적인 역할을 하므로 높은 검정력을 갖도록 임상시험을 설계하는 것이 중요하다. 검정력이 충분히 크지 못하면 시험기기의 효과가 존재한다고 해도 임상시험을 통해 이를 입증하지 못할 가능성이 커지기 때문에 일반적으로 80~90% 이상으로 설정한다. 통계검정방법에 따라 검정력을 구하는 식이 다르고 다른 요인들을 동일하게 고정한 경우, 표본크기가 클수록 또는 시험기기의 효과가 커지면 검정력은 커진다. 즉 해당 임상시험의 설계 등에 타당하게 검정력을 설정해야 한다.

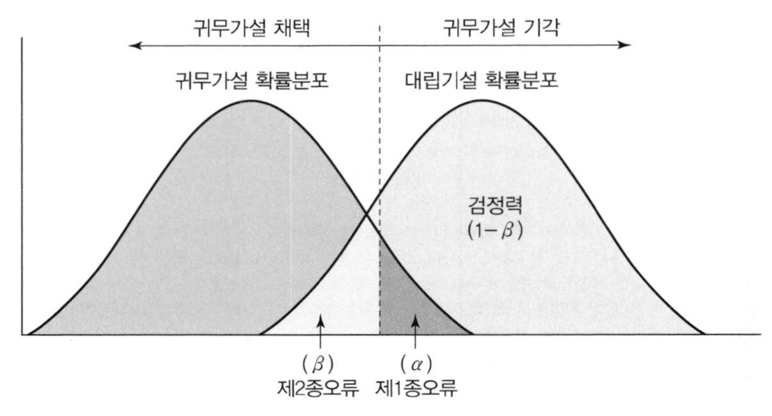

* 출처 : 식품의약품안전평가원. 의료기기 임상통계 질의응답집(민원인안내서), 2020.

2 의료기기 임상시험 자료분석

2.1 분석군

분석에 포함될 대상자 집단에 관하여 사전에 임상시험 계획서에 명확하게 정의해야 한다. 또한 분석처리 대상자의 기초정보(인구통계학적 정보, 질병 상태 등)를 파악해야 한다. 임상시험에서 무작위 배정을 받은 모든 대상자가 완벽하게 계획대로 순응한다고 볼 수는 없다. 그러므로 문제점들(시험계획서 위반, 중도탈락, 처치의 비순응 등)이 분석 결과에 어떻게 영향을 주는지 사전에 명시해야 한다. 무엇보다 임상시험계획서에는 이러한 문제가 발생하는 빈도를 줄이고 문제점을 고려하는 분석 방법이 제시되어야 한다.

이렇게 여러 가지 문제점들로 무작위 배정이 손상을 입은 경우에는 비뚤림을 최소화하는 방향으로 분석군을 정해야 한다. 현재 임상시험에서 가장 많이 고려되고 있는 분석군으로는 FA(Full Analysis)군과 PP(Per Protocol)군이 있다.

가. ITT(Intention To Treat) 원칙

ITT의 원칙이란 의도된 대로 원칙, 즉 임상시험을 위하여 무작위로 배정된 모든 시험대상자를 주 분석(Primary Analysis)에 포함시켜야 한다는 것이다. 이 원칙을 따르기 위해서는 무작위로 배정된 모든 시험대상자에 대한 완전한 추적이 필요하다.

나. FA(Full Analysis) 분석군

FA군은 ITT원칙을 가장 근접하고 완전하게 적용할 수 있는 집단을 뜻한다. 분석에서 최초의 무작위배정상태를 그대로 유지하는 것은 비뚤림의 발생을 예방하고 통계적 검정의 근거를 마련하는데 주요하다. 그러나 임상시험을 진행하다 보면 임상시험을 이상적으로 완벽하게 완료하는 경우는 드물다.

FA군 분석 시 일부의 시험대상자를 제외시킬 수도 있는 경우가 제한적이긴 하여도 있을 수 있는데 ICH E9에는 '주요한 선정기준을 위배'하거나 '임상시험용 의약품을 단 한 번이라도 투여받지 못하거나 무작위 배정 이후 자료가 전무한 것'이 그 예이다. 그러나 이러한 경우들은 항상 그 이유가 분명해야 한다.

다음과 같은 경우에만 선정기준을 만족시키지 못하는 시험대상자를 비뚤림이 발생하지 않게 하면서도 분석에서 제외시킬 수 있다. ICH E9에는 FA 분석군에 대해 다음과 같은 기준이 언급되어 있다.

① 선정기준이 무작위 배정 이전에 측정된 경우

② 적절한 선정기준 위반에 대한 발견이 완벽하게 객관적으로 이루어지는 경우

③ 모든 대상자가 선정기준 위반에 대한 검토를 동등하게 받는 경우(이러한 조건은 공개 임상시험이거나 또는 이중 눈가림 임상시험이라고 할지라도 선정기준 검토 이전에 자료의 눈가림이 해제되면 만족하기 어렵다. 이러한 이유 때문에 자료에 대한 눈가림 상태에서의 검토가 필요하다.)

④ 특정한 선정기준을 위배한 것으로 밝혀진 모든 시험대상자를 제외한 경우

이런 방법으로 자료를 수집하려는 계획이 임상시험계획서 안에 기술되어야 한다. 몇 몇 문제들은 사전에 예측할 수 없기 때문에 때때로 임상시험 종료시점에서 눈가림 상태로 자료를 검토할 때까지 이러한 불규칙을 다루는 방법들에 대한 고려를 미루어 둘 수도 있는데 이렇게 할 경우 임상시험계획서 내에 이를 기술해야 한다.

다. PP(Per Protocol) 분석군

PP군 분석은 임상시험계획서대로 시험을 완료한 연구 대상자만 분석하는 방법이다. 즉, 주요한 위반(Major Protocol Violation) 없이 임상시험계획서를 준수한 대상자 집단이다. 주요한 위반은 눈가림 해제 이전에 정의되고 문서화되어야 한다.

ICH E9에는 PP 분석군에 대해 다음과 같은 기준이 언급되어 있다.

① 치료제를 미리 지정한 최소 노출 완료

② 주평가변수의 측정 가능

③ 선정·제외기준 위반을 포함한 주요 임상시험계획서 위반의 부재

PP군 분석 접근은 처치의 최대한의 잠재적 효과를 보려는 목적에 사용될 수 있으며, 일반적으로 널리 사용되는 FA 분석과 비교분석 결과를 제시한다. PP군을 사용하면 처치의 효과가 과대평가될 가능성이 크다. 즉, 처치에 따라 환자들의 순응도가 달라질 수 있는 경우 분석 결과에 비뚤림이 나타날 수 있다.

라. 분석군의 역할

확증시험에서는 일반적으로 FA 분석 및 PP 분석을 모두 수행한다. FA 분석군과 PP 분석군의 결론이 같을 때는 연구의 신뢰성이 증가하지만, PP 분석군에서 상당히 많은 대상자가 제외되었다면 연구의 전반적인 타당성을 의심해볼 필요성이 있다.

우월성 시험에서는 PP 분석군의 과대평가를 피하기 위해 대부분 FA 분석군이 주분석군이 된다. 반면에 FA 분석군에 포함된 비순응자는 치료 효과를 일반적으로 줄어들게 하므로, 동등성 또는 비열등성 시험에서는 FA 분석군이 일반적으로 보수적이지 않다. 따라서 주분석군에 대해 신중한 고려가 필요하다.

2.2 결측자료 처리

임상시험에서는 중도탈락 등의 사유로 결측값이 발생할 수 있다. 이러한 결측값은 비뚤림을 발생시키는 원인이 되므로 결측을 최소화하도록 자료수집 및 관리에 노력해야 한다.

결측값을 포함한 자료를 분석하는 합리적인 방법을 사전에 임상시험계획서에 제시해야 한다. 임상시험에서 많이 사용하는 결측치 대체법 등은 다음과 같다.

가. LOCF(Last Observation Carried Forward)

임상시험은 시험기간 동안 정해진 일정에 따라 주기적인 방문 계획을 정하고 해당 시점의 자료를 수집한다. LOCF는 결측된 방문의 자료를 바로 앞 방문의 자료로 대체하는 방법이다. 단, 치료 전의 자료로 치료 후 결과를 대체하지는 않는다. 이 방법은 미국 FDA의 지침에 나오기 때문에 임상시험에서 가장 흔히 사용하는 결측치 대체법이다. 이 방법이 선호되는 이유는 보수적으로 추정한다는 점 때문인데, 이는 투여 기간이 길어질수록 효과가 증가하기 때문이다. 하지만, 의료기기에서는 기저 시점에서

한 번 시술하여 최초 투약 당시에 효과가 가장 높을 수도 있기 때문에 LOCF가 항상 보수적이지는 않을 수도 있다.

나. BOCF(Baseline Observation Carried Forward)

BOCF는 결측된 방문의 자료를 치료 시작하기 전인 기저 시점의 자료로 대체하는 방법이다.

다. WOCF(Worst Observation Carried Forward)

WOCF는 결측된 방문의 자료를 가장 안 좋았던 방문의 자료로 대체하는 방법이다.

라. OC(Observed Cases)

OC는 결측치를 다른 자료로 대체하지 않고, 관측된 자료만을 사용하는 방법이다. 이외에 평균대체법이나 회귀분석, 선형혼합모형(MMRS, Mixed Model For Repeated Measures)을 이용한 대체법 등이 있다.

2.3 이상치(Outlier)의 처리

이상치란 정상 범위를 벗어난 자료로서, 전체 자료의 경향을 바꿀 수도 있는 영향력이 있다. 이상치는 통계적 · 의학적 관점이 필요하며, 시험계획서에 이상치의 기준 및 처리에 관한 적절한 방법을 제시해야 한다. 이때, 이상치에 대한 처리 방법이 어느 의료기기를 선호하는 쪽으로 사전에 제시되어서는 안 된다. 사전에 계획서에 이상치에 대한 처리 방법을 규정하지 않은 경우에는 민감도 분석을 실시할 수 있다. 이상치가 있는 자료와 이상치를 제거 또는 감소시킨 경우의 분석을 실시하고, 결과에 차이가 있으면 그 이유를 자세히 기술해야 한다.

2.4 의료기기 임상시험에서 자주 사용되는 통계분석법

의료기기 임상시험의 통계분석법은 설계 방법 및 반응변수의 종류에 따라 분석 방법이 달라진다. 분석 방법에 관한 이론적 설명은 통계학 교재를 참고하기 바라며, 여기서는 흔히 사용되는 두 군의 통계적 분석방법에 대한 선택 기준을 설명하기로 한다.

세 가지 기준으로 선택하려 한다.

① 표본의 종류(독립 : 두 군이 서로 다른 대상자, 쌍체 : 두 군이 동질 · 동일한 대상자)

② 자료의 종류(연속형 : 평균 비교, 범주형 : 비율 비교)

③ 정규성 여부(모수 : 정규분포, 비모수 : 비정규분포)

〈표 6-2〉 반응 변수에 따른 통계분석 방법

표본 종류	자료 종류	정규성	분석 방법	영문
독립	연속형	모수	독립 이표본 t-검정	Independent Two-sample T-test
		비모수	윌콕슨 순위 합 검정 (또는 맨-위트니 U 검정)	Wilcoxon Rank Sum Test (or Mann-Whitney U test)
	범주형		카이제곱 검정(대표본 근사)	Chi-Square Test
			피셔의 정확 검정	Fisher's Exact Test
쌍체	연속형	모수	짝지은 t-검정	paired T-test
		비모수	윌콕슨 부호 순위 검정	Wilcoxon Signed Rank Test
	범주형		맥나마 검정	McNemar Test

* 출처 : 식품의약품안전처. 의료기기 임상시험 관련 통계기법 가이드라인, 2010.

독립 이표본 t-검정(Independent Two-Sample T-Test)이 흔히 부르는 t-test이며, 투여군이 3개 이상인 경우에는 모수에서 분산분석(ANOVA, Analysis Of Variance), 비모수에서 크루스칼-윌리스 검정(Kruskal-Willis Test)이다. 카이제곱 검정과 피셔의 정확 검정은 투여군의 수가 3개 이상이어도 분석 방법이 같다. 독립 표본은 유효성에서 많이 사용하는 분석법이며, 쌍체 표본은 실험실 검사처럼 전후 차이 검정에 많이 사용된다.

다양한 통계분석 방법에 대해 소개한다.

〈표 6-3〉 독립적인 수치형 반응변수

상황	통계분석법
단일집단 검정	• 모수적 방법 : 단일표본 t-검정(One Sample T-test) • 비모수적 방법 : 윌콕슨 부호 순위 검정(Wilcoxon Signed Rank Test)
독립적인 두 집단 비교	• 모수적 방법 : 독립 이표본 t-검정(Two Sample T-test) • 비모수적 방법 : 윌콕슨 순위 합 검정(Wilcoxon Rank Sum Test) 또는 맨-위트니 U 검정(Mann-Whitney U-test)
독립적인 세 집단 이상 비교	• 모수적 방법 : 분산분석(Analysis of Variance, ANOVA) 및 다중비교(Multiple Comparison) • 비모수적 방법 : 크루스칼-윌리스 검정(Kruskal-Wallis Test)
연속형 독립변수와의 관계	• 독립변수가 하나인 경우 : 단순회귀분석(Simple Linear Regression) • 독립변수가 여러 개인 경우 : 다중회귀분석(Multiple Linear Regression)
연속형과 범주형 독립변수와의 관계	• 공분산분석(Anlysis of Covariance) • 일반선형모형(General Linear Models)

* 출처 : 식품의약품안전처. 의료기기 임상시험 관련 통계기법 가이드라인, 2010.

〈표 6-4〉 상관된 수치형 반응변수

상황	통계분석법
짝진 자료	• 모수적 방법 : 짝진 t-검정(Paired T-test) • 비모수적 방법 : 차이에 관한 윌콕슨 부호 순위 검정(Wilcoxon Signed Rank Test On Differences)
3회 이상 반복 측정된 자료와 독립변수와의 관계	• 다변량분산분석(Multivariate Analysis Of Variance) • 반복측정 분산분석(Repeated Measures Analysis Of Variance) • 선형혼합모형(Linear Mixed Models)

* 출처 : 식품의약품안전처. 의료기기 임상시험 관련 통계기법 가이드라인, 2010.

〈표 6-5〉 독립적인 범주형 반응변수

상황	통계분석법
하나의 범주형 독립변수와의 관계	• 셀의 기대빈도가 모두 5 이상인 경우 : 카이제곱 검정(Chi-Square Test) • 그렇지 않은 경우 : 피셔의 정확검정(Fisher's Exact Test) • 반응변수가 이분형(Binary)인 경우 : 단순 로지스틱 회귀 분석(Simple Logistic Regression)도 가능
두 개 이상의 독립변수 (범주형/연속형 모두 가능)와의 관계	• 반응변수가 이분형인 경우 : 다중 로지스틱 회귀분석 • 반응변수가 세 개 범주 이상인 경우 : Multinomial or Ordinal Logistic Regression

* 출처 : 식품의약품안전처. 의료기기 임상시험 관련 통계기법 가이드라인, 2010.

〈표 6-6〉 상관된 범주형 반응변수

상황	통계분석법
짝진 범주형 자료분석	맥니마 검정(McNemar's Test)
반복 측정된 범주형 자료와 독립변수와 관계	• 일반화 추정방정식(GEE, Generalized Estimating Equation)을 이용한 주변모형(Marginal Model) • 일반화 선형 혼합모형(Generalized Linear Mixed Model)

* 출처 : 식품의약품안전처. 의료기기 임상시험 관련 통계기법 가이드라인, 2010.

〈표 6-7〉 기타 분석방법

상황	통계분석법
두 연속형 변수 간의 상관	• 피어슨 상관계수(Pearson Correlation Coefficient) • 스피어만 상관계수(Spearman's Correlation Coefficient)
생존자료 분석	• 카플란-마이어(Kaplan-Meier) • 로그-순위 검정(Log-rank Test) • 콕스의 비례위험모형(Cox's Proportional Hazard Model) 등
일치도 분석	• 민감도(Sensitivity), 특이도(Specificity) • 카파값(Kappa Measure) • 일치상관계수(Concordant Correlation Coefficient) • ROC 분석 • 블랜드-알트만 분석(Bland-Altman Analysis)

* 출처 : 식품의약품안전처. 의료기기 임상시험 관련 통계기법 가이드라인, 2010.

3 의료기기 임상시험 결과보고서

임상시험 결과보고서는 누구나 이해할 수 있게 임상시험의 과정을 기술해야 하며, 결과를 정확히 기술해야 한다. 실제 결과보고서 작성은 데이터베이스에 대한 기술, 대상자, 유효성 평가, 안전성 평가, 고찰 및 전반적인 결론, 참고문헌, 부록 등에 대한 계획서와 통계분석 계획을 기반으로 한다. 계획서나 통계분석 계획에서 제시한 내용과 보고서의 내용이 다른 경우에는 사유를 명시해야 한다.

3.1 의료기기 임상시험 결과보고서 구성

임상시험 결과보고서는 크게 표지, 요약, 본문, 부록 네 부분으로 나뉘며, 결과보고서에 수록되어야 하는 내용은 다음과 같다. 구체적인 작성 방법은 보건복지부 임상시험성적서 작성지침 및 ICH 지침 E3 또는 식약처의 '의료기기 임상시험 결과보고서 작성 가이드라인'을 참고할 수 있겠다.

〈표 6-8〉 결과보고서에 수록되어야 할 내용

번호	내용	
1.	표지	
2.	요약	
3.	결과보고서 목차	
4.	약어나 용어 정리	
5.	윤리적 고려에 대한 기술	
6.	시험자 및 연구지원 조직	
7.	서론	
8.	연구 목적	
9.	임상시험계획	
	9.1	전반적인 임상시험 방법에 대한 기술
	9.2	임상시험 방법 및 대조군(대조기기) 선정의 근거
	9.3	대상자 선정
	9.4	치료
	9.5	유효성 및 안전성 관련 변수
	9.6	자료의 질 보증
	9.7	임상시험계획서의 통계적 분석 방법 및 대상자 수
	9.8	임상시험 수행 및 분석 방법의 변경
10.	대상자	
	10.1	대상자의 임상시험 참여 상태
	10.2	임상시험계획서 위반
11.	유효성 평가	

번호	내용	
	11.1	분석에 포함할 대상자군의 선정
	11.2	대상자의 인구학적 정보 및 기타 치료적 특성에 대한 비교
	11.3	유효성 평가 결과의 제시 및 분석
12.	안전성 평가	
	12.1	폭로의 정도
	12.2	유해사례
	12.3	중대한 유해사례 및 기타 중요한 유해사례
	12.4	실험실적 유해사례의 평가
	12.5	활력징후, 신체검사, 기타 안전성에 관해 관찰한 결과들
	12.6	안전성에 대한 결론
13.	고찰 및 전반적인 결론	
14.	참고문헌	
15.	부록	

3.2 의료기기 임상시험 결과보고서 작성

임상시험 결과보고서는 임상시험의 모든 과정을 관련 규정 및 지침에 따라 적절하게 수행한 후 최종적으로 분석된 결과를 계획서의 내용에 위배됨 없이 보고서 형식으로 작성하는 것이다. 임상시험 결과의 분석, 해석 및 적절한 결과 제시를 통하여 최종적인 통계적 판단을 내려야 한다. 따라서 의학통계학자는 임상시험 결과보고서에 책임을 지는 연구팀의 일원이 되어야 하며, 통계분석 결과 외에 임상적인 측면에서도 적절한 의학적 해석과 타당한 결론을 제시해야 하므로 임상시험자의 역할이 중요하다.

가. 표지

다음의 내용이 포함되어야 한다.

① 임상시험 제목

② 임상시험용 의료기기 명칭(제품명, 모델명)

③ 임상시험용 의료기기 사용목적

④ 임상시험 디자인(임상시험 제목에 명시되지 않은 경우)

㉮ 설계(평행, 교차, 대응짝, 눈가림, 무작위배정, 전향적, 후향적)

㉯ 비교(모의, 활성)

㉰ 기간

㉱ 임상시험용 의료기기 사용방법

㉲ 임상시험대상자군

⑤ 임상시험 의뢰자(회사명 및 대표자명)

⑥ 임상시험계획서 번호(식약처 승인번호, 내부 시험번호)
⑦ 임상시험 분류(탐색, 확증)
⑧ 임상시험 개시일(최초 대상자 등록일 또는 기타 입증 가능한 일자)
⑨ 조기종료일(해당하는 경우)
⑩ 임상시험 종료일(최종 대상자 종료일)
⑪ 시험책임자, 임상시험조정자 또는 의뢰자(임상시험수탁기관 포함)측 책임자의 이름과 소속
⑫ 의료기기 임상시험 관리기준(「의료기기법 시행규칙」 [별표 3])에 따라 임상시험이 실시되었는지 여부 진술
⑬ 결과보고서 작성일(동일 임상시험의 이전 보고서는 제목과 날짜로 구별)

나. 개요

결과보고서를 요약하는 약식 개요(일반적으로 3페이지 이내)를 작성해야 한다. 개요에는 단지 글이나 p-값(p-value, 유의 확률)이 아닌 결과를 분명히 보여주기 위한 수치 데이터가 포함되어야 한다.

다. 임상실험 결과보고서 목차

목차는 다음 내용을 포함해야 한다.
① 각 절 및 기타 정보(요약표, 그림 및 그래프 등)의 페이지 번호
② 부록, 표 및 증례기록서의 목록 및 위치

라. 약어나 용어 정리

결과보고서에 사용되는 전문용어, 일반적이지 않은 용어 및 측정 단위의 목록과 용어의 약어 목록을 제시해야 한다. 약어를 본문에 처음 사용 시에는 괄호 안에 전체 철자를 기재한다.

마. 윤리

① 심사위원회(IRB) : 임상시험 및 변경사항이 심사위원회의 검토를 받았는지 여부를 확인해야 한다. 해당 심사위원회의 목록을 부록에 제시해야 한다. 임상시험의 완료 후 허가·심사 신청 시 심사위원회에 임상시험결과를 요약하여 임상시험 완료 사실을 보고하였음을 확인할 수 있는 자료를 제출한다.
② 임상시험의 윤리적 고려 : 헬싱키 선언에 근거한 윤리규정에 따라 임상시험이 실시되었는지 여부가 확인되어야 한다.
③ 시험대상자 정보 및 동의 : 시험대상자 등록 시 시험대상자의 동의를 구한 방법과 시기(㉠ 시험대상자 배정, 사전 스크리닝)를 기술해야 한다. 시험대상자설명서 등 시험대상자에게 제공한 대표적인 서면 정보(해당되는 경우)와 시험대상자 동의서 서식은 부록에 제시해야 한다.

바. 시험자 및 연구지원 조직

① 임상시험 지원조직(예 시험책임자, 임상시험조정자, 운영위원회, 행정부서, 모니터링 및 평가 위원회, 임상시험기관, 통계학자, 중앙 실험실 시설, 임상시험수탁기관, 임상시험 공급관리조직)은 결과보고서 본문에 간략하게 기술해야 한다.

② 시험자의 목록은 시험자의 소속, 역할, 자격(이력)과 함께 부록에 제시해야 한다. 임상시험의 수행에 주요한 역할을 한 사람들에 대한 목록 역시 부록에 제시해야 한다. 시험자가 다수 참여하는 대규모 임상시험의 경우, 임상시험에서 특정 역할을 하는 개인에 대한 이름, 전공, 직급, 소속 및 역할로 간소화할 수 있다.

③ 목록에는 다음 정보를 포함해야 한다.

㉮ 시험자

㉯ 1차 또는 기타 주요 유효성 변수의 관찰을 수행하는 사람들(간호사, 임상 심리학자, 독립적 평가자 등)

㉰ 생물통계학자를 비롯한 결과보고서의 작성자 또한 결과보고서에 대한 시험책임자의 서명을 제출해야 한다.

사. 임상시험 배경

시험기기 개발 배경을 설명한다. 시험기기 개발과 임상시험의 주요 특징(예 이론적 근거 및 목적, 시험대상자군, 사용목적, 기간, 1차 평가변수)의 상관관계를 파악할 수 있는 간략한 설명이 포함되어야 한다. 임상시험 계획의 근거가 되었던 가이드라인이나 임상시험과 관련하여 의뢰자와 식약처 간 협의사항 혹은 회의가 있었을 경우, 이를 명확히 기술해야 한다.

아. 임상시험 목적

임상시험의 수행을 통하여 임상시험용 의료기기의 유효성 및 안전성을 평가하고자 하는 임상시험의 목적을 구체적으로 기술해야 한다.

자. 임상시험계획

1) 임상시험 설계 및 계획에 대한 기술

전반적인 임상시험 계획과 설계(예 평행, 교차)는 간략하고 명확하게 기술하고 필요에 따라 표나 도표를 이용한다. 이때, 타 임상시험과 매우 유사한 임상시험계획일 경우, 임상시험 간의 중요한 차이점을 기술하는 것이 유용할 수 있다.

기술사항에는 다음의 정보를 포함해야 한다.

① 임상시험의 목적

② 임상시험용 의료기기 적용방법(대상기기, 용량, 강도, 횟수, 기간 등)

③ 시험대상자군, 시험대상자 선정/제외 기준, 시험대상자 수

④ 눈가림 방법 및 수준(㉮ 공개, 이중눈가림, 단일눈가림, 눈가림된 평가자와 비눈가림된 시험대상자 및/또는 시험자)

⑤ 대조군의 유형(㉮ 활성, 모의, 무처치, 과거 대조군) 및 임상시험 설계(㉮ 평행, 교차)

⑥ 시험대상자 배정 방법(㉮ 무작위, 층화)

⑦ 전체 임상시험 기간의 순서 및 지속기간(무작위배정 전 기간, 임상시험용 의료기기 적용 후 추적관찰 기간, 적용 중단 기간 등 포함), 시험 대상자의 무작위 배정일도 기록한다.

※ 평가 시점이 포함된 도표를 활용하면 유용할 수 있다.

⑧ 병용요법

⑨ 임상시험 평가변수

⑩ 안전성 모니터링, 데이터 모니터링 또는 특별운영위원회, 혹은 평가위원회

⑪ 품질보증

⑫ 중간 분석(해당하는 경우)

⑬ 통계 분석(임상시험 가설 또는 성공/실패 기준, 시험대상자 인원 산출 방법, 통계 분석 방법)

⑭ 윤리적 고려

실제 임상시험계획서(변경된 임상시험계획서 포함)는 부록에 포함시키고, 증례기록서 양식은 부록에 포함시켜야 한다(평가일 혹은 방문일 별로 동일한 양식을 사용한다면 대표적인 하나만 첨부). 만약 이 항목에 기록되는 사항의 출처가 임상시험계획서 이외의 것이라면 근거를 명시해야 한다.

2) 대조군 선정을 비롯한 임상시험 설계에 대한 기술

① 일반적으로 대조(비교)군은 활성, 모의, 무처치, 과거 대조군 등이 있다. 대조군 설정에 대한 이론적 근거를 제시해야 한다. 이외에도 교차 설계의 사용, 특정 약물(약물군) 또는 의료기기에 대한 반응 혹은 무반응과 같은 과거력이 있는 대상자의 선정에 대한 사항 등의 기술이 필요하다. 또한 무작위 배정을 사용하지 않은 경우라면 배정으로 인한 삐뚤림 방지를 위한 조치사항을 기술해야 한다.

② 교차 설계 시 질병의 자연적 변화 가능성이나 임상시험 의료기기 적용의 잔류 효과 등을 고려해야 하는 것과 같이, 임상시험의 설계나 대조군 설정에 관하여 이미 알려져 있는 문제가 있거나 문제의 가능성이 있을 경우 임상시험 대상 질환 및 임상시험용 의료기기 적용의 관점에서 기술해야 한다.

③ 시험기기 유효성의 동등성(허가된 의료기기와 비교하였을 때 열등하지 않음)을 입증했다면, 이러한 임상시험 설계와 관련된 문제점들을 기술해야 한다. 이전 연구와 현 임상시험의 주요 설계 유사성(시험대상자 선정, 평가변수, 임상시험용 의료기기의 적용 용량, 기간, 횟수, 강도 등)을 분석하여 일관된 효과를 보이는지 근거를 제시할 수도 있다.

④ 현 임상시험에서 임상시험용 의료기기 적용에 의한 개선과 비개선을 어떻게 구별할 수 있는 지 기술해야 한다. 예를 들어 적용받은 대상자와 적용받지 않은 대상자 사이에 뚜렷하게 구분되는 개선반응(과거 임상시험을 토대로)을 확인하는 것이 가능하다. 이러한 개선반응은 기저치로부터 측정값의 변화나 개선율과 같은 다른 특정 결과일 수 있다.

⑤ 개선의 비열등성 정도(흔히 델타값이라 함)를 벗어나지 않았는지에 대한 논의도 있어야 한다. 이외에 임상시험 설계와 관련되어 논의가 필요한 다른 사항은 만성질환에 대한 임상 등에서 휴지(washout) 기간의 설정 여부와 임상시험용 의료기기 적용 기간 등이다.

3) 시험대상자 선정

가) 선정기준

① 대상 모집단과 임상시험에 참여한 시험대상자 선정기준을 기술하고, 임상시험의 목적에 부합하는 대상인지도 기술해야 한다. 구체적인 진단 기준과 함께 특정 질환 요건(예 질환의 중증도 또는 기간, 특정 검사 결과 혹은 평가 척도 혹은 신체검진의 결과, 이전 요법의 실패나 성과와 같은 특정 임상 병력, 기타 잠재 예후 요인, 연령, 성별, 민족적 요인 등)을 기술해야 한다.

② 스크리닝 기준과 무작위 배정 또는 시험기기 적용군 참여를 위한 기준을 기술해야 한다. 임상시험 계획서에서 정하지 않은 추가 참여 기준이 있다고 믿을만한 사유가 있을 경우에는 이에 대한 영향을 논의해야 한다. 예를 들어 어떤 시험자는 특정 질환이 있거나 특정 기저 상태를 나타낸 환자를 제외하거나 타 임상시험에 참여시킬 수도 있다.

나) 선정기준

임상시험 참여의 제외기준을 명확히 하고 그 기준(예 안전성 문제, 시험대상자 관리 문제, 시험 적합성 결여)을 제시해야 한다. 제외기준이 임상시험의 일반화에 미치는 영향은 결과보고서의 항목 13 또는 안전성 및 유효성 개요에서 논의해야 한다.

4) 의료기기 적용 또는 평가 제외 대상

시험대상자들을 임상시험용 의료기기의 적용이나 평가 대상에서 제외하기로 미리 결정한 근거가 있다면 기술해야 한다. 또한 이러한 대상자에 대한 추적관찰의 방법 및 기간을 기술해야 한다.

차. 임상시험용 의료기기의 적용

1) 임상시험용 의료기기의 개요

임상시험용 의료기기(시험기기/대조기기)의 개요는 다음의 사항을 포함하여 기재해야 한다.

① 품목명, 분류번호, 등급, 명칭(제품명, 모델명), 제조사, 허가(인증)번호(해당하는 경우)

② 임상시험용 의료기기의 사용목적, 기 허가된 사용목적(해당하는 경우)

③ 모양 및 구조, 작용원리, 성능, 저장방법, 유효기간

④ 임상시험 중(혹은 임상시험 자료집에서) 임상시험용 의료기기의 원재료, 소프트웨어, 구성품, 유효기간, 저장방법, 사용목적, 그 외 기타 변경이 발생했을 경우 이에 대한 사항

⑤ 제조번호

만약 한 개 이상의 배치에서 제조된 임상시험용 의료기기를 적용했다면 각 배치별로 적용된 시험대상자 목록을 부록 16.1.6에서 확인할 수 있어야 한다. 제한된 유효기간 혹은 안전성 검증이 충분히 이루어지지 않은 임상시험용 의료기기를 장기 임상시험에 사용하였거나, 의료기기 보관 시 특정 조건이 요구된 경우에는 의료기기가 어떻게 관리되었는지 기술해야 한다.

2) 임상시험용 의료기기의 사용방법

시술방법을 비롯하여 적용방법, 적용경로, 적용량, 적용강도, 적용횟수, 적용기간, 적용부위 등을 임상시험의 각 군별, 처치 주기별 적용된 정확한 적용방법을 기술해야 한다(적용 과정에 필요한 시술 및 병용의약품 투여 등 포함).

3) 적용군 배정 방법

중앙 배정, 임상시험기관 내 배정, 적응적 배정(이전 배정이나 결과를 토대로 하는 배정) 등의 시험대상자들을 각 적용군에 배정하는 방법을 층화배정이나 블록배정을 포함하여 구체적으로 기술해야 한다. 일반적이지 않은 방법을 사용하였을 경우 이에 대해 기술해야 한다.

무작위 배정 방법을 비롯한 세부적인 내용은 부록에 기재하고 필요한 경우, 인용한 참고문헌을 제시해야 한다. 무작위 배정 코드나 시험대상자 식별코드, 적용 배정군을 나타내는 표도 부록에 포함해야 한다. 다기관 임상시험의 경우, 임상시험기관 별로 제시해야 한다. 또한 무작위배정을 위해 난수표를 이용했다면 난수를 발생시킨 방법에 대해서도 기술해야 한다.

과거 대조군 임상시험은 해당 대조군의 선정 방법, 조사된 기타 과거 병력을 비롯하여, 이러한 과거 병력의 결과를 대조군과 비교한 방법을 설명하는 것이 중요하다.

4) 임상시험용 의료기기의 적용량 및 시험대상자별 적용량, 적용방법 결정

해당하는 경우, 임상시험에 사용된 모든 적용량(적용강도, 횟수, 시기 등 포함)을 기재하고, 사람 혹은 동물에 대한 이전 경험 등을 바탕으로 적용량을 설정한 근거를 제시해야 한다.

각 시험대상자별로 시험기기(또는 대조기기)의 적용방법(양, 강도, 횟수, 시기 등 포함)을 어떻게 결정했는지 기술해야 한다. 이는 단순 무작위 배정부터 임상시험용 의료기기 적용의 일정 시간 후 반응에 따른 용량의 결정(예 면적당 주입량 차이, 주름 개선 반응 확인 후 재주입 등) 등 다양할 수 있다. 만약 시험대상자들에게 기기의 적용방법에 대하여 별도의 지시를 했다면 기술해야 한다.

5) 눈가림

눈가림을 유지하기 위해 사용한 구체적 방법(㉮ 라벨 기재 방법, 눈가림 해제 시 표시 방법, 봉인된 코드 목록/봉투 등)을 기재한다. 시험기기와 대조기기를 구분할 수 없도록 한 방법도 기술해야 한다. 또한 중대한 이상사례의 발생 등 개인 혹은 전체 시험대상자의 눈가림을 해제한 상황, 눈가림을 해제한 방법, 시험대상자 배정군의 눈가림이 해제된 사람 등을 기술해야 한다. 적용량, 적용강도 조절, 의료기기 외관 차이 등의 이유로 일부 시험자의 눈가림 해제를 허용한 경우 타 시험자들의 눈가림 유지 방법을 기술해야 한다. 만일 눈가림이 해제된 자료에 접근이 가능한 데이터 모니터링 위원회가 있을 경우, 시험 전반에 걸쳐 눈가림이 유지됨을 보증할 수 있는 방법을 기재해야 한다. 임상시험의 중간 분석이 수행된 경우에도 눈가림의 유지 방법을 기술해야 한다.

기기에서 객관적인 수치를 얻을 수 있는 경우 등, 판독(관찰)의 삐뚤림을 줄이기 위한 눈가림이 필수적이지 않다고 판단된다면 이에 대하여 설명해야 한다.

눈가림을 하는 것이 적절하나 실제로 눈가림이 어려운 경우, 눈가림을 하지 않은 이유와 이에 따른 영향에 대하여 기술해야 한다. 의료기기의 특성 상 외관의 차이로 모의품을 제공하는 것이 불가능한 경우에 최대한 삐뚤림을 줄이기 위한 방법으로 독립적 평가자를 두는 경우에도 독립적 평가자의 눈가림 방법을 기재한다. 경우에 따라 눈가림을 시도했지만 기기나 기기의 적용방법에 따른 뚜렷한 효과 차이 등에 의해 일부 시험대상자에서 눈가림이 완벽하지 않을 수 있다. 이와 같은 문제들이나 잠재적인 문제들은 규명되어야 하며, 문제를 파악하고 대처하고자 한 노력(배정군 정보가 노출되지 않은 제3자가 평가를 실시하는 등)이 있다면 기술해야 한다.

6) 병용요법

임상시험 이전이나 임상시험 중에 허용한 약 혹은 의료기기를 기재하고 이를 사용했는지 여부와 어떻게 사용했는지도 기재한다. 또한 허용 혹은 금지된 병용요법의 특정 원칙과 병용방법을 기재해야 한다. 허용된 병용요법과 임상시험용 의료기기 적용에 의한 생체 반응의 상호작용이나 평가지표에 대한 병용요법의 직접적인 작용이 임상시험 결과에 어떠한 영향을 미칠 수 있는지가 논의되어야 하며, 병용요법과 임상시험용 의료기기 적용이 독립적으로 효과를 나타냄을 어떻게 확증하였는지가 설명되어야 한다.

7) 임상시험 순응도

필요한 경우, 임상시험 순응도를 확인하고 기록하기 위한 방법을 기술해야 한다(㉮ 제공된 의료기기를 사용하는 경우라면 사용일지, 적용 상황 모니터링 등).

카. 유효성 및 안전성 평가변수

1) 관찰항목·임상검사항목 및 관찰검사방법

구체적인 유효성 및 안전성 평가변수와 실험실적 검사 종류 및 일정(검사일, 검사시간, 적용 시기 바로 전 또는 적용 후 이상사례 확인과 같은 주요 측정 시기), 측정 방법, 측정 담당자를 기술해야 한다. 주요 측정을 수행하는 담당자가 바뀌었을 경우에는 이를 보고해야 한다.

유효성 및 안전성 평가의 빈도, 시기, 방문 횟수 및 방문 시간(방문 횟수만으로는 해석하기 어려운 경우)을 임상시험 흐름도로 표시하는 것이 일반적으로 유용하다. 시험대상자에게 특별한 지시사항(예 안내서나 사용일지의 사용)이 있었다면 이를 기재해야 한다. 결과를 도출하는데 사용한 정의(예 급성 심근경색의 발병 진단 기준, 경색 부위 판단 기준, 혈전성 또는 출혈성 뇌졸중의 판정 기준, 일과성 뇌허혈증과 뇌졸중의 구분 기준, 사망원인 진단 기준 등)도 자세히 기술해야 한다. 실험실적 검사나 기타 임상검사(예 심전도검사, 흉부 X-ray)의 결과를 표준화하거나 비교하는데 사용된 기법도 기술해야 한다. 이는 다기관 임상시험에서 특히 중요하다.

시험자 이외의 다른 사람이 임상 결과 평가를 담당한 경우(예 의뢰자, 외부 위원회(X-ray 또는 심전도 검사를 검토하거나 시험대상자의 뇌졸중, 급성 심근경색, 급사 여부를 결정 등), 독립적 평가재에는 평가자 또는 평가 집단에 대하여 기재해야 한다. 눈가림을 유지하거나 판독 및 측정결과를 통합하는 방법을 비롯한 평가 절차들을 상세히 기술해야 한다. 자발적 보고, 체크리스트 또는 설문지의 사용 등 이상사례를 수집한 방법과 더불어, 사용된 특정 평가 척도, 이상사례의 추적관찰 방법, 재적용 방법 등도 기술해야 한다.

시험자, 의뢰자, 또는 외부 집단이 평가하는 이상사례(중증도 평가, 임상시험용 의료기기와의 인과관계 평가)도 기술되어야 한다. 해당 평가기준을 제시하고 평가 담당자를 정확히 확인해야 한다. 범주화된 척도나 점수 등으로 유효성 혹은 안전성을 평가했다면 배점에 사용된 기준(예 점수들의 정의)을 제시해야 한다. 다기관 임상시험에서는 어떻게 이들을 표준화하였는지 제시해야 한다.

2) 평가방법의 적절성

유효성이나 안전성을 평가하기 위해 사용한 변수나 측정방법이 표준화된 방법(널리 사용되고, 일반적으로 신뢰할 수 있으며, 정확하고, 적절하다고 인정되는 방법)이 아닐 경우, 사용한 방법의 신뢰성, 정확성, 적절성(효과가 있는 의료기기와 효과가 없는 의료기기를 구별할 수 있음)을 기술해야 한다. 고려하였으나 사용하지 않은 방법을 기술하는 것도 도움이 된다. 대리 평가변수(임상적 유용성을 직접 측정하는 것이 아닌, 실험실적 측정, 신체 측정 또는 징후)를 임상시험의 평가변수로 사용한 경우 임상자료, 문헌, 가이드라인 등의 참조를 통해 타당성을 입증해야 한다.

3) 1차 유효성 평가변수

유효성을 평가하기 위해 사용된 1차 유효성 평가변수 및 평가방법을 명확하게 기술해야 한다. 만일 임상시험계획서에 1차 평가변수를 명확하게 정하지 않았다면 결과보고서 상에서 주요 변수를 선택한 사유(예 문헌, 가이드라인 등의 참조)와 이를 결정한 시기(예 임상시험이 완료되기 이전 혹은 이후, 눈가림이 해제되기 이전 혹은 이후)를 설명해야 한다. 유효성 역치(threshold)가 임상시험계획서에 정의된 경우에는 이를 기술해야 한다.

〈표 6-9〉 일차 유효성 평가변수 설정 관련 임상시험계획 승인사례

임상시험 목적	퇴행성 요추질환으로 경추간공 경유 요추 추체 간 유합술(TLIF)이 필요한 환자를 대상으로 국소자가골 + △△△ 또는 국소자가골 + 자가장골을 적용한 후 ○개월 시점의 척추체 간 골유합율 및 안전성을 비교 평가하여 △△△가 자가장골에 비해 임상적으로 열등하지 않음을 확인하고자 한다.
일차 유효성 평가변수 임상적 정의	• 수술 후 ○주 시점의 컴퓨터 단층 촬영(CT)상 골유합율(%) • 시험기기 또는 대조기기 적용 후 ○주 시점에 얻어진 컴퓨터 단층촬영(CT) 결과를 통해 5인의 독립된 평가자가 골유합 여부를 판단한다. • 평가자는 연구과정에 참여하지 않은 독립된 평가자인 정형외과 전문의 5인으로 하고, 눈가림을 유지한 상태로 평가를 시행한다. 또한, 평가자의 결과가 상반된다면 5명의 평가자가 상의하여 유합 혹은 불유합으로 결정하도록 한다. • 골유합의 판정 기준은 추체종판과 케이지 내의 시험기기 또는 국소자가 골 사이에 틈이 없으면서 결합되거나 골소주가 연결된 부분이 관찰되고 관상면이나 시상면 중 어느 곳이라도 상하 추체종판과 동시에 유합된 경우 유합으로 판정한다.
일차 유효성 평가변수 통계분석 정의	• 수술 후 ○주 시점의 컴퓨터 단층 촬영(CT)상 골유합율(%) • 수술 후 ○주 시점에 시행한 CT 사진 평가에 의해 골유합이 확인된 시험대상자에 대하여 각 군별로 빈도(N)와 비율(%)을 제시하고, 시험군과 대조군 간 골유합율(%) 차이와 그에 대한 97.5% 단측 신뢰구간의 하한치(lower limit)를 제시한다. 두 치료군 간 차이에 대한 97.5% 단측 신뢰구간의 하한치가 -××% 이상이면, 시험군과 대조군과 비교하여 비열등함이 입증된 것으로 판단한다. 신뢰구간은 정확 신뢰구간을 사용한다. • 통계학적 분석 $\text{골유합율(\%)} = \dfrac{\text{수술 후 ○주 시점에서 골유합에 성공한 대상자 수}}{\text{임상시험용 의료기기를 적용받은 대상자수}} \times 100$

타. 자료의 품질 보증

임상시험 자료의 품질을 보증하기 위해 적용한 품질 보증 및 품질관리 시스템을 간략히 기술해야 한다. 별도의 시스템을 사용하지 않았다면 이를 명시해야 한다. 실험실 간 차이를 보정하기 위한 표준화 방법 및 품질 보증 절차를 사용했다면 부록에 이에 관한 문서를 제시해야 한다. 표준화된 용어의 사용과 더불어 정확하고 일관되며 완전하고 신뢰성 있는 자료의 수집을 위하여 진행된 교육 과정, 의뢰자에 의한 시험자 모니터링, 지침서, 데이터 검증, 상호 점검, 특정 검사의 통합 실험실 이용, 자료 판독의 일원화, 자료 점검 등, 임상시험기관 등에서 실시한 조치를 기술해야 한다. 만약 의뢰자가 독립된 내부 또는 외부 점검 절차를 사용한 경우 여기에 언급하고 부록에 기술해야 한다. 점검확인서가 제공됐다면 같은 부록에 제시해야 한다.

파. 임상시험계획서의 통계분석방법 및 시험대상자 수

1) 통계 분석 계획

임상시험계획서에서 계획한 통계분석방법 및 임상시험 결과가 나오기 전에 실시된 모든 변경에 대하여 기술해야 한다. 이 항목에서는 어떤 분석, 비교 및 통계 검정이 실제 이루어졌는지가 아닌 계획되었는지에 중점을 두어야 한다. 주요한 측정이 1회 이상 실시되는 경우, 시험기기 및 대조기기 비교의 근거로서 계획된 특정 측정값(예 전체 임상시험에 걸쳐 수행된 다회 측정의 평균, 특정 시기의 값, 시험을 완료한 대상자들에만 국한된 값, 또는 의료기기 최종 적용 중의 값)을 명시해야 한다. 또한 기저반응으로부터의

변화, 경사 분석 등과 같이 한 가지 이상의 분석적 접근이 가능할 경우라면 계획했던 방법을 명시해야 한다. 뿐만 아니라 1차 분석에 공변량 보정을 실시했는지 여부도 기술해야 한다. 만약 통계분석에 사용할 수 있음에도 시험대상자를 분석에서 제외하는 사유가 사전에 계획되어 있었다면 이를 기재해야 한다. 별도로 결과를 분석해야 하는 하위 집단이 있다면 이를 명시해야 한다. 분석에 사용된 변수가 범주형(글로벌 척도, 중증도 점수, 특정 규모의 반응)이라면 이에 대한 정의를 명확하게 기재해야 한다.

임상시험 결과 모니터링 계획도 기술되어야 한다. 자료 모니터링 위원회가 있다면, 의뢰자의 통제하에 있는 위원회인지 여부에 상관없이 위원회의 구성 및 운영 절차를 기술하고 임상시험의 눈가림을 유지하기 위한 절차를 제시해야 한다. 예정된 중간 분석의 빈도 및 그 성격, 시험이 종료되는 특정 상황과 더불어 중간 분석으로 인해 사용될 통계적 보정을 기술해야 한다.

2) 시험대상자 수의 결정

계획된 시험대상자 수와 이에 대한 설정의 근거로서 통계적 고려사항이나 현실적인 한계점과 같은 사항을 제시해야 한다. 시험대상자 수의 산출 방법은 그 기원 또는 참고문헌과 함께 제시해야 한다. 산출에 사용된 추정치를 제시하고 추정치를 어떻게 구했는지를 설명해야 한다. 의료기기 적용 간 차이를 입증하는 임상시험에서는 해당 시험에서 입증하고자 계획한 차이를 명시해야 한다. 새로운 요법이 적어도 표준 요법만큼 효과적이라는 것을 증명하기 위한 양성 대조군 시험의 경우, 시험대상자 수의 결정 시 각 요법 간의 차이(임상적 허용한계)를 명확히 해야 한다.

3) 임상시험 수행 및 계획된 분석방법의 변경

임상시험의 진행 중에 발생한 시험방법이나 분석방법의 변경(예 적용군의 탈락, 시험대상자 선정 기준, 의료기기의 적용량, 횟수, 강도 등 적용방법의 변경, 시험대상자 수의 조정 등)에 대하여 기술해야 한다. 또한 변경사항이 임상시험계획서에 반영되었는지 여부에 상관없이 변경시기와 변경 사유, 변경의 결정 절차, 변경에 대한 책임자 혹은 책임그룹, 그리고 변경이 발생한 시점에 활용이 가능한 데이터의 특성과 내용을 비롯하여 누가 그 데이터들을 활용할 수 있었는지가 기술되어야 한다. 임상시험의 해석에 영향을 미칠 수 있는 변경에 대해서 간략히 기재하고, 결과보고서의 적절한 다른 항목들에서 좀 더 자세히 다루어야 한다. 결과보고서의 모든 항목에는 최초 임상시험계획서 상의 조건 혹은 방법과 이에 대한 변경 또는 추가 사항을 명백히 구분하여 기재해야 한다. 일반적으로 눈가림이 해제되기 전에 분석 방법이 변경되었다면 시험의 해석에 미치는 영향은 제한적이다. 그러므로 눈가림 해제시기와 분석 방법의 변경 시기의 상관관계에 따른 시험 데이터의 활용 가능성 여부를 명확히 규명하는 것이 매우 중요하다.

하. 시험대상자

1) 시험대상자 참여 현황

임상시험에 참여한 모든 시험대상자는 그림이나 표를 이용하여 결과보고서 본문에 명확히 설명해야 한다. 또한 무작위 배정된 시험대상자 수, 각 임상시험 단계(또는 주별/월별)에 참여 및 완료한 시험대상자

수가 기재되어야 한다. 마찬가지로 무작위 배정 후 이루어진 시험 참여 중지 및 탈락의 모든 이유를 적용군별, 주요 사유별(예 추적관찰 불가, 이상사례, 낮은 순응도)로 분류하여 제시해야 한다. 또한 시험대상자의 선정을 위해 스크리닝된 사람의 수와 스크리닝 과정에서 탈락된 사유를 제시하는 것이 실제 임상시험용 의료기기 적용의 적절한 적용군이었는지를 명확하게 하는데 도움이 될 수 있다. 흐름도 또한 유용하다. 임상시험용 의료기기의 적용이 중단이 되었더라도 시험 기간 동안 시험대상자를 계속 추적하였는지 여부를 명확히 해야 한다.

임상시험에 등록되었지만 끝까지 시험에 참여하지 못한 모든 시험대상자의 목록을 기관 및 적용군 별로 분류하여 부록에 제시해야 한다. 여기에는 시험대상자식별코드, 구체적인 중단 사유, 적용된 의료기기, 적용 기간 또는 적용량(강도, 횟수), 중도탈락까지의 기간별로 분류한 사항도 작성되어야 한다. 또한 중도탈락 시점에서 해당 시험대상자의 눈가림 해제 여부도 기재되어야 한다. 연령, 성별, 인종 등과 같은 주요 인구학적 정보를 비롯하여 병용요법, 시험 종료 시 주요 반응 변수 등을 포함시키는 것이 유용할 수 있다.

2) 임상시험계획서 위반

시험대상자의 선정기준, 제외기준, 임상시험의 수행 및 시험대상자의 관리 및 평가와 관련된 모든 중대한 위반사항에 대하여 기술해야 한다.

이 항목에는 임상시험기관별 위반사항을 적절히 요약하고 다음과 같이 다양한 범주로 분류해야 한다.

① 시험대상자의 선정기준에 적합하지 않음에도 시험에 참여한 시험대상자

② 중도탈락 기준에 해당함에도 시험에 참여한 시험대상자

③ 배정되지 않은 기기를 적용받았거나 상이한 적용방법으로 처치된 시험대상자

④ 병용요법을 위반한 시험대상자

부록에는 임상시험계획서를 위반한 개별 시험대상자의 목록을 제시하고 다기관 임상시험일 경우에는 기관별로 제시해야 한다.

거. 유효성 평가

1) 분석대상군

각 유효성 분석에 정확히 어떤 시험대상자가 포함되었는지 명확하게 정의해야 한다. 예를 들어, 시험기기/대조기기를 적용받은 모든 대상자, 유효성 관찰이 모두 이루어졌거나 특정한 최소 횟수의 관찰만 실시된 모든 대상자, 시험을 완료한 대상자, 특정기간 동안만 관찰이 이루어진 대상자, 어느 정도 이상의 순응도를 나타낸 대상자 등으로 정의할 수 있다. 임상시험계획서에 별도로 정의하지 않았을 경우, 분석대상군에 대한 선정/제외 기준을 언제 개발했는지(눈가림 해제 시험과 비교하여)와 어떻게 개발했는지를 명확히 해야 한다. 일반적으로 신청인이 제안한 1차 분석 대상은 일부 시험대상자들만을 토대로 하고 있으나, 유효성을 입증하기 위한 목적의 모든 시험은 무작위배정된(또는 다른 방식으로 배정된) 모든 시험대상자들의 자료를 이용한 추가 분석을 실시해야 한다.

유효성 분석에서 제외된 모든 시험대상자와 이들에 대한 방문 및 관찰사항의 목록을 표로 정리하여 부록에 제시해야 한다. 또한 분석에서 제외된 사유가 시간의 흐름에 따라 분석되어야 한다.

2) 인구학적 정보 및 기타 기저 특성

시험대상자들의 주요 인구학적 정보 및 기저 특성에 대한 군별 자료뿐만 아니라 임상시험 중에 발생하여 반응에 영향을 줄 수 있는 기타 요인들을 이 항목에 제시해야 한다. 그리고 관련성이 있는 모든 특성들에 대하여 임상시험용 의료기기 적용군 간 비교가능성은 표나 그래프를 이용하여 제시한다. 이때 '자료가 있는 모든 시험대상자' 분석에 포함된 시험대상자의 자료가 먼저 제시되어야 한다. 이후 주요 분석 집단(㉾ 계획서 순응(per-protocol)), 기기 적용 순응도에 따른 분석 집단, 동반질환 혹은 병행치료에 따른 분석 집단, 인구학적 정보 및 기타 기저 특성에 따른 분석 집단)에 대한 자료를 제시할 수 있다. 이러한 분석 집단을 사용할 경우, 사용되지 않은 분석 집단에 대한 보충 자료도 제시되어야 한다. 다기관 임상에서는 각 기관별로 가능성이 평가되어야 하고, 각 기관들이 비교되어야 한다.

전체 표본과 기타 분석 집단 사이의 연관성을 표시하는 도표를 제시해야 한다. 주요 변수들은 질환의 특성과 임상시험계획서에 따라 상이하지만 보통 다음의 사항을 포함해야 한다.

① 인구학적 변수
  ㉮ 연령
  ㉯ 성별
  ㉰ 인종
② 질환 요인
  ㉮ 특정 등록 기준(일관되지 않을 경우), 질환의 지속 기간, 질환의 단계 및 중증도, 다른 임상적 분류, 공통적으로 사용되는 하위 집단, 예후의 중대성이 알려져 있는 하위 집단
  ㉯ 임상시험 중에 측정된 주요 항목의 기저치 또는 기기 적용에 따른 예후 혹은 유효성 평가의 중요한 지표로 확인된 기저치
  ㉰ 시험 개시 당시의 동반 질환(㉾ 신장 질환, 당뇨, 심부전)
  ㉱ 관련된 과거 병력
  ㉲ 임상시험 대상 적응증과 관련된 과거 치료력
  ㉳ 경구피임약 및 호르몬 대체요법을 포함하여 용량이 임상시험 중 변경이 되었더라도 유지되는 병용요법
  ㉴ 임상시험 개시부터 중단 혹은 변경된 병용요법
  ㉵ 임상시험 반응에 영향을 줄 수 있는 기타 요인들(㉾ 체중, 레닌 상태, 항체 수치, 대사 상태)
  ㉶ 기타 관련 변수(㉾ 흡연, 음주, 특별 식단), 만약 여성의 경우 임상시험과 관련이 있다면, 생리 여부 및 최종 생리일

이러한 기저 변수들에 대한 군별 자료를 도표 및 그래프로 제시한다. 무작위배정된 모든 시험대상자의 인구학적 정보와 기저치 정보는 부록에 시험대상자별로 목록을 표로 제시하되, 이는 적용군 및 다기관 임상시험에서는 기관별로 분류한다. 기저치 정보에는 실험실적 검사 결과, 모든 병용요법을 포함한다. 임상시험별로 모든 기저치 자료의 제출이 필요할 수 있으나 일반적으로 결과보고서의 부록에는 상기의 변수와 같이 가장 의미있는 자료들을 제시한다.

너. 순응도 평가

임상시험용 의료기기의 적용에 대한 시험대상자 각각의 순응도 평가는 적용군별로 분석한 결과를 부록에 제시한다.

더. 유효성 평가 결과(분석 및 제시 포함)

1) 유효성 분석

주요 평가변수(1차 평가변수 및 2차 평가변수)는 적용군 간 비교가 이루어져야 한다. 유효성 확인을 목적으로 수행된 임상시험에서는 임상시험계획서상의 모든 유효성 분석뿐만 아니라 임상시험에서 얻어진 시험대상자의 모든 데이터에 대한 분석이 이루어져야 한다. 이러한 분석에는 적용 간 차이의 크기(점추정치), 관련 신뢰구간을 제시하며 가설 검정을 활용하는 경우 그 결과를 나타낸다.

연속성 변수(예 평균 혈압 또는 우울증 척도 점수)나 범주형 반응(예 감염의 완치 여부)을 토대로 한 분석은 동등한 효력을 가질 수 있다. 연속성 변수와 범주형 반응 분석을 모두 계획했고 분석이 가능한 경우에는 통상적으로 둘 다 분석 결과를 제시해야 한다. 만약 통계적 분석 계획에는 없었던 새로운 범주가 사용된다면 그 범주의 근거가 설명되어야 한다. 1개의 변수만이 주 논의 대상(예 혈압 관련 임상시험의 경우, ××주 시점 누운 상태에서 측정한 혈압)이어도 다른 합당한 척도(예 기립 상태에서의 혈압, 기타 특정 시점의 혈압)를 간략하게나마 평가해야 한다. 또한 가급적이면 시간 경과에 따른 반응 경과를 기술한다. 다기관 임상시험에서는 주요 변수를 비롯한 기관별(특히 대규모 임상시험기관들) 결과를 명확히 파악할 수 있도록 각 기관별 자료를 제시하고 분석해야 한다.

유효성 혹은 안전성에 대한 주요 측정 혹은 결과의 평가가 여러 사람(또는 집단)(예 급성 경색 발생 여부를 판단하기 위해 시험자와 외부 위원회가 동시에 의견을 제시)으로부터 이루어졌다면 평가 결과 간 모든 차이가 제시되어야 하고, 평가 결과가 상이한 각 시험대상자를 명시해야 한다. 분석에 사용된 모든 평가는 명확해야 한다. 많은 경우에서 유효성과 안전성 평가변수는 구별하기가 쉽지 않다(예 치명적인 질환에 대한 연구에서의 사망). 다음에 제시하는 원칙의 많은 부분은 주요 안전성 평가항목에도 적용되어야 한다.

2) 통계적 분석방법

통계 분석에 대한 사항은 임상 및 통계 심사자를 위하여 보고서 본문에 기술하되 부록에는 통계 분석 방법에 대하여 자세하게 기술하며, 분석에 있어서 중요한 대상들을 기술한다. 이러한 기술 대상에는 사용한 특정 통계 방법, 인구학적 정보나 기저치 결과 혹은 병용요법에 대해 실시한 보정 방법, 탈락과 결측치의 처리 방법, 다중 비교에 대한 보정 방법, 다기관 임상시험 관련 분석, 중간 분석에 대한 보정 방법 등이 있다. 눈가림 해제 이후에 분석이 변경되었다면 이에 대해 기술해야 한다. 일반적인 사항 외에도 다음과 같은 특정 사안에 대해서도 기술해야 한다(해당하지 않을 경우에는 제외).

3) 공변량 보정

임상시험의 자료 분석에 공변량을 포함시키는 주요 이유는 일차 유효성 평가변수와 공변량 간에 상당히 많은 연관성이 있기 때문이다. 그러한 공변량의 보정은 일반적으로 분석의 효율성을 향상시켜, 시험 의료기기의 처리효과에 대한 보다 강하고 정확한 증거(㉑ 작은 유의확률(p-value)과 좁은 신뢰구간)를 제공한다. 그러나 유의확률(p-value)이 작다는 것만으로는 임상적으로 유의한 효과가 있다고 확신할 수 없으며, 처리효과의 크기와 그 처리효과가 공변량 각 수준에서 일관성있게 나타나는지를 반드시 중요하게 고려해야 한다. 일차 유효성 평가변수와의 연관성이 알려져 있거나 기대되는 공변량에 대해서는 선행 근거(선행 임상시험이나 현재 시행중인 다른 임상시험에서 수집한 데이터를 이용할 수 있음)를 바탕으로, 임상적 차원에서 반드시 정당화되어야 한다. 일차분석에 공변량을 포함하여 분석하는 경우에는 눈가림을 해제하기 전에 임상시험계획서에 명확히 언급하여야 한다. 공변량 처리 및 분석에 관해서는 다양한 모형이나 방법들이 있으므로 해당 임상시험설계에 적합하고 명확하게 기술하여야 한다.

※ 공변량 : 임상시험에서 관심있는 독립변수 이외에 종속변수에 영향을 줄 수 있는 잡음인자를 통제하고자 설정하는 변수를 의미한다. 즉 임상시험 결과변수에 영향을 미칠 수 있는 시험대상자들의 특징을 설명하는 변수이다. 즉, 관심있는 변수가 아니라 종속변수에 영향을 미칠 수 있는 변수로, 독립변수의 잔여효과를 더 정확하게 발견하기 위해 통제되어야 하는 변수

※ 유의확률 : 귀무가설을 기각할 수 있는 최소의 유의수준으로, 확률변수가 임의의 실측값(통계량, 평균 등)보다 더 극단적인 값을 갖게 될 누적확률로 유의확률이 사전에 정해진 유의수준보다 작으면 귀무가설을 기각한다.

4) 탈락 또는 결측치의 처리

중도탈락율에 영향을 미치는 원인들은 다양하다. 임상시험 기간과 질환의 특성, 임상시험용 의료기기의 유효성 및 안전성, 임상시험과 무관한 기타 요인들 등이 중도탈락에 영향을 미칠 수 있다. 중도탈락한 시험대상자를 배제하고 임상시험을 종료한 시험대상자들의 자료만으로 결과를 분석하면 잘못된 결론에 이를 수 있다. 그러나 만약 다수의 시험대상자가 중도탈락한다면, 설사 이들의 자료를 분석에 포함시킨다 하더라도 임상시험 결과의 삐뚤림이 초래될 수 있다. 특히 한 적용군에서 조기에 탈락한 경우가 많거나 탈락 사유가 의료기기의 적용이나 그 결과와 관련되는 경우에는 삐뚤림이 더 클 수 있다. 비록 조기 탈락에 의한 영향과 이로 인해 어떠한 삐뚤림이 발생할지 판단하기 어려울 수 있으나 가능한 한

최대로 이에 따른 영향을 밝혀내야 한다. 탈락 사례를 다양한 시점에서 분석하거나, 만약 탈락이 빈번한 경우라면 탈락이 제일 적게 발생한 기간을 주로 분석하는 등이 도움이 될 수 있다. 임상시험의 결과는 임상시험을 종료한 시험대상자의 하위 집단뿐만 아니라 무작위배정된 전체 시험대상자군, 측정을 한 번이라도 실시한 시험대상자 모두에 대해서도 평가해야 한다. 중도탈락의 영향을 분석할 때는 적용군별로 탈락 사유나 시기, 다양한 시점에서 탈락자의 비율 등을 검토하고 적용군 간 비교를 할 필요가 있다. 추정치 혹은 파생된 값을 사용하는 등 결측치를 어떻게 처리하였는지 그 방법을 기술해야 한다. 추정치나 파생된 값을 어떻게 설정하였는지, 그 과정에서 기본적으로 어떤 가정을 하였는지를 상세하게 기술해야 한다.

5) 중간 분석 및 자료 모니터링

공식적이던 비공식적이던, 임상시험에서 축적된 자료를 임상시험 중간에 검토하고 분석하는 과정은 삐뚤림을 초래하거나 제1종 오류를 증가시킬 수 있다. 그러므로 눈가림이 해제되지 않은 상태에서 실시한 중간 분석이 공식적이든 비공식적이든, 사전 계획하에 실시하였거나 시험 도중 필요에 의해 실시하였든지 간에, 또는 분석한 자가 임상시험 참가자, 의뢰자 측 직원, 자료 모니터링 담당자 등 누구이든지 간에 상관없이 상세히 그 내용을 기술해야 한다. 이러한 분석으로 인한 통계적 보정의 필요성을 언급해야 한다. 해당 분석에 사용되는 수행 지침이나 절차를 기술해야 한다. 자료 모니터링 그룹의 회의록과 회의에서 검토된 자료 보고서, 특히 임상시험계획의 변경이나 임상시험 조기 종료와 관계된 회의의 회의록과 자료 보고서는 부록에 제시해야 한다. 눈가림 해제가 실시되지 않은 자료의 모니터링의 경우, 제1종 오류를 증가시키지 않았다고 판단되었더라도 기술해야 한다.

6) 다기관 임상시험

다기관 임상시험은 동일한 임상시험계획서에 따라 여러 기관이 참여하고 각 기관의 자료를 종합하여 분석하는 단일 연구이다(이는 개별시험의 자료나 결과를 취합하는 사후 검정(post-hoc)과 반대되는 개념). 각 기관의 결과를 제시해야 하며, 단일 기관 내 시험대상자가 충분하여 정성적으로 혹은 정량적으로 유의한 분석이 가능하다면 적용군–기관 상호작용 가능성을 검토하도록 한다. 기관 간의 결과 차이가 많이 나거나 상반된다면 기록하고 이에 대해 논의해야 하며, 이때 임상시험수행, 시험대상자의 특성, 임상 환경의 차이와 같은 가능성을 고려한다.

7) 다중비교/다중검정

유의성 검정을 많이 실시하면(비교를 많이 실시하면) 거짓 양성 결과의 수가 증가한다. 만일 1차 유효성 평가변수가 다수이거나 특정 평가변수에서 한 가지 이상의 분석을 하거나, 또는 복수의 적용군이 존재하거나 시험대상자의 하위 집단들이 존재할 경우라면 통계적 분석에서는 이들을 반영하고 제1종의 오류를 줄이고자 사용된 보정방법을 설명하거나 보정이 불필요다고 간주했다면 그 이유를 설명해야 한다.

8) 시험대상자 중 유효성 하위 집단

낮은 순응도, 방문 누락, 부적격 또는 기타 사유로 시험대상자를 탈락시켜, 활용 가능한 자료임에도 분석에서 제외시켰을 때의 영향을 특히 주의해야 한다. 앞서 기술한 바와 같이 유효성 확인을 목적으로 수행된 모든 임상시험에서는 신청인이 주요 분석으로 제시하지 않았더라도, 활용 가능한 모든 자료를 분석해야 한다. 일반적으로 분석에 사용된 시험대상자군을 변경하여도 시험 결과가 달라지지 않음을 입증하는 것이 유리하다. 대상자군을 변경하여 분석 결과가 상당한 차이를 보인다면 이는 분명하게 논의가 되어야 한다.

9) 동등성 입증을 위한 활성 대조 임상시험

활성 대조 임상시험의 목적이 시험기기와 활성 대조기기의 동등성(즉, 두 군 간 효과의 차이가 특정 값보다 작다)을 입증하는 것이라면, 통계분석 시 주 평가 변수에서 두 군 간 차이의 신뢰구간을 보여주어야 하고 이 신뢰구간과 미리 정해놓은 비열등성 정도(허용되지 않는 열등성 정도)와의 상관관계를 밝혀야 한다.

10) 하위 집단 분석

임상시험의 규모가 커서 하위 집단에 대한 분석이 가능하다면, 중요한 인구학적 자료나 기저치 자료 하위그룹상에서 특이하게 크거나 작은 반응들에 대한 분석을 실시하고 결과를 제시해야 한다(예 연령, 성별, 인종, 중증도나 예후 인자, 유사 적응증의 의료기기 혹은 의약품 사용에 대한 과거력 등의 효과 비교). 만일 임상시험의 규모가 지나치게 작아 이러한 분석을 실시하지 않은 경우에는 이를 기재해야 한다. 하위 집단 분석은 '계획하였으나 나타나지 않은 유효성'을 찾아내려고 실시하는 것이 아니라 타 임상시험에서 의미 있게 평가할 수 있는 가설을 제시하거나 라벨 정보나 환자 선택, 기기 적용 방법(용량, 기간, 횟수, 강도 등 포함) 등을 개선할 때 도움이 될 수 있다. 특정 하위 집단에서 나타나는 상이한 효과에 대한 가설을 미리 설정하였다면, 이러한 가설과 이에 대한 평가는 미리 설정한 통계 분석 계획에 포함되어 있어야 한다.

11) 시험대상자별 자료의 제시

군별로 자료를 도표화하고 그림으로 제시하는 것 이외에도 개인별 반응 자료와 그 밖의 적절한 시험 정보들도 표로 제시해야 한다. 때에 따라 보관용으로 만들어진 모든 개인별 증례기록표를 제시할 수도 있다. 결과보고서에 포함해야하는 내용은 임상시험별로, 의료기기 품목별로 다르다. 결과보고서상에는 부록으로 포함된 항목, 보관용 증례기록표의 항목, 제출한 자료 외에도 제출이 가능한 자료의 목록을 기재해야 한다.

정해진 간격으로 반복하여 주요 유효성 측정 혹은 평가(예 폐기능 검사, 협심증 빈도, 전반적 평가)를 실시하는 대조 임상시험의 경우, 결과보고서상의 자료 목록에 시험대상자식별코드, 기저치를 포함한다. 또한 측정이 실시된 시간(예 기기 적용일 혹은 그 시간 등), 측정 당시 기기 적용방법(용량, 횟수, 강도 등 포함), 순응도, 측정 시기나 그 주변 시기에 이루어진 병용요법 등을 포함해야 한다. 반복 평가 방법 외에 반응군과 무반응군(예 세균감염 완치군과 비완치군)에 대한 전반적인 평가를 임상시험 내에 포함하였다면 이 또한 기재한다. 주요 측정항목 외에도 시험대상자가 유효성 평가에 포함되었는지(평가항목이 다수인 경우 해당되는 항목)를 기재하고, 순응도 자료를 수집한 경우 이에 대한 정보를 기재하며 이들의 증례기록서 상의 위치를 제시한다. 연령, 성별, 체중, 치료 중인 질환, 질환의 단계나 중증도와 같은 주요 기저치 정보도 유용하다. 주요 평가 항목의 기저치는 보통 각 유효성 평가 항목의 시작점 값(zero time value)이 포함된다. 시험대상자 개개인의 결과는 일반적으로 부록에 표로 제시된다. 검토의 목적으로는 너무 자세한 표보다 선별된 자료들로 도표화한 것이 유용하다. 예를 들어 다회 측정된 항목의 경우, 시험대상자별로 가장 중요한 측정치(예 여러 방문 중 특정 방문일의 혈압 수치)를 선별하여 각 시험대상자의 반응을 한 줄이나 몇 줄로 요약한 사항과 함께 제시하는 것이 개개인의 결과를 전반적으로 이해하는 데 유용할 수 있다.

12) 의료기기-질환 간의 상호작용

의료기기 적용에 따른 반응과 과거/동반질환의 어떤 분명한 상관관계가 있다면 이에 대하여 기술해야 한다.

13) 시험대상자별 결과자료의 제시

보통의 경우 시험대상자별 자료는 표로 제시하지만, 경우에 따라 그래픽으로 표현하는 등 다른 방식으로 개개인의 자료를 구성하는 것이 유용할 수 있다. 예를 들어 시간의 흐름에 따른 특정 수치의 값, 특정 사례(예 이상사례의 발생이나 병용요법 변경 등)의 발생 시점과 같은 사항을 보여줄 수 있다. 군의 평균값으로 주요 분석을 실시하는 경우에는 이러한 개별 증례값들이 큰 도움이 되지 않으나 개인별 반응들의 전반적인 평가가 분석의 중요한 부분을 차지하고 있다면 도움이 될 수 있다.

14) 유효성에 대한 결론

유효성에 대한 주요 결론은 1차 및 2차 평가변수, 사전에 정해 놓은 통계적 접근방식과 그 대안, 탐색적 분석 결과를 고려하여 간결하게 기술해야 한다.

러. 안전성 평가

안전성 관련 자료의 분석은 세 단계로 고려될 수 있다.

① 첫째, 임상시험결과에서 평가할 수 있는 안전성의 수준을 결정하기 위해 기기의 적용범위(용량, 기간, 횟수, 강도, 시험대상자의 수)를 검토해야 한다.

② 둘째, 좀 더 일반적으로 나타난 이상사례와 상이하게 도출된 실험실적 검사결과를 확인한다. 이러한 결과 자료들은 합리적인 방식으로 분류하고 적용군끼리 비교·분석한다. 적절한 경우 시간 의존성, 인구학적 특성과의 관련성, 기기의 적용방법(용량, 기간, 횟수, 강도, 부위 경로 등 포함)과의 관련성 등과 같이 의료기기이상반응/이상사례의 발생빈도에 영향을 미칠 수 있는 요인에 대해 분석해야 한다.

③ 마지막으로 임상시험용 의료기기와의 인과관계 여부와 상관없이 이상사례로 인하여 기기의 적용이 중단되었거나 사망한 시험대상자에 대한 면밀한 조사를 통해 중대한 이상사례 혹은 기타 중요한 이상사례를 식별해야 한다.

뒤에 이어지는 항목들에서는 다음 세 종류의 분석 및 결과 제시 유형이 요구된다.

① 요약된 자료(종종 보고서 본문에 표나 그림으로 표현됨)

② 개인별 자료 목록

③ 특별히 주의를 기울여야 하는 이상사례에 대한 설명

시험군과 대조군 모두와 관련된 이상사례는 모든 도표와 분석상에서 확인될 수 있어야 한다.

1) 이상사례의 요약

임상시험에서 발생한 모든 이상사례는 간략하게 기술하고 이에 대해 좀 더 상세한 도표와 분석을 추가하여 해석을 도와야 한다. 이러한 표와 분석에는 시험군과 대조군 모두와 관련된 사례가 표시되어야 한다.

2) 이상사례의 제시

임상시험용 의료기기의 적용 이후에 발생한 모든 이상사례는 요약된 표로 제시되어야 한다(식품의약품안전처가 미리 특정 이상사례가 질환과 관련이 있다고 동의를 한 경우가 아니라면 기저질환과 관련된 이상사례로 판단되거나 동반질환으로 보이는 이상사례의 경우 포함). 이러한 표에는 중대한 이상사례나 기타 유의한 이상사례로 간주되는 활력징후의 변화나 실험실적 검사치의 변화가 포함되어야 한다.

표상에 '기기 적용 이후에 나타난 증상이나 징후'(기기의 적용 전에는 없었다가 적용 이후에 발생하였거나, 적용 이후에 악화된 증상이나 징후)에 대한 사항을 기재하는 것이 유용하다. 또한 표에는 이상사례의 종류, 적용군별 이상사례가 발생한 환자의 수, 이상사례의 발생률을 기재한다. 주기적으로 반복하여 기기를 적용하는 임상시험의 경우(㉠ 항암 치료), 각 주기별로 이상사례의 표를 작성하는 것이 필요하다. 이상사례는 신체 기관별로 나누어 제시해야 한다.

정의되어 있는 중증도(㉠ 경증, 중등증, 중증)에 따라 각 이상사례를 분류한다. 그리고 이상사례는 임상시험용 의료기기와의 인과관계의 유무에 따라 분류하거나 기타 인과관계에 따라 분류할 수 있다(㉠ '관련성이 명백함', '관련성이 많음', '관련성이 의심됨', '관련성이 적음', '관련성 없음'). 그러나 표에는 임상시험용 의료기기와의 인과관계 유무와 상관없이, 동반질환으로 판단되는 사례를 포함하여 모든 이상사례를 기록해야 한다. 임상시험에 대한 지속적인 분석이나 전반적 안전성 자료에 대한 지속적인 분석은 발생한 이상사례와 임상시험용 의료기기의 인과관계 여부를 구별하는데 도움이 될 수 있다. 표에 기록된 모든 자료를 분석 및 평가할 수 있도록 각 이상사례가 나타난 개개인을 파악하는 것이 중요하다. 표의 예시는 다음과 같다.

〈표 6-10〉 이상사례 : 관찰된 환자 수 및 발생률, 시험대상자식별 코드

(적용군 ×)

(N=50)

	경증		중등증		중증		소계		총계
	R[1]	NR[1]	R[1]	NR[1]	R[1]	NR[1]	R[1]	NR[1]	R+NR
신체기관 A 이상사례 1	6(12%) N11[2] N12 N13	2(4%) N21 N22	3(6%) N31 N32 N33	1(2%) N41	3(6%) N51 N52 N53	1(2%) N61	12(24%)	4(8%)	
이상사례 2	N14 N15 N16								

1) R = 관련됨(Related), '관련성이 명백함', '관련성이 많음', '관련성이 의심됨', '관련성이 적음'으로 가장 가능. NR = 관련되지 않음 (Not Related)

2) 시험대상자식별코드

제시되는 표 외에, 결과보고서 본문에는 적용군 내에서 비교적 흔하게 발생한 이상사례(㉑ 1%를 상회하여 발생한 사례)에 대하여 적용군 간 비교한 요약 표를 제시한다. 이때 시험대상자식별코드는 기재하지 않는다. 이상사례를 정리할 때에는 시험자가 처음 사용했던 용어를 보여주고 서로 관련이 있는 사례(㉑ 동일 현상임을 나타내는 사례)들을 분류하는 것이 이상사례의 실제 발생률을 분명하게 하기 위해 중요하다. 표준 이상반응/사례 용어를 사용하는 것도 한 방법에 속한다.

3) 이상사례 분석

이상사례 발생률을 바탕으로 시험군과 대조군에서의 발생률을 비교해야 한다. 이를 위하여 이상사례의 중증도 분류와 인과관계 분류를 조합하여 분석하면 적용군간 단순 병행 비교를 하는데 도움이 될 수 있다. 이러한 방법이 안전성을 통합적으로 분석하는 가장 흔한 방법이기는 하나, 임상시험의 규모와 설계상 가능할 경우에는 의료기기와 관련되어 보이는 공통적인 이상사례를 분석하는 것이 유용하다. 이때 기기 적용 양(강도), 적용 횟수, 적용 기간, 인구학적 정보(나이, 성별, 인종 등), 기저 특성(신장 상태), 유효성 결과와 이상사례의 상관관계를 평가할 수 있다. 이상사례의 발생 시기와 기간을 조사하는 것도 유용하다. 임상시험 결과별 혹은 임상시험용 기기의 특성 별로 추가 분석을 다양하게 할 수도 있다.

모든 이상사례에 엄격한 통계적 평가를 적용할 필요는 없다. 자료를 검증하는 도중에 인구학적 특성 혹은 기저치 특성이 이상사례와 유의한 상관관계가 없음이 확인될 수도 있다. 임상시험의 규모가 작고 이상사례의 건수가 상대적으로 적을 경우에는 시험군과 대조군의 비교하는 것으로도 충분할 수 있다.

상황에 따라 가공되지 않은 이상사례 발생률을 보고하는 것보다는 생명표 또는 이와 유사한 분석이 더 많은 정보를 제공할 수 있다. 항암치료와 같이 의료기기의 적용이 주기적으로 반복되는 경우에는 각 주기별로 결과를 별도로 분석하는 것이 유용할 수도 있다.

4) 시험대상자별 이상사례 목록

각 시험대상자의 모든 이상사례는 동일한 사례가 여러 차례 발생한 경우를 포함하여 부록에 기재하고 표준 이상사례 용어와 시험자가 사용하는 이상사례 용어를 둘 다 제시한다. 이 목록은 시험자별 및 적용군별로 작성하여야 하며 다음과 같은 정보들을 포함해야 한다.

① 시험대상자식별코드
② 나이, 인종, 성별, 체중(관련이 있는 경우, 신장)
③ 시험대상자 증례기록서의 위치(제출할 경우)
④ 이상사례(표준 용어와 시험자가 사용하는 용어)
⑤ 이상사례 지속시간
⑥ 중증도(예 경증, 중등증, 중증)
⑦ 심각성(심각함/심각하지 않음)
⑧ 취한 조치[없음, 감량(강도, 횟수, 기간 포함), 적용중지]
⑨ 결과(예 「의료기기법 시행규칙」[별지 제55호 서식])
⑩ 인과관계 평가(예 관련됨, 관련되지 않음)
※ 이를 판단한 방법은 표나 기타 수단으로 기술해야 함
⑪ 이상사례 발생일 또는 이상사례를 발견한 내원일
⑫ '임상시험용 의료기기를 적용받은 마지막 시기'와 관련된 이상사례 발생 시기(적용이 가능한 경우)
⑬ 이상사례가 발생한 시기에 적용된 임상시험용 의료기기 또는 최근에 적용된 임상시험용 의료기기
⑭ 임상시험용 의료기기의 적용기간
⑮ 임상시험 중의 병용요법

사용한 약어나 코드는 목록의 시작부분이나 가급적이면 쪽마다 명확하게 설명해야 한다.

5) 사망, 기타 중대한 이상사례 및 기타 유의한 이상사례

사망, 기타 중대한 이상사례 및 기타 유의한 이상사례 등은 특히 주의를 기울여야 한다. 이러한 이상사례에 대해서는 "시험대상자별 이상사례 목록"에서 요구하는 것과 동일한 정보를 목록으로 제시해야 한다.

① 사망 : 임상시험의 추적관찰 기간을 포함하여 임상시험 중에 발생한 사망과 임상시험 중에 시작된 일련의 과정에 의하여 발생한 사망은 "본문에 수록되지 않은 표"에 환자별로 기재해야 한다.
② 기타 중대한 이상사례 : 사망을 제외한 모든 중대한 이상사례(시기상 사망과 관련이 있거나 사망으로 이어질 수 있는 중대한 이상사례 포함)는 모두 "본문에 수록되지 않은 표"에 기재해야 한다. 중대한 이상사례로 간주된 실험실적 검사 결과의 이상과 비정상적 활력 징후, 비정상적 신체검사 결과를 목록에 포함한다.
③ 기타 유의한 이상사례 : 중대한 이상사례로 보고된 사례를 제외하고, 혈액학적으로나 실험실 검사

결과로나 현저히 비정상인 경우를 비롯하여, 기기 적용의 중단 또는 감량이나 중요한 추가적 병용요법 등의 중재로 이어진 모든 사례들은 “본문에 수록되지 않은 표”에 기록해야 한다.

6) 사망, 기타 중대한 이상사례, 기타 유의한 이상사례에 대한 설명

각각의 사망, 기타 중대한 이상사례, 임상적 중요도 때문에 특히 중요하다고 판단되는 기타 유의한 이상사례에 대하여 간략히 설명해야 한다. 이러한 설명은 이상사례의 빈도에 따라 결과보고서 본문이나 “본문에 수록되지 않은 표”에 배치할 수 있다. 임상시험용 의료기기와 전혀 무관한 사례는 생략하거나 간략하게 설명할 수 있다. 일반적으로 다음과 같은 내용을 기술하고 정보를 포함해야 한다.

① 이상사례의 종류와 중증도, 이상사례가 나타나기 전의 임상과정, 임상시험용 의료기기 적용과의 시간적 관계, 실험실적 검사와의 상관관계, 기기 적용 중단 여부 및 그 시기, 조치, 부검결과, 인과관계에 대한 시험자의 의견과 적절한 경우에는 의뢰자의 의견

② 시험대상자식별코드

③ 시험대상자의 나이, 성별, 필요하다면 환자의 전반적인 임상 상태

④ 대상 질환(모든 환자에서 동일하다면 불필요함) 및 유병기간(해당 증상)

⑤ 관련된 동반 질환 또는 과거 병력과 그 발생 시기 및 유병기간

⑥ 관련된 병용약물 및 과거 복용약과 상세 투여량 정보

⑦ 적용된 임상시험용 의료기기 및 적용량, 횟수, 강도, 기간 등

7) 사망, 기타 중대한 이상사례, 기타 유의한 이상사례 분석 및 논의

사망, 기타 중대한 이상사례 및 기기 적용의 중단 또는 감량이나 추가적 병용요법으로 이어진 기타 유의한 이상사례의 중요도는 임상시험용 의료기기의 안전성 측면으로서 평가되어야 한다. 이러한 이상사례 중 어떤 것이라도 이전에 예측하지 못한 임상시험용 의료기기의 중요한 이상사례를 나타내는 것은 아닌지 면밀히 주의를 기울여야 한다. 특히 중요해 보이는 중대한 이상사례의 경우에는 생명표나 또는 이와 유사한 분석을 이용하여 임상시험용 의료기기 적용 시간과의 관계를 표시하고 시간별 위험성 평가를 실시하는 것이 유용할 수 있다.

8) 실험실적 검사 평가

가) 시험대상자별 실험실 측정값 및 비정상 수치 목록

필요한 경우, 안전성과 관련된 모든 실험실적 검사 결과는 다음과 유사한 형태의 표로 제시한다. 각 행은 시험자(시험자가 1명 이상인 경우)와 적용군별로 시험대상자를 분류하여 실험실적 검사가 실시된 시험대상자 방문 시점을 표시한다. 열은 주요 인구학적 정보, 실험실적 검사 결과 등을 기재한다. 하나의 표에 모든 검사 결과를 나열할 수는 없기 때문에 혈액학적 검사, 화학적 검사, 전해질 검사, 요분석 등 몇 가지 검사별로 분류하여 제시할 수 있다. 비정상 수치는 밑줄이나 괄호 등을 이용하여 식별하기 쉽게 표시해야 한다. 이러한 목록들은 의료기기 허가 시 제출되어 평가될 수 있다.

〈표 6-11〉 시험실적 검사 측정값 목록

실험실적 검자							
시험대상자	시간	연령	성별	체중	SGOT	SGPT	AP …… X
# 1	T0 T1 T2 T3	70	M	70 kg	V1[1)] V2 V3 V4	V5 V6 V7 V8	V9 V10 V11 V12
# 2	T10 T21 T32	65	F	50 kg	V13 V14 V15	V16 V17 V18	V19 V20 V21

1) Vn = 각 측정값

위에서 언급한 양식을 이용하여 "본문에 수록되지 않은 표"에 모든 비정상적인 실험실적 검사 수치를 환자별로 제시한다. 특히 임상적으로 중요할 수 있는 비정상적 결과에 대해서는 비정상 수치 이전과 이후에 측정된 정상 수치, 그리고 관련이 있는 실험실적 검사의 수치와 같은 추가 정보를 제공하는 것이 도움이 될 수 있다. 경우에 따라 추가 분석 시에는 특정 비정상 수치를 제외하는 것이 이상적일 수도 있다. 예를 들어 검사결과가 단발성으로 비정상 수치가 미미한 경우(예 요산이나 전해질), 일부 검사에서 일시적으로 수치가 낮게 나온 경우[예 아미노 전이효소(AST, ALT), 알칼리 인산 분해효소(ALP), 혈중 요소 질소(BUN)]는 임상적으로 특별한 의미를 가지지 않는 것으로 판단하여 분석에서 제외할 수 있다. 그러나 이러한 결정에 대해서는 그 근거를 분명히 설명해야 하고, 표에서 비정상 수치를 모두 확인할 수 있어야 한다.

나) 각 실험실적 검사 수치의 평가

실험실적 검사 결과에 대한 평가는 도출된 결과에서 일정 부분 판단되나, 일반적으로 다음 항목들에 대한 분석을 제시해야 한다. 각 분석 시, 비교가 적절하고 임상시험 규모에 적합한 경우에는 시험군과 대조군의 비교를 실시해야 한다. 이에 덧붙여 각 분석별로 검사 수치의 정상범위를 제시해야 한다.

임상시험 과정 중에 각 시점(예 방문 시점)별 검사 수치에 대해서는 다음의 정보를 기술해야 한다. 군별 평균 또는 중앙값, 수치의 범위, 비정상적인 수치가 나타난 시험대상자 수 또는 특정 규모의 비정상적 수치(예 정상 상한치의 2배, 상한치의 5배, 선택한 사유의 제시 필요)를 보인 시험대상자 수 그래프를 이용할 수 있다.

적용군별로 개별 시험대상자의 변화 추이를 분석해야 한다. 다음의 방법을 비롯하여 다양한 접근법이 사용될 수 있다.

① '변화표(shift table)' 이 표에서는 기저 상태 및 특정 시점 간격 상에서 낮거나, 정상이거나, 높은 수치를 가지는 시험대상자 수를 나타낸다.

② 특정 시점에서 사전에 정한 크기 이상의 값의 변화를 보인 시험대상자 수나 분율을 나타낸다. 예를 들어 BUN의 경우, 10mg/dL 이상의 변화를 나타냈을 때 이를 명시한다고 결정할 수 있다. 단회

방문이나 더 많은 방문에서 이 수치에 미달하거나 초과한 시험대상자 수를 BUN의 기저 상태가 정상이었던 군과 높았던 군으로 나누어 제시할 수 있다. 보통의 변화표와 비교하였을 때 이러한 방식의 장점은 가장 마지막 수치가 비정상이 아니더라도 특정 크기의 변화를 나타낼 수 있다는 것이다.

③ 각 시험대상자별로 실험실적 검사의 초기 수치와 이후 수치를 비교하기 위해, 초기 수치를 가로축에, 이후 수치를 세로축에 두어 그래프로 표시한다. 만일 변화가 없을 경우 각 시험대상자를 표시하는 점은 45°에 위치할 것이다. 이후 수치가 초기 수치보다 높아졌다면 45°선보다 위에 점들이 모일 것이다. 이때 해석을 위해서는 이러한 방식의 시험군과 대조군의 시점별 그래프가 필요하다. 그 외 다른 방법으로 가로축은 기저치, 세로축은 임상시험 중 가장 극단적인 값을 두어 표현할 수도 있다. 이러한 방식으로는 범주에서 벗어나는 사람을 즉시 확인할 수 있다(시험대상자의 식별코드를 명시하는 것이 유용함).

임상적으로 유의한 변화(신청인이 정의한)에 대해 논의해야 한다.

실험실적 검사의 비정상이 중대한 이상사례로 간주되고, 경우에 따라 기타 유의한 이상사례로 간주되었다면 해당 시험대상자에 대한 설명을 제시해야 한다. WHO, NCI 등의 독성 평가 척도를 사용하여 중증으로 평가된 변화는 그 심각성과 무관하게 논의 대상이 되어야 한다. 임상적으로 유의한 변화에 대한 분석은 각 방문 및 항목별 실험실적 검사 결과의 제시와 함께 해당 결과로 인해 발생한 임상시험 중지 사례들에 대한 분석 또한 실시되어야 한다. 적용량(강도, 횟수)과의 상관성, 적용 중의 자연 소실, 적용 중지 시의 소실, 적용 재개 시의 재현, 병용요법의 성격과 같은 특징의 분석 등을 통해 변화의 유의성과 기기 적용과의 관련 가능성을 평가해야 한다.

9) 활력징후, 신체검사, 안전성과 관련된 기타 관찰

활력징후와 기타 신체검사, 안전성과 관련된 그 외 관찰들을 분석하고 실험실적 검사 변수와 유사한 방법으로 제시한다. 만일 임상시험용 의료기기 적용 효과에 따른 것이라는 근거가 있는 경우, 의료기기 적용 방법(용량, 기간, 횟수 강도 등 포함) 또는 시험대상자별 변수(예 질환, 인구학적 정보, 병용요법)와 상관관계가 있는지 확인하고 임상적 관련성에 대해 설명해야 한다. 유효성 변수로 평가되지 않은 변화와 이상사례로 간주된 변화는 특히 유의해야 한다.

10) 안전성 결론

임상시험용 의료기기의 전반적인 안전성 평가를 검토하고, 특히 의료기기 적용 방법(용량, 기간, 횟수 강도 등 포함)의 변경 또는 병용요법을 야기한 이상사례, 중대한 이상사례, 임상시험 탈락이나 사망에 이르게 한 이상사례는 특별한 주의를 기울여야 한다. 위험이 증가한 시험대상자나 대상자군을 명확히 해야 하고, 대상자가 적더라도 소아, 임산부, 고령자 등과 같이 위험에 취약한 환경에 있는 시험대상자들에 대해서도 특별한 주의를 기울여야 한다. 의료기기 사용 시의 안전성 평가 결과의 영향도 기술해야 한다.

마. 고찰 및 결론

임상시험의 유효성 및 안전성 결과와 '위험 및 이익(risk and benefit)' 간 상관관계를 간략하게 요약하고 논의해야 한다. 필요한 경우 표와 그림, 위 항목들을 인용해야 한다. 이때, 앞에서 설명한 결과를 단순히 반복하거나 또는 설명하지 않은 새로운 결과를 추가로 서술하여서는 안 된다.

고찰 및 결론에서는 새롭게 발견되었거나 예측되지 않았던 소견에 대하여 명확히 기술하고, 그 중요성에 대해 의견을 제시해야 한다. 또한 연관된 평가들 사이의 일관성 결여와 같은 잠재적 문제들에 대해 논의해야 된다. 시험 결과의 임상적 유의성 및 중요도 역시 기존의 다른 자료들에 비추어서 논의되어야 한다. 개별 시험대상자나 위험군에 대한 특정 유익성 또는 특정 주의사항, 향후 임상시험 수행에 대한 영향들도 제시되어야 한다. 이러한 논의 대신 전반적인 시험의 안전성과 유효성에 대한 요약을 할 수도 있다(통합 요약).

바. 본문에 수록되지 않은 표, 그림 및 그래프

중요한 결과를 시각적으로 요약하거나 표로는 쉽게 이해되지 않는 결과를 명확하게 제시하기 위해서는 그림을 사용해야 한다. 중요한 인구학적 정보, 유효성 및 안전성 자료는 결과보고서 본문에 요약된 그림이나 표로 제시해야 한다. 그러나 자료의 규모나 수 때문에 본문에 넣는 것이 불가능한 경우에는 내용을 뒷받침할 수 있거나 추가적인 그림, 표, 목록을 이용하여 본문을 상호·참조해야 한다.

다음의 정보는 임상시험 결과 보고서 중 이 항목에서 제시할 수 있다.

1) 인구학적 정보

〈표 6-12〉 Table XX. 가임 상태와 임신 검사(여성)_FAS(N=30)

구분	AAA (N=14)	BBB (N=16)	Total (N=30)	P-value[1]
가임 상태, n(%)				
폐경	6(42.86)	4(25.00)	10(32.26)	0.3006
가임여성	8(57.14)	12(75.00)	20(64.52)	
뇨 임신 검사, n(%)				
Negative	8(100.00)	12(100.00)	20(100.00)	NA
Positive	0(0.00)	0(0.00)	0(0.00)	
피임 계획, n(%)				
있음	8(100.00)	12(100.00)	20(100.00)	NA
없음	0(0.00)	0(0.00)	0(0.00)	

1) Fisher's exact test

※ NA : Not applicable

2) 유효성 자료

〈표 6-13〉 Table XX. 허리통증에 대한 VAS 평균값 군간 비교(PP군)

VAS(허리통증)		AAA	BBB	P-value[1]
Visit2(Baseline)	N	28	28	0.542
	Mean	48.71	46.66	
	SD	24.72	27.65	
	Median	50.50	49.00	
	Min	0.00	0.00	
	Max	93.00	95.00	
Visit4(6week)	N	28	28	
	Mean	16.89	17.18	
	SD	17.88	18.32	
	Median	11.00	11.00	
	Min	0.00	0.00	
	Max	64.00	70.00	

1) Mixed model for repeated measures(MMRM)

3) 안전성 자료

〈표 6-14〉 Table XX 안전성 평가_활력 징후에 대한 기초 통계량

활력 징후		AAA							BBB							
		N	Mean	SD	Min	Median	Max	p-value	N	Mean	SD	Min	Median	Max	p-value	p-value
Body temperature (°C)	Visit1	36	36.52	0.23	36.00	36.50	37.00		35	36.59	0.35	35.40	36.60	37.20		0.083
	Visit2	36	36.54	0.25	36.00	3650	37.00		35	36.61	0.31	36.00	36.60	37.50		0.195
	Visit3	35	36.47	0.45	35.00	36.50	37.10		34	36.59	0.46	35.20	36.60	37.40		0.388
	Visit4	35	36.50	0.30	36.00	36.50	37.10		35	36.68	0.37	36.00	36.70	37.40		0.036
	Change1	36	0.02	0.23	-0.50	0.00	0.70	0.887	35	0.02	0.40	-1.00	0.00	1.30	0.885	0.839
	Change2	35	-0.05	0.43	-1.60	0.00	0.70	0.743	34	0.01	0.47	-0.90	-0.05	0.90	0.992	0.871
	Change3	35	-0.01	0.31	-0.80	0.00	0.60	0.933	35	0.09	0.37	-0.80	0.00	0.90	0.206	0.358

① 이상사례의 제시

② 사망, 기타 중대한 이상사례 및 기타 유의한 이상사례 목록

③ 사망, 기타 중대한 이상사례 및 기타 유의한 이상사례에 대한 설명

④ 비정상 실험실적 검사 수치 목록(시험대상자별)

서. 참고문헌

임상시험 검토와 관련이 있는 문헌의 목록을 제시해야 한다. 중요한 문헌들의 사본을 부록에 첨부해야 한다.

어. 부록

이 항목에는 결과보고서에 필요한 모든 부록의 전체 목록을 먼저 제시해야 한다. 다음 부록의 일부는 보고서와 함께 제출하지 않아도 되지만 식품의약품안전처에서 요청 시에는 제출해야 한다. 이에 따라 신청인은 보고서와 함께 제출되는 부록을 명시해야 한다.

① 임상시험 정보
㉮ 임상시험계획서 및 변경계획서
㉯ 증례기록서 양식(동일한 내용이 반복되는 페이지는 제외)
㉰ 임상시험 윤리위원회 또는 심사위원회 명단(시험대상자 설명서)
시험대상자에게 제공한 대표적인 서면 정보(대상자 동의서 서식 포함)
㉱ 임상시험책임자 및 다른 중요 참여자의 명단과 간략한 기술. 간략한 이력서 혹은 그에 상응하는 임상시험 수행과 관련된 훈련이나 경험의 요약 내용 포함
㉲ 임상시험책임자 또는 임상시험조정자의 서명(날인)
㉳ 한 개 이상의 임상시험용 의료기기 배치를 사용하였을 경우, 각 배치를 적용받은 시험대상자의 목록
㉴ 무작위배정 방법 및 배정표(시험대상자식별코드 및 배정된 기기)
㉵ 점검 확인서(이용 가능한 경우)
㉶ 통계학적 방법
㉷ 실험실간 표준화 방법 및 자료의 질 보증 절차(사용하였을 경우)
㉸ 임상시험을 토대로 한 출판물(자료가 있을 경우)
㉹ 결과보고서에서 참고한 중요 문헌

② 시험대상자 자료 목록
㉮ 임상시험 중단
㉯ 임상시험계획서 위반
㉰ 유효성 분석에서 제외된 시험대상자
㉱ 인구학적 정보
㉲ 순응도
㉳ 시험대상자별 유효성 반응
㉴ 시험대상자별 이상사례 목록
㉵ 시험대상자별 실험실적 검사 목록

③ 증례기록서
㉮ 사망, 기타 중대한 이상사례 및 이상사례로 인하여 탈락한 시험대상자
㉯ 그 외 필요한 증례기록서

④ 개별 시험대상자 자료 목록

참 / 고 / 문 / 헌

식품의약품안전처, 「의료기기 임상시험계획 승인에 관한 규정」(식약처 일부개정고시 제2023-12호), 2023. 2.

식품의약품안전처, 「의료기기 시판 후 조사에 관한 규정(식약처 고시 제2022-14호), 2022. 2. 18.

식품의약품안전처, 의료기기 재평가에 관한 규정(식약처 일부개정고시 제2022-70호), 2022. 9.

식품의약품안전처, 「의료기기 임상시험계획 승인에 관한 규정」(식약처 고시 제2019-33호), 2019. 4.

식품의약품안전처, 「의료기기 임상시험기관 지정에 관한 규정」(식약처 고시 제2017-55호), 2017. 6.

식품의약품안전처, 「의료기기 임상시험 기본문서 관리에 관한 규정」(식약처 고시 제2016-115호), 2016. 10.

식품의약품안전처, 「의료기기 재심사에 관한 규정」(식약처 고시 제2019-59호), 2019. 7.

식품의약품안전처, 「의료기기 재평가에 관한 규정」(식약처 고시 제2019-145호), 2019. 12.

식품의약품안전처, 의료기기 임상시험 길라잡이(성능시험 가이던스 품목을 중심으로), 2020. 3.

식품의약품안전처, 「국제의약품규제조화위원회 임상시험 관리기준 (ICH GCP)」[민원인 안내서], 2020. 7.

식품의약품안전처, 의료기기 임상통계 질의응답집, 2020. 8.

식품의약품안전처, 의료기기 임상시험 안내서, 2020. 11.

식품의약품안전처, 의료기기 임상시험 결과보고서 작성 가이드라인, 2019. 12.

식품의약품안전처, 임상시험 피해자 보상에 대한 규약 및 절차 마련을 위한 가이드라인, 2019. 11.

식품의약품안전처, 플라즈마를 이용한 창상치료용 이학진료용기기 평가 가이드라인, 2016. 12.

식품의약품안전처, E9 임상시험의 통계적 원칙, 2014.

식품의약품안전처, FDC 법제연구 제9권 제2호, 95-102, 의약품국제조화회의(ICH)와 식품의약품안전처 국제협력 활동, 2014.

식품의약품안전처, 의료기기 임상시험 관련 통계기법 가이드라인, 2010.

식품의약품안전처, 임상시험 전자 자료 처리 및 관리를 위한 가이드라인, 2010.

식품의약품안전처, 임상시험에서의 자료관리, 2010.

식품의약품안전처, 임상시험계획서 및 결과보고서의 통계적 고려사항, 2009.

식품의약품안전청/국립독성연구원, 임상시험 관련자를 위한 기본교육-Auditor, 2007.

식품의약품안전처, 임상시험을 위한 기본교재, 2006.

식품의약품안전처, 임상연구

설계와 분석을 위한 기본통계, 2006.

식품의약품안전처, 임상시험 윤리기준의 이해, 2005.

식품의약품안전처, 임상시험 통계지침, 2002.

한국보건산업진흥원, 의료기기 임상시험 의뢰자과정 표준교육교재, 2013.

신흥메드사이언스, 이흥만 외, 「의료기기 임상시험의 설계와 수행」, 2012.

보건복지부, 임상시험성적서 작성지침, 1997.

질병관리본부, 질병관리본부 기관생명윤리위원회 심의사례 요약집, 2019.

보건복지부 지정 공용기관생명윤리위원회, 취약한 연구대상자 보호지침, 2019.

보건복지부 지정 공용기관생명윤리위원회, 공용기관생명윤리위원회 표준운영지침(ver 5.0), 2021. 1.

대한기관윤리심의기구협의회, [KAIRB] IRB 표준화 서식, 2018. 2.

ICH, ICH Guidelines-Efficacy Guidelines, 2005.

지동현. 신약개발과 임상시험. J Korean Med Assoc 2010 September, 53(9):753-760.

최병인, 「대상자보호와 연구윤리」, 지코사이언스, 2010.
홍성화. 의료기기 임상시험. J Korean Med Assoc 2010 September, 53(9):769-773.
최병인, 「생명과학연구윤리」, 지코사이언스, 2009.
국립독성연구원, WHO 권장 임상시험에 관한 국제윤리기준, 2005.
「의료기기법」, 제10조, 제11조, 제26조, 제37조.
「의료기기법 시행규칙」, 제20조, 제21조, 제22조, 제23조, 제24조, 제25조, 제43조, [별표 3] 의료기기 임상시험 관리기준
Annas G.J., Grodin M.A., *The Nazi Doctors and the Nuremberg Code: Human Rights in Human Experimentation*, Oxford University Press, 1992.
Beauchamp TL, Childress JF. *Principles of Biomedical Ethics*. New York: Oxford University Press, Inc., 2001.
Belmont Report: Ethical Principle and Guidelines for the Protection of Human Subjects of Research/The National Commission for the Protection of Human Subjects of Biomedical and Behavioral Research(1979)
Carpenter WT Jr., Appelbaum PS, Levine RJ. "The Declaration of Helsinki and clinical trials: a focus on placebo-controlled trials in schizophrenia". Am J Psychiatry. 2003;160:356-62.
Emanuel. E.J., et al, *Ethical Regulatory Aspects of Clinical Research Reading and Commentary*, The Johns Hopkins University Press, 2003, pp.26-27.
Faden R.R., Beauchamp T.L., *A History and Theory of Informed Consent*, Oxford University Press, 1986, pp.274-275.
Gray F.D., *The Tuskegee Syphilis Study: The Real Story and Boyond*. Montgomery, Ala.: NewSouth books, 1998.
Jones J.H., *Bad Blood: The Tuskegee Syphilis Experiment expanded*. ed. New York, N. Y.: The Free Press, 1993[1981].
Reverby S.M. ed. *Tuskegee's Truths: Rethinking the Tuskegee Syphilis Study*. Chapel Hill, N. C.: University of North Carolina Press, 2000.
Title 45(Public Welfare), Code of Federal Regulations, Part 46(Protection of Human Subjects), Subparts A-D/U.S Department of Health and Human Services, National Institutes of Health, and Office for Human Research Protections(1991)

NIDS
National Institute of Medical Device Safety Information

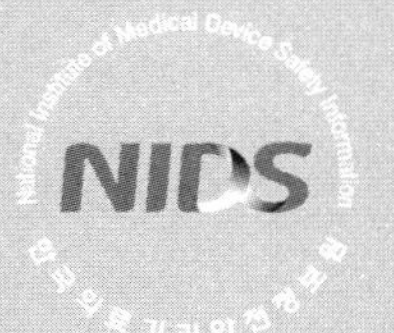
National Institute of Medical Device Safety Information
NIDS

의료기기 규제과학(RA) 전문가

제4권 임상

초 판 발 행 2023년 06월 15일
개정1판1쇄 2025년 01월 15일

편 저 자 한국의료기기안전정보원
편집위원장 한국의료기기안전정보원 이정림 원장
내부검수 및 집필자 이종록, 여창민, 김연정, 유지수
외부자문 및 집필자 김선미

발 행 인 정용수
발 행 처 (주)예문아카이브
주 소 서울시 마포구 동교로 18길 10 2층
T E L 02) 2038－7597
F A X 031) 955－0660

등 록 번 호 제2016－000240호

정 가 15,000원

ISBN 979-11-6386-381-6 [94580]